ulmer

Deutsches Weinbau Jahrbuch 2023

Gegründet 1949 von Dr. B. Götz, Freiburg
und Dr. W. Madel, Staufen

Fortgeführt ab Jahrgang 1995 bis 2008 von
Dir. a. D. Dr. Günter Schruft, Freiburg

Herausgeber:
Prof. Dr. Manfred Stoll, Geisenheim
Prof. Dr. Hans-Reiner Schultz, Geisenheim

74. Jahrgang

Titelfoto: Winfried Schönbach/Hochschule Geisenheim

Die in diesem Buch enthaltenen Empfehlungen und Angaben sind von den Autoren mit größter Sorgfalt zusammengestellt und geprüft worden. Eine Garantie für die Richtigkeit der Angaben kann aber nicht gegeben werden. Autoren und Verlag übernehmen keine Haftung für Schäden und Unfälle. Bitte setzen sie bei der Anwendung der in diesem Buch enthaltenen Empfehlungen Ihr persönliches Urteilsvermögen ein.

Der Verlag Eugen Ulmer ist nicht verantwortlich für die Inhalte der im Buch genannten Websites.

Anmerkung zur Schreibweise (Gendering): Gendergerechtigkeit und Inklusion sind bei uns gelebte Praxis – bei der Auswahl unserer Themen, bei der Recherchearbeit, in der Gestaltung. Unsere Texte meinen alle. Damit unsere Inhalte jedoch gut lesbar bleiben, verzichten wir in diesem Werk auf die jeweilige Mehrfachnennung oder Anpassung der Schreibweise bestimmter Bezeichnungen an die weibliche, männliche oder diverse Form.

Bibliografische Information der Deutschen Nationalbibliothek
Die Deutsche Nationalbibliothek verzeichnet diese Publikation in der Deutschen Nationalbibliografie; detaillierte bibliografische Daten sind im Internet über http://dnb.d-nb.de abrufbar.

Wollgrasweg 41, 70599 Stuttgart (Hohenheim)
E-Mail: info@ulmer.de
Internet: www.ulmer.de
Projektmanagement: Pia Fehrenbach
Lektorat: Dr. Andrea Schürg
Herstellung: Silke Reuter
Umschlagentwurf: Eugen Ulmer Verlag
Zeichnungen und Satz: Bernd Burkart; www.form-und-produktion.de
Druck und Bindung: Pustet, Regensburg
Printed in Germany

ISSN 0343-3714
ISBN 978-3-8186-1777-6

Autoren

Baus, O. Geisenheim (Anhang)
Bitsch, L. Geisenheim (60)
Deimling, D. Heilbronn (145)
Dreßler, M. Ludwigshafen (124)
Düker, A. Neustadt (85)
Endler, A. Klosterneuburg, Österreich (92)
Ferschel, E. Klosterneuburg, Österreich (92)
Freund, C. Neustadt (11)
Freund, M. Geisenheim (124)
Friedel, M. Geisenheim (20)
Göbel, R. Geisenheim (193)
Häfner, L. Bielefeld (103)
Hanak, K. Klosterneuburg, Österreich (155)
Hanf, J Geisenheim (60, 173, 185)
Junk, J. Remich, Luxembourg (49)
Kiefer, C. Geisenheim (73)
Kramer, M. Geisenheim (173)
Margaryan, K. Yerevan, Armenia (113)
Maul, E. Siebeldingen (113)
Mehofer, M. Klosterneuburg, Österreich (155)
Melyan, G. Merdzavan, Armenien (113)
Molitor, D. Remich, Luxembourg (49)
Müller, K. Geisenheim (134)
Regner, F. Klosterneuburg, Österreich (92)
Reinhold, C. Darmstadt (180)
Richter, B. Geisenheim (185)
Röckel, F. Siebeldingen (113)
Rockenbauer, A. Klosterneuburg, Österreich (92)
Rüdiger, J. Mannheim (66)
Rühl, E. Geisenheim (11)
Schmuckenschlager, B. Klosterneuburg, Österreich (155)
Schultz, M. Remich, Luxembourg (49)
Stoll, M. Geisenheim (134, Anhang)
Szolnoki, G. Geisenheim (73)
Töpfer, R. Siebeldingen (113)
Trapp, O. Siebeldingen (Anhang)
Walg, O. Bad Kreuznach (164)
Xiao, M. Geisenheim (185)

Inhaltsverzeichnis

Anhang: Statistiken, Tabellen, Verzeichnisse

Vorwort

Das Weinjahr 2021

Dominierte in den Jahrgängen 2018, 2019 und 2020 Hitze und Trockenheit so begann das Jahr 2021 mit einem kühlen, eher feuchten Frühjahr mit Spätfrösten. Der dadurch entstandene Entwicklungsrückstand zeigte sich in einer späten Blüte gefolgt von feucht-warmer Witterung und einem starken Wachstumsschub in Juni und Juli. Die wiederholten Regenschauer sorgten bei gleichzeitig raschem Neuzuwachs für viele Bodeninfektionen durch Falschen Mehltau. In manchen Regionen war der Infektionsdruck noch einmal deutlich stärker als im „Peronospora-Jahr" 2016. Die Erntemenge lag bundesweit mit 8.445.000 Hektoliter knapp unter dem Vorjahreswert und nur leicht unter dem zehnjährigen Mittel. Allerdings gab es in den einzelnen Weinregionen große Unterschiede und es war wirtschaftlich eines der schwierigsten Jahre bei steigenden Kosten und teilweise wenig Ertrag.

Überschattet war das Weinjahr von der verheerenden Ahr-Flut in der Nacht zum 15. Juli. Es wird noch lange dauern, bis diese humanitäre und wirtschaftliche Katastrophe aufgearbeitet ist, deren Ausmaß sich in keiner Modellierung vorhersagen ließ. Auch in der Weinbranche standen zahlreiche Betriebe vor dem Nichts: überflutete und zerstörte Häuser, Keller und Weinlager, zerstörte Maschinen und Weinberge, insgesamt waren 95 % der Weinbau betreibenden Betriebe betroffen, 60 Hektar wurden total zerstört mit einem geschätzten Schadensvolumen für die Weinbranche von mindestens 1,2 Milliarden €. Eine Hilfewelle innerhalb des Berufsstandes etablierte sich rasch und kam vielfach in Form der SolidAHRität auch direkt in den Weingütern an.

Bedenklich stimmt eine im Sommer 2021 veröffentlichte Studie des Deutschen Wetterdienstes, die die Wahrscheinlichkeit untersuchte, mit der ein solches Ereignis in der gleichen Region bedingt durch die bereits beobachteten 1,2 °C Erwärmung in Zukunft eintreten würde. Hierbei wurden fast alle globalen Modelle verwendet, die für den UN-Klimabericht eingesetzt werden. Die Studie zeigte, dass in Abhängigkeit vom Modell, die Wahrscheinlichkeit im „besten Fall" 1,2-fach erhöht ist (Wiederholung des Ereignisses alle 400 Jahre), im „schlimmsten Fall" 9-fach erhöht ist (Wiederholung des Ereignisses alle 55 Jahre!).

Insgesamt erlebte Deutschland den regenreichsten Sommer seit zehn Jahren. Großen Anteil daran hatten die extremen Regenfälle von Tief „Bernd" Mitte Juli in Nordrhein-Westfalen und Rheinland-Pfalz. Im bundesweiten Mittel fielen rund 310 Millimeter und damit 30 Prozent mehr Niederschlag als im Durchschnitt der Referenzperiode 1961–1990 (239 mm). Verglichen mit der Periode 1991–2020 lag das Plus bei 29 Prozent. Damit beendete der Sommer 2021 die seit drei Jahren andauernde Phase „zu trockener Sommer" und reihte sich unter die niederschlagsreichsten seit Messbeginn 1881 ein.

Die durch einen feuchten und kühlen Frühsommer hervorgerufene Verspätung in der Phänologie erwies sich am Ende indes als überwiegend positiv, denn ab Mitte September blieb es bis auf einzelne Schauertage weitgehend trocken bei kühlen Temperaturen, so dass sich Botrytis nicht explosionsartig vermehrte. In kühleren Regionen, wie der Saar, dauerte die Lese bis in die ersten Novembertage, an der Ruwer gar bis Mitte November. Winzer, die Trauben zur Eisweinproduktion haben hängen lassen, wurden vielerorts in der Nacht vom 21. auf den 22. Dezember für ihr Warten belohnt. In Sachsen traten die kältesten Temperaturen in der Nacht vom 25. auf den 26. Dezember auf.

Als Fazit des Weinjahrs 2021 greifen viele Winzer einhellig zur Aussage: „Ein Jahrgang wie er früher mal üblich war." Tatsächlich waren die Temperaturen während der Vegetationsphase (April–Oktober) nur 1996, 1997, 1998 und 2010 kühler als 2021 in den letzten 25 Jahren. Die Mostgewichte lagen unter denen der Vorjahre, die Säurewerte darüber. Für viele hatte sich der hohe Selektionsaufwand bei der Lese gelohnt und in Verkostungen zeigte der Jahrgang vergleichsweise leichte, feinnervige, aromatisch ausdrucksstarke Weine.

„Weltrekord" bei VDP-Versteigerung

Bei der Versteigerung des VDP-Regionalverbandes Rheingau auf Kloster Eberbach wurde für das Wein-Projekt „Unser Aufbruch" der Weingüter Robert Weil (Rheingau) und St. Anthony (Rheinhessen) eine Balthazar-Flasche (12 Liter) für € 31.500 versteigert: Der Auktionator Ulrich Allendorf verkündete den Weltrekord für einen trockenen Riesling. Der Erlös ging über verschiedene Wohltätigkeitsvereine guten Zwecken zu.

[Weinwirtschaft 5, 2022]

Erster Deutscher NFT-Wein

Das Weingut Dreissigacker aus Rheinhessen verkauft seinen „Legenden 2017"-Riesling als Non-Fungible-Token (NFT) und ist damit weltweit eines der ersten Weingüter, die sich diese Technologie zunutze macht. NFTs sind einzigartige, nicht veränderbare digitale Objekte, die auf einer Blockchain gespeichert sind, wie Echtheitszertifikate von Kunstwerken, und öffentlich nachvollziehbar einem Besitzer zugeordnet werden können. Wer im Besitz eines NFTs ist, hat auch die Besitzrechte für das zugehörige „analoge" Objekt und kann damit handeln. Das NFT ist im Weingut auf 300 Exemplare limitiert.

Auf diesem Weg erzielte ein Jahrgangs-Champagner-NFT aus dem Jahr 2017 einen Preis von 2,5 Mill. Dollar, da hier auch die Bildrechte an Cartoon-Sammelfiguren, die die Flasche zieren, enthalten sind.

[Weinwirtschaft 14 und 15 2022]

Leichte Zunahme

Laut Angaben des Statistischen Bundesamtes nahm die Rebfläche gegenüber dem Jahr 2020 um 206 Hektar oder 0,2 % zu, wobei regional die stärksten Zuwächse in Sachsen und Saale-Unstrut zu verzeichnen waren.

Bei der Rebsortenverteilung setzt sich eine langjährige Entwicklung fort: Es werden tendenziell weniger rote Rebsorten gepflanzt. Bei den weißen Sorten haben Riesling, Grauer und Weißer Burgunder nach wie vor die höchsten Anteile. Den höchsten Zuwachs seit 2010 erzielte jedoch die Sorte Sauvignon Blanc mit einem Zuwachs von 210 Prozent seit 2010.

Hingegen setzt sich in Spanien der Rückgangstrend seit 1980 fort: Dort schrumpfte auch im Jahr 2021 die Anbaufläche um 8.478 Hektar auf 941.087 Hektar.

[dt. Weinbau, 7 2021]

Deutsche Weinexporte im Plus

Die Ausfuhren deutscher Weine haben im Jahr 2021 mit 357 Mio Euro den höchsten Wert seit 2010 erreicht. Im Vergleich zum Vorjahr ist der Weinexportwert um 29 % und das Volumen der ausgeführten Weine um 27 % auf 1,2 Mio Hektoliter angestiegen. Deutschlands wichtigster Weinexportmarkt bleibt die USA mit einer Menge von 171.000 Hektoliter (+11 % im Jahr 2021). In Großbritannien wurde ein Wertzuwachs von 62 % (auf 23 Mill. Euro) erzielt. Der höchste Durchschnittspreis bei den deutschen Weinexportnationen lag in China bei 5.19 Euro pro Liter – was weit über dem Durchschnitts-Export-Preis von 2.95 Euro pro Liter liegt.

[dt. Weinmagazin, 3 2022]

Aus „alkoholfrei“ wird „entalkoholisiert“

Die Novellierung der Gemeinsamen Agrarpolitik (GAP) durch die EU bringt neue Regeln für alkoholfreie Weine, wobei die EU-Verordnung 2021/2017 nun die Begriffe definiert. Weine mit weniger als 0,5 %vol. dürfen künftig nicht mehr als „alkoholfrei“ etikettiert werden, sondern sind als „entalkoholisierte“ Weine zu bezeichnen. Weine zwischen 0,5 %vol. und 8.5 %vol., denen Alkohol entzogen wurde, heißen künftig „teilweise entalkoholisiert“. Die Änderungen flossen in §47 der Weinverordnung ein, die gleichzeitig die Beimischung von Wasser zur Änderung des Alkoholgehaltes verbietet und entsprechende oenologische Verfahren zulässt.

[Weinwirtschaft 4 2022]

Weinkonsum stabil

Der Weinkonsum im Jahr 2021 ist mit 23,9 Litern pro Kopf stabil geblieben, und es wurden 20,7 Liter Stillwein und 3,2 Liter Schaumwein konsumiert. Die pandemiebedingten Einschränkungen des Alltags durch das Coronavirus hatten demnach keine Auswirkungen auf den Gesamtkonsum an Wein. Nach OIV-Angaben bleibt Deutschland der viertgrößte Weinmarkt der Welt hinter den USA, Frankreich und Italien.

[Weinwirtschaft 4 2022]

Jean-Louis Berlandier, ein fast vergessener Naturforscher von Mexiko und Texas mit einem entscheidenden Beitrag zur Rettung des europäischen Weinbaus vor der Reblaus

Von Prof. Dr. Ernst Rühl
Geisenheim
ernst.ruehl@gmx.de

Wer war Jean-Louis Berlandier?

Prof. Dr. Ernst Rühl

Viele Winzer werden den Namen Berlandier schon einmal auf einer Rebenrechnung gelesen, oder – was noch besser ist – irgendwann in der Berufsschule oder dem Studium gehört haben. In der Bezeichnung unserer meisten Rebunterlagen steckt der Name drin. Die heißen zum Beispiel *Berlandieri x Riparia* Kober 5BB, oder *Berlandieri x Riparia* Kober 125AA oder auch *Berlandieri x Riparia* 5C Geisenheim (Beschreibende Sortenliste, 2015). Jean-Louis Berlandier muss also etwas mit Rebunterlagen zu tun haben. Und zwar mit fast allen, denn auch Unterlagen anderer Region tragen Berlandieri im Namen, wie *Berlandieri x Rupestris* Richter 110 aus Frankreich oder *Berlandieri x Rupestris* 1103 Paulsen aus Sizilien. Beide Unterlagen sind im Mittelmeerraum weit verbreitet.

Bei so viel Präsenz in unseren Weinbergen, wenn auch nur im Boden, erscheint es angebracht, sich mit Jean-Louis Berlandier einmal etwas näher zu beschäftigen. Wer war er? Woher kam er? Was hat er gemacht und was hat er mit unseren Rebunterlagen und dem Weinbau zu tun?

Kindheit, Jugend und das Studium

Die Kindheit, Jugend und das Studium von Jean-Louis Berlandier hat Roger Bour sehr umfassend recherchiert und beschrieben (Bour, 2016).

Jean-Louis Marie Berlandier wurde nahe Fort-de-l'Écluse am 1. August 1803 in der Wohnung seines Vaters, Haus No. 179 (heute: 4 Rue de la Croix d'Or) geboren (register E. C. naissances 6). Sein Vater, Jean Berlandier, war Händler, seine Mutter Marie-Anne Guiardel [Ghiardet]. Angaben zu Geschwistern fehlen, sodass man annehmen muss, dass Jean-Louis Berlandier ein Einzelkind war.

Über seine Kindheit und Jugend wissen wir wenig, bis auf eine Notiz seines ‚Ziehvaters', des Wissenschaftlers Augustin Pyramus de Candolle [1]: „Berlandier war ein junger Mann, geboren in Frankreich nahe Fort-de-l'Écluse, aus einer sehr armen Familie. Er begann als Angestellter in einer Drogerie/Apotheke. Er war fleißig und zeigte Eifer für Naturgeschichte und hatte durch eigene Anstrengungen eine Art klassische Ausbildung erreicht. Ich habe ihn gern als Studenten aufgenommen und ihm erlaubt, in meiner Sammlung zu arbeiten" (Condolle, de und Candolle, de, 1862).

Am 13. und 27. Mai 1825 bestand er sein Examen in Philosophie (Bour, 2016). Nach mehreren Jahren der Anleitung zu naturwissenschaftlichem Arbeiten organisierte de Candolle zusammen mit den Herren Moricand, Dunant und Mercier für Berlandier eine Expedition nach Mexiko, damals botanisch gesehen überwiegend *terra incognita* (Geiser, 1924). In seiner Zeit im Labor de Candolles hatte Berlandier das Anfertigen botanischer Zeichnungen und Aquarelle von Jean-Christophe Heyland, dem Illustrator de Candolles, gelernt (Bour, 2016). Er war also für seine Aufgabe, die Sammlung, Erforschung und Dokumentation der Flora und Fauna Mexikos, gut vorbereitet (Geiser, 1924).

Am 19. September 1826 wurde für Berlandier ein Pass ausgestellt, um in die Republik von Mexiko zu reisen. In dem Pass wird er als junger Mann von 22 Jahren, mit schwarzen Haaren, Augen und Augenbrauen und einer Größe von ca. 160 cm beschrieben, Stirn und Mund durchschnittlich, rundem Kinn und ovalem Gesicht (Bour, 2016). Wir haben damit eine gewisse Vorstellung von Jean-Louis Berlandier, der sich im Herbst 1826 auf seine große Reise nach Mexiko vorbereitet.

Mexiko in der ersten Hälfte des 19. Jahrhunderts

Als sich Jean-Louis Berlandier auf die Reise nach Mexiko machte, hatte das Land gerade tiefgreifende politische Veränderungen hinter sich; es war von einer spanischen Kolonie zu einer Republik geworden; am 4. Oktober 1824 wurden die Vereinigten Staaten von Mexiko gegründet (Lippke, 2021).

Neben Texas gehörten zu Mexiko damals auch Nuevo México und Alta California, das neben Kalifornien, Nevada, Arizona, Utah und Teile von New Mexico, Colorado und Wyoming umfasste. Große Teile dieses riesigen Gebiets waren weitgehend unerforscht (Wilder Karlstrom, 2020). Eine Erkundung dieses Gebiets war also auch politisch dringend geboten und der entscheidende politische Grund für die Bildung einer Comisión de Límites (Mexican Boundary Commission). Berlandier würde Teil dieser Kommission werden.

1 In den verschiedenen Quellen finden sich verschiedene Schreibweisen des Namens, neben der hier verwendeten auch ‚De Candolle' und ‚DeCandolle'. Im Text wurde, unabhängig von den Quellen, einheitlich die Schreibweise ‚de Candolle' benutzt.

Die Reise nach Mexiko

Am 14. Oktober 1826 lief der Schoner Hannah Elizabeth mit Berlandier an Bord aus Le Havre aus (Lawson, 2012). Berlandier begann unmittelbar nach dem Auslaufen mit seinen Aufzeichnungen (Lawson, 2012). Er beobachtete, notierte, beschrieb, zeichnete, stellte Fragen, in der Nacht beobachtete er Sterne und Wolken am Himmel. Am 19. Dezember 1826 erreichte Berlandier Tampico an der Mündung des Pánuco (Lawson, 2012).

Da Berlandier erst im Sommer 1827 für die Teilnahme an der Comisión de Límites in Mexiko City erwartet wurde, erkundete er Tampico und dessen Umgebung. Er folgte dem Rat von Lucas Alamán y Escaldada, dem Sekretär des Innenministers und ehemaligen Studenten von de Candolle in Genf, der die Reise von Berlandier arrangiert hatte, und brach bereits vor dem heißen Sommer nach Mexiko City auf. Vorher verpackte er zwei Kisten mit tausenden von Proben und Aufzeichnungen für de Candolle in Genf (Lawson, 2012).

Berlandier benutzte die Maulesel-Route nach Mexiko City, die durch das Hochland Huasteca führte und durch zahlreiche Nebenflüsse des Pánuco. Er gab Mauleseln den Vorzug vor Wagen, da zahlreiche Flüsse zu durchqueren waren und das mit Mauleseln deutlich einfacher war als mit Wagen. Trotzdem reiste er mit großem Gepäck, wozu viele Behälter zum Lagern von Proben, Ledertaschen zum Aufbewahren von Dokumenten und mehrere Liter Alkohol zum Konservieren von Tieren genauso gehörten wie Arsen zum Lagern von Tierhäuten, eine Papierpresse zum Pressen von Pflanzen und natürlich jede Menge Papier für Notizen und Zeichnungen. Zur Ausrüstung gehörte auch eine Schrotflinte, um Vögel zu schießen und sie anschließend zu präparieren (Lawson, 2012).

Die an einigen Stellen üppige Vegetation zog Vögel und Pflanzenfresser an und diese wiederum Raubtiere, wie den Jaguar oder Wildkatzen. Berlandier erkannte das ökologische Zusammenspiel. Die Raubtiere waren so zahlreich, dass wenn sie ein Tier als Proviant schossen, es meist nicht mehr vollständig war, wenn sie es nach ihrer Suche endlich erreichten (Lawson, 2012).

Der Weg führte Berlandier tiefer ins Gebirge. Die Umgebung, aber auch die Menschen, erinnerten ihn an die Alpen und die Landschaft von Savoyen. Wie dort nahmen mit der Höhe die Koniferen zu und genauso wie dort erkannte er die ständige Erosion durch das Wasser von Flüssen und durch den Regen (Lawson, 2012).

Als sie Mexiko City erreichten, war Berlandier tief beeindruckt. Auf dem Popocatépetl lag Schnee, den ersten, den er seit über einem Jahr gesehen hatte, und ihm fiel ein, dass auch Humboldt das Tal von Mexiko City mit Alpentälern verglichen hatte (Lawson, 2012).

Bis zur Abreise der Comisión betrieb Berlandier Literaturstudien und besuchte das Umfeld der Stadt. Wiederum erinnerte das Gebirge ihn an die Alpen, nur dass es wärmer war, eher so wie in Süditalien, notierte er. Wie Genf lag Mexiko City zwischen Seen und hohen Bergen, aus denen Flüsse ins Tal strömten. Berlandier fühle sich in seiner späteren neuen Heimat immer mehr wie zu Hause.

Comisión de Límites – Boundary Commission

Am 10. November 1827 (Wilder Karlstrom, 2020) verließ die Comisión de Límites endlich Mexiko City Richtung Norden, angeführt von dem Soldaten, Mathematiker und Landvermesser General Manuel de Mier y Terán. Zu den Mitgliedern gehörten Lt. Col. José Batres, ein Mediziner, Lt. Col. Constantino Tarnava, ein Ingenieur, Artillerie-Leutnant José Sánchez y Tapía, ein Kartograph und Maler, Raphael Chowell als Mineraloge und Jean-Louis Berlandier als Geograph, Anthropologe, Historiker, Zoologe, Botaniker und Zeichner. Berlandier hatte zuvor alles bisher Gesammelte noch nach Genf auf den Weg gebracht.

Die Wagen der Comisión enthielten Instrumente zur Bestimmung der geographischen Koordinaten, der Meereshöhe, Behältnisse zum Aufbewahren von Bildern und gesammelten Proben. Eine Kavallerie-Eskorte sorgte für den erforderlichen Schutz. Der offizielle Auftrag der Comisión de Límites war, das Gelände nördlich des Rio Grande (Rio Bravo) zu erforschen.

Es würde sicher zu weit führen, alle Details der Reisen der Comisión darzustellen. Russell M. Lawson macht das in seinem Buch Frontier Naturalist sehr detailliert und anschaulich (Lawson, 2012). Hier soll fokussiert werden auf die Person Jean-Louis Berlandier und seine Bedeutung für den Weinbau.

Berlandiers wichtigstes Ziel war nicht nur die Sammlung neuer Pflanzenarten, sondern auch deren mögliche Verwendung, insbesondere ihre Nutzung für medizinische Zwecke. So erkundigte er sich bei neuen Funden bei der lokalen Bevölkerung auch nach deren Nutzungsmöglichkeiten. Seine Ausbildung als Apotheker war hierbei hilfreich und Motivation. Die Einheimischen verwendeten das Öl von *Ricinus communis* gegen Verstopfung und Verdauungsstörungen. Die getrockneten Blätter des mexikanischen Drüsengänsefußes *(Dysphania ambrosioides)* wurden als Tee getrunken oder auch als Mittel gegen Blähungen täglich in Speisen, vor allem in Bohnengerichten, verwendet. Das Öl und die Samen der Erdnuss *(Arachis hypogaea)* wurden weit verbreitet gegen Gonorrhoe benutzt. Die Comanchen verwendeten den Korbblütler *Verbesina microptera* als Mittel gegen Syphilis (Lawson, 2012).

Die Arbeit der Comisión war eigentlich nur bis 1829 geplant, und Berlandier sollte danach wieder nach Genf zurückkehren. Doch dazu kam es nicht. Zum einen hatte es bereits Verzögerungen beim Beginn gegeben, dann hatte General Terán 1828 die Comisión verlassen müssen, um als General eine spanische Invasion zurückzuschlagen (Lawson, 2012).

Die Forschungsarbeiten gingen auch nach dem Tod General Teráns 1832 weiter. Bis zur endgültigen Auflösung der Comisión 1834 bereiste Berlandier den Norden von Mexiko und Texas (Berlandier und Chovell, 1850). In ihrem Bericht ‚Diario de Viaje de La Comisión de Límites‘ von 1850 beschreiben Jean Luis Berlandier und Raphael Chowell ihre Reisen im Detail (Lawson, 2012).

1834 war Berlandier noch einmal zusammen mit Chowell in Texas unterwegs, einmal im Frühjahr und Frühsommer, das zweite Mal im Herbst und Winter ohne Chowell. Beide Exkursionen gingen durch das Gebiet zwischen dem Rio Grande und San Antonio (Lawson, 2012). Berlandier reiste zuerst nach Goliad, wo Chowell lebte und dann mit ihm zusammen zuerst nach San Antonio und weiter nach Santa Fe. Berlandier berichtet zwar nicht explizit darüber, doch bei dieser Exkursion kamen er und Chowell durch das Gebiet westlich bzw. nordwestlich von San Antonio, in dem die Wildrebenart, die später einmal *Vitis berlandieri* genannt werden sollte, vorkommt.

Begegnung mit indigenen Völkern

Zu Berlandiers Zeit wurden indigene Amerikaner meist als unzivilisierte Wilde angesehen und entsprechend behandelt. Äußerungen von Leutnant Darius Nash Couch sind sicher typisch für die Zeit und viele US-Amerikaner. Couch spricht von ‚herumstreunenden Horden' und ‚Teufeln'. Er bedauert es, dass die USA neben Texas nicht auch noch den Norden Mexikos erobert hatten, damit diese Völker zivilisiert werden könnten. Sein Zeitgenosse, William Emory, geht in seinem Bericht über die United States und die mexikanische Grenzstudie noch weiter. Er sieht den Grund für den Untergang des spanischen Imperiums in der Entstehung einer ‚minderwertigen, syphilitischen Rasse, einer Mischung aus Weißen, Schwarzen und Indigenen'. Er argumentierte, dass ‚durch den Untergang des spanischen Imperiums die Grausamkeiten der indianischen Wilden sich um das Zehnfache gesteigert haben'. Berlandier hörte gleichartige Äußerungen auch von Siedlern in Texas, die große Angst vor Waco, Tawakoni, Apachen und Comanchen hatten. Seine eigenen Erfahrungen widersprachen dem deutlich. Bis auf wenige Ausnahmen erlebte er die indigenen Völker in Texas und Mexiko als wenig aggressiv (Lawson, 2012). Er beschrieb ihre Lebensweise, ihre Jagden und ihre langen Reisen. Er betrachtete die Comanchen als Freunde, mit denen er jagen gegangen war. Auch die Kickapoos hatte er wie viele andere Stämme als Freunde kennengelernt (Lawson, 2012).

Seine Studien und Erfahrungen zeigten ihm, dass die amerikanischen indigenen Völker, verglichen mit Anglo-Amerikanern, Mexikanern und Europäern, eine beschränkte Ökonomie, Technologie und ein begrenztes Rechtssystem hatten. Andererseits fand er, dass die Gesellschaft der Indigenen der der sogenannten Zivilisierten vorzuziehen sei, da die Menschen immer in Gruppen leben und sie sich gegenseitig unterstützten und halfen. Obwohl sie ihre Nahrung erjagen und als Nomaden große Strecken zurücklegen mussten, waren sie trotzdem – in Berlandiers Augen – nie allein (Lawson, 2012).

Er beschrieb auch einen mittlerweile ausgestorbenen Indianerstamm, die Karanka, die er als große athletische Menschen erlebte, die meist als Fischer an der Küste lebten, sehr mutig und sehr gute Schwimmer waren (Berlandier edited by Ewers, 1969).

Nachdem Berlandier sich als Arzt und Apotheker in Matamoros niedergelassen hatte, bezog er viele seiner Kräuter von Einheimischen, meistens Indigenen, da sie das Land und die Pflanzen am besten kannten (Lawson, 2012).

Aber nicht mit allen indigenen Stämmen gelang immer ein problemloser Umgang. Die Krieger der Tawakoni stellten wiederholt eine Gefahr für die Exkursion dar und gelegentlich wurden ihre Pferde gestohlen; er berichtet auch von ermordeten Siedlern (Lawson, 2012).

Von vielen indigenen Stämmen in Texas und Mexiko und ihren Lebensumständen und Traditionen wissen wir heute nur durch Berlandiers Berichte (Berlandier edited by Ewers, 1969; Berlandier und Chowell, 1828–1829). Er war also nicht nur ein eifriger Sammler von Pflanzen und Tieren, sondern beobachtete und studierte auch die Menschen seiner Umgebung und ihre Lebensweisen.

Die Zeit nach der Comisión de Límites

Es ist anzunehmen, dass spätestens nach dem Tod von General Terán 1832 und der Auflösung der Comisión de Límites, Berlandier sich entschied, dauerhaft in Matamoros zu bleiben. Er eröffnete ein Museum und praktizierte als Arzt und Apotheker. Er lebte mit der Mexikanerin Beatriz Maria Concepción Villaseñor (bzw. Villa Señor) zusammen und hatte mehrere Kinder mit ihr (Bour, 2016).

Später erlebte Berlandier auch noch die Zerschlagung der mexikanischen Republik mit. Immer mehr amerikanische Siedler drängten nach Texas. Am 9. Dezember 1835 musste General Martín Perfecto de Cos nach der Belagerung von Béxar (heute San Antonio) kapitulieren. Beim Gegenangriff der Mexikaner töteten diese fast alle Verteidiger des ehemaligen Klosters Alamos. Die texanischen Truppen sammelten sich daraufhin erneut und schlugen bei einem Überraschungsangriff am 21. April die mexikanische Armee in der Schlacht von San Jacinto vernichtend; General Santa Anna wurde am nächsten Tag gefangen genommen und musste sich mit seinen Truppen aus Texas zurückziehen, womit Texas zu einer unabhängigen Republik wurde (https://en.wikipedia.org/wiki/Battle_of_the_Alamo; vom 14.07.2021).

Das letzte Kapitel der Abtrennung von Texas und zahlreicher weiterer mexikanischer Gebiete war das Ergebnis des mexikanisch-amerikanischen Krieges von 1845 bis 1847. Die USA besetzten weite Teile von Mexikos Norden und Nordosten und eroberten sogar Mexiko City, das sich am 14. September 1847 ergab. Am 2. Februar 1848 unterzeichneten die Vereinigten Staaten von Amerika und Mexiko den Vertrag von Guadalupe Hidalgo.

Mexiko stimmte darin dem Rio Grande als Grenze zu den USA zu und gab die Gebiete der heutigen Staaten Arizona, Kalifornien, Nevada und Utah sowie Teile von Colorado, New Mexiko und Wyoming an die USA ab. Mexiko erhielt im Gegenzug 15 Millionen Dollar (in heutiger Kaufkraft rund 500 Mio. US-Dollar) und seine Schulden wurden erlassen (https://de.wikipedia.org/wiki/Mexikanisch-Amerikanischer_Krieg vom 14.07.2021).

Berlandier war während des Krieges Offizier der mexikanischen Armee und arbeitete als Arzt und Vermittler. So ist ihm zu verdanken, dass Matamoros bei der Besetzung durch die Truppen General Taylors nicht zerstört wurde und die Zivilbevölkerung weitgehend verschont blieb.

Nach dem Ende des Krieges arbeitete Berlandier wieder als Arzt in Matamoros, nahm aber auch seine Forschertätigkeit wieder auf. Im Frühjahr 1851 ging Jean-Louis Berlandier, vermutlich mit ein oder zwei Begleitern, auf seine letzte Reise (Lawson, 2012). Am 29. Mai 1851 berichtete der *Indiana State Sentinel*, Dr. Louis Berlandier, ein bedeutender Bürger von Matamoros, Mexiko, ertrank am 22. April 1851‘ (Bour, 2016). Er wurde gerade einmal 48 Jahre alt.

Das Vermächtnis

1853, zwei Jahre nach dem Tod Berlandiers, kam Leutnant Darius Nash Couch nach Brownsville am linken, dem amerikanischen Ufer des Rio Grande, gegenüber von Matamoros. Sein Auftrag war, die Geographie, Flora und Fauna von Texas zu erkunden. Couch lernte den früheren Assistenten von Berlandier kennen, durch den er von diesem erfuhr und auf seine Sammlung aufmerksam wurde (Lawson, 2012). Obwohl zwei Jahre seit dem Ableben Berlandiers vergangen waren, hatte die Witwe die Sammlung erhalten; Couch war vom Umfang, der Größe, Vielfalt, Qualität und Einzigartigkeit der Sammlung begeistert. Neben einer Sammlung von Insekten in Glasvitrinen gab es 150 Flaschen mit verschiedenen konservierten Vögeln, Schlangen, Eidechsen, Schildkröten und anderen Wirbeltieren, dazu viele Kisten mit gesammelten Pflanzen, dazu noch verschiedene Mineralien. Die Texte waren in Französisch oder in Spanisch geschrieben (Lawson, 2012).

Couch wusste sofort, dass er hier einen wirklichen Schatz gefunden hatte. Nach dem Tod ihres Mannes war seine Frau in akuter Geldnot und so verkaufte sie die gesamte Sammlung für $500 (ca.$17.500 heute). Couch war sich sicher, dass zahlreiche neue Arten zur Sammlung gehörten und nur noch auf ihre endgültige Beschreibung warteten. Er sollte Recht behalten, Lawson erwähnt in „Frontier Naturalist" vier Tier- und 23 Pflanzenarten, die Berlandiers Namen tragen bzw. zuerst von ihm beschrieben wurden (Lawson, 2012). Die Sammlungen von Jean-Louis Berlandier befinden sich heute größtenteils im Archiv des Smithsonian Institutes, Record Unite 7052 Jean-Louis Berlandier.

Vitis berlandieri – der entscheidende Beitrag zur Rettung des europäischen Weinbaus

Wir haben einiges über Jean-Louis Berlandiers Leben und seine Sammelexkursionen in Mexiko und Texas erfahren, aber bisher noch nichts über den eigentlichen Grund unserer Recherche, die amerikanische Wildrebe *Vitis berlandieri.* Mit großer Wahrscheinlichkeit sammelte er diese Art 1834 bei seiner letzten großen Exkursion nach Texas. Berlandier und Raphael Chowell bereisten dabei genau das Gebiet um San Antonio, in dem diese Art natürlicherweise vorkommt und überwiegend auf Kalkböden wächst (Lawson, 2012). Im gleichen Gebiet sammelten 2005 Joachim Schmid, Frank Manty und Peter Cousins erneut Kerne dieser Wildrebenart, um die genetische Breite der Art zu sichern und für die Unterlagenzüchtung nutzbar zu machen (Schmid et al., 2009).

Auch Jules-Émile Planchon stützt diese Vermutung. Bei der botanischen Beschreibung der Art verwies er auf das Jahr 1834, in dem Berlandier zwei Herbar-Proben, die No 2412 und No 3116, gesammelt hatte (Planchon, 1880). Über den amerikanischen Botaniker Asa Gray gelangten die Proben des Smithsonian Institutes zu George Engelmann, einem aus Deutschland stammenden Arzt und bedeutenden Botaniker in St. Louis; er wusste, dass Planchon dringend reblaustolerante Wildreben von Kalkstandorten suchte. Also schickte er die Proben, die von

Berlandier Jahrzehnte vorher gesammelt worden waren, nach Montpellier, Frankreich, zu Planchon. Die Art war ihm unbekannt und bis dahin noch nicht beschrieben worden, deshalb beschrieb Planchon 1880 die neue Art und nannte sie *Vitis berlandieri* Planchon, nach dem Schweizer Botaniker, der sie in Texas zuerst beschrieben und gesammelt hatte. Planchon schreibt auch, dass 1876 weitere Samen aus Texas von der Rebschule Onderdonk zu Prof. Foëx nach Montpellier gelangten und daraus weitere Reben aufgezogen wurden (Cambell, 2006).

Was macht *Vitis berlandieri* für Rebenzüchter so besonders? Die meisten amerikanischen Wildreben wachsen auf kalkarmen, also eher sauren Böden, während der Weinbau in Europa meist auf Kalkböden betrieben wird. Als die ersten amerikanischen Reben zur biologischen Bekämpfung der Reblaus durch amerikanische Sorten bzw. Unterlagen in Europa angepflanzt wurden, litten diese Reben zwar nicht unter Reblaus, aber stark unter Kalk-Chlorose. Erst die Einführung der Art *Vitis berlandieri* in die Unterlagenzüchtung löste dieses Problem. *Vitis berlandieri* ist die Mutter vieler Rebunterlagen, nicht nur in Deutschland, sondern weltweit. Ohne Jean-Louis Berlandier und seinen gewaltigen Sammeltrieb wäre diese wichtige Entdeckung sicher irgendwann auch erfolgt, aber vermutlich erst deutlich später und die Rettung des europäischen Weinbaus durch reblausfeste Unterlagen hätte deutlich länger gedauert. Durch Berlandier waren Planchon und seine Mitarbeiter auf diese Art aufmerksam geworden und konnten in der Folge weiteres Material sammeln, so wie Pierre Viala 1888 zusammen mit Hermann Jaeger (Gale, 2011). In Anbetracht der Bedrohung des französischen und europäischen Weinbaus durch die Reblaus und das wirtschaftliche Überleben seiner Winzer war der Zeitgewinn durch die frühe Entdeckung der *Vitis berlandieri* entscheidend. Ohne sich dessen bewusst zu sein, hat Jean-Louis Berlandier einen entscheidenden Beitrag zur Rettung des europäischen Weinbaus vor der Reblaus geleistet.

Zusammenfassung

Jean-Louis Berlandier, geboren 1803, war als Botaniker Teilnehmer der Comisión de Límites – Boundary Commission, einer Exkursion, die zwischen 1827 und 1834 den Norden Mexikos und westliche Teile der heutigen USA erforschte. Berlandier sammelte und beschrieb, was er dabei fand. Hierzu gehören auch Kerne einer Vitis-Art, die er vermutlich 1834 auf Kalkstandorten in der Umgebung von St. Antonio fand. Nach dem Ende der Comisión ließ er sich als Arzt und Apotheker in Matamoros nieder. Im Frühjahr 1851 ertrank Berlandier bei der Durchquerung eines Hochwasser führenden Flusses. Er wurde nur 48 Jahre alt. Leutnant Darius Nash Couch kaufte 1853 von Berlandiers Witwe seine komplette Sammlung und Aufzeichnungen und brachte sie ins Smithsonian Institute. Die Rebkerne aus der Nähe von St. Antonio gelangten über Asa Grey und George Engelmann zu Jules-Émile Planchon. Er beschrieb die neue Art und nannte sie *Vitis berlandieri* Planchon. Es ist die einzige reblausfeste Rebart, die auf Kalkböden gedeiht und damit die wichtigste Rebart für die Unterlagenzüchtung in Europa.

Literatur

Berlandier, J.L., edited by J.C. Ewers, translated by P. Reading Leclercq (Washington, 1969). - Review by R.E. Gerald. American Anthropologist 72 (1970), p. 410. https://shannonselin.com/2017/01/extinct-karankawa-indians-texas/

Berlandier, J.L.: Journey to Mexico during the Years 1826 to 1834. Volumes 1 and 2. - Translated by S.M. Ohlendorf, J.M. Bigelow, and M.M. Standifer. Austin, Texas: The Texas State Historical Association in Cooperation with the Center for Studies in Texas History, University of Texas at Austin, 1980.

Berlandier, J.L.; and Chovell, R. (1828–1829): [Vocabularies of languages of south Texas and the lower Rio Grande]. In: Goddard, Ives. (1979). The languages of south Texas and the lower Rio Grande. In: L. Campbell & M. Mithun (Eds.) The languages of native America (pp. 355–389). Austin: University of Texas Press.

Berlandier J.L. und Chovell R. (1850): Diario de viaje de la Comisión de Límites, Mexico.

Beschreibende Sortenliste (2015): Bundessortenamt, Hannover, https://www.bundessortenamt.de/bsa/media/Files/BSL/bsl_rebe_2015.pdf

Bour R. (2016): Where and when was Jean-Louis Berlandier born? – Notes on Jean Berlandier. I. International Society for the History and Bibliography of Herpetology, ISHBH, Bibliotheca Herpetologica 12: 19.

Cambell, Ch. (2006): The botanist and the vintner – How wine was saved for the world. Algonquin Books of Chapel Hill.

Condolle, A.P. de und Candolle, A. de (1862): Mémoires et Souvenirs de Augustin-Pyramus de Candolle. Geneve – Paris, Joel Cherbuliez. i-xvi 1 1–599pp. zitiert in: Bour R., (2016): Where and when was Jean-Louis Berlandier born? – Notes on Jean Berlandier. I. International Society for the History and Bibliography of Herpetology, ISHBH, Bibliotheca Herpetologica 12: 20.

Delay, B. (2007): Independent Indians and the U.S.-Mexican War. The American Historical Review, Volume 112, Issue 1, February 2007, Pages 35–68. - https://doi.org/10.1086/ahr.112.1.35

Gale, G. (2011): Dying on the Vine – How Phylloxera transformed wine. University of California Press, Berkley, London, Los Angeles.

Geiser, S.W. (1924): Naturalist of the Frontier XI. In defense of Jean-Louis Berlandier. Southwest Review, Dallas, Texas, Southern Methodist University, ISSN: 2168–5487.

Lawson, R.M. (2012): Frontier Naturalist: Jean-Louis Berlandier and the Exploration of Northern Mexico and Texas. Albuquerque, New Mexico: University of New Mexico Press.

Lippke, H. (2021): Mexico vom Unabhängigkeitskrieg 1810 bis zur Revolution 1910. P. 10–11. www.briefmarken-sammler-verein-goettingen.de/Vortraege/Mexiko/Mexico_Geschichte.pdf. Download 31.05.2021.

Planchon, J.-L. (1880): Le Vitis Berlandieri, Novelle espàce de vigne américaine. Comtes Rendu des Séances de L'Academie des Sciences, Séance du Lundi 30 Aout 1880, p. 425 – 428.

Schmid, J., Manty, F. and Cousins, P. (2009): Collecting *Vitis berlandieri* from native Habitat Sites. Acta Hortic. 827, 151–154. https://doi.org/10.17660/ActaHortic.2009.827.22

Wilder Karlstrom, H. (2020): The Limits of Natural Boundaries: A Botanist's Experience of Mexico's Northern Border in the 1800s. Annandale-on-Hudson, New York, Senior Project submitted to The Division of Social Studies of Bard College May 2020.

Materialströme in einer Weinkellerei im Sinne der Ressourceneffizienz

Von Dr. Maximilian Freund
Institut für Oenologie, Hochschule Geisenheim University
Maximilian.Freund@hs-gm.de

Übernutzung der Erde

Dr. Maximilian Freund

Jedes Unternehmen nimmt natürliche Ressourcen in Anspruch. Welche und in welchem Umfang, ist je nach Betrieb aufgrund erzeugter Produkte und des dazu notwendigen Umfelds (Betriebsstätte, Prozessgestaltung und Technologien) sehr unterschiedlich. Zu den natürlichen Ressourcen gehören Materialien aus nachwachsenden und nicht erneuerbaren Rohstoffen, Fläche und Energie sowie Wasser, Boden und Luft. Auch Abfall und Emissionen sind in diesem Zusammenhang zu diskutieren.

Durch ständig steigende Produktion und den damit verbundenen Materialströmen kommt es gleichzeitig zu einem starken Anstieg des Verbrauchs und daher zu einer Übernutzung natürlicher Ressourcen. Neben einer Verknappung dieser kommt es auch zu negativen Auswirkungen auf verschiedene Ökosysteme der Erde. Werden die Auswirkungen zu groß, geraten diese Ökosysteme aus dem Gleichgewicht. Dies hat zur Folge, dass die Lebensgrundlagen der Menschheit gefährdet sind. Um diese globalen Umweltveränderungen zu veranschaulichen, wurde das Konzept der planetaren Grenzen, auch ökologische Belastungsgrenzen genannt, geschaffen (Steffen et al., 2015).

Einige Öko- bzw. Umweltbilanzierungen greifen das Konzept der planetaren Grenzen auf. So misst der ökologische Fußabdruck den Verbrauch an natürlichen Ressourcen und drückt diesen in globalen Hektaren aus. In Form des Erdüberlastungstages (Earth Overshoot Day) wird versucht, die Übernutzung zu verdeutlichen. Er stellt die menschliche Nachfrage dem globalen Angebot an natürlichen Ressourcen gegenüber und zeigt auf, an welchem Tag im Jahr die Nachfrage vom Angebot überschritten wird und eine Überlastung im Sinne einer zukünftigen Aufrechterhaltung des Lebensraums Erde eintritt (Wackernagel et al., 2019). Dieser Tag wurde global 1970 am 29. Dezember erreicht und lag damit bei 1,01 Erdeinheiten. Im Jahr 2019 fiel dieser Tag weltweit auf den 29. Juli und in der Europäischen Union auf den 10. Mai (Global Footprint Network, 2019). Dies entspricht 1,74 bzw. 2,79 Erdeinheiten.

Erfassung der Materialströme

Die Bewertung ökologischer Aktivitäten und deren Auswirkungen eines Unternehmens, von Prozessen oder eines Produkts entlang der gesamten Wertschöpfungskette bis zur Entsorgung, basiert auf einer Erfassung der Materialströme in Form einer Input-/Output-Bilanzierung. Hier werden die eingehenden den ausgehenden Materialien, Energieströmen, Produkten inklusive Nebenprodukte und Emissionen und deren Umwelteinwirkungen, die innerhalb (direkt) und außerhalb (indirekt) anfallen, gegenübergestellt. Ausgehend von einer solchen Bilanzierung kann in Abhängigkeit der Fragestellung die Gesamtheit möglicher Auswirkungen in Form einer Ökobilanz (Life Cycle Assessment) oder auch nur ein Teilaspekt bewertet werden. Dabei sind Einflüsse auf die menschliche Gesundheit, auf das Ökosystem und auf die Ressourcenverfügbarkeit zu betrachten. In Tabelle 1 sind mögliche Auswirkungsschwerpunkte dargestellt.

Alle Kategorien gemeinsam werden beim ökologischen Fußabdruck betrachtet. Im Falle des Treibhausgasfußabdrucks stehen die klimarelevanten Emissionen und beim Wasserfußabdruck der direkte und indirekte Wasserverbrauch im Mittelpunkt der Betrachtung.

Tab. 1: Wirkungsfaktoren in einem Abschätzungsmodell für einen ökologischen Fußabdruck von Produkten (European Commission, 2013).

Wirkungskategorie	Indikatoren
Klimaänderung	kg CO_2-Äquivalent
Abbau der Ozonschicht	kg Trichlorfluormethan (CFC-11)-Äquivalent
Ökotoxizität – Süßwasser	Toxizitätsvergleichseinheit für Ökosysteme (CTUe)
Humantoxizität – kanzerogene Folgen	Toxizitätsvergleichseinheit für Menschen (CTUh)
Humantoxizität – nichtkanzerogene Folgen	Toxizitätsvergleichseinheit für Menschen (CTUh)
Feinstaub/anorganische Emissionen	kg Feinstaubpartikel <2,5µm-Äquivalent
Ionisierende Strahlung – Auswirkungen auf die menschliche Gesundheit	kg U^{235}-Äquivalent (Luft)
Fotochemische Bildung von Ozon	kg flüchtige organische Verbindungen außer Methan (NMVOC) Äquivalent
Versauerung	mol H^+-Äquivalent
Eutrophierung – Land	mol N-Äquivalent
Eutrophierung – Wasser	Süßwasser: kg CO_2-Äquivalent Meerwasser: kg N-Äquivalent
Ressourcenerschöpfung – Wasser	m^3 Wasserverbrauch im Verhältnis zur lokalen Wasserknappheit
Ressourcenerschöpfung – mineralisch, fossil	kg Antimon-Äquivalent
Landnutzungsänderungen	kg (Defizit)

Materialströme einer Weinkellerei

Durch die Verknappung der natürlichen Rohstoffe, steigende Materialkosten und ökologisch motivierte Aspekte gewinnt Stoffstrommanagement auch in größeren Weinkellereien immer mehr zur Steuerung der Ressourceneffizienz an Bedeutung. Bisherige Kostensenkungsmaßnahmen optimieren nicht den nachhaltigen Umgang mit nicht erneuerbaren Rohstoffen und deren Stoffströmen. Gerade beim Sparen von Energie, bei einer umweltfreundlichen Abfallwirtschaft und der Entsorgung der benutzten Stoffe inklusive des Abwassers gibt es Verbesserungspotenzial.

Im konkret ökologisch motivierten Energie- und Stoffstrommanagement liegt das Augenmerk daher auf dem Umweltschutz. Dabei stehen oft die Abfallwirtschaft, die Wasserwirtschaft, der Bodenschutz, der gesamte Bereich der Entsorgung sowie der vermeidbare Energieeinsatz im Vordergrund. Es wird eine sogenannte „Cleaner Production" angestrebt, um die Umwelt zu schonen. Mögliche Auswirkungen auf die Umwelt sind in Abbildung 1 dargestellt.

Die input- und outputseitige Bilanzierung und Optimierung der ökologisch relevanten Stoff- und Energieströme eines Einzelprozesses, Prozessverbundes bzw. einer gesamten Weinkellerei steht im Mittelpunkt. Innerbetriebliches Stoffstrommanagement kann somit auch als prozessbezogen bezeichnet werden, da der Fokus auf der Analyse und Optimierung der Produktionsstrukturen liegt. Wird dieser innerbetriebliche Ansatz, der die direkten Stoffströme erfasst, um weitere zur Produktion benötigte Materialien ergänzt, entsteht eine produktorientierte Ökobilanz. So können u. a. die Energieströme und die damit entsprechenden Treibhausgaseffekte verschiedener Weinverpackungen in eine Gesamtbetrachtung einbezogen werden.

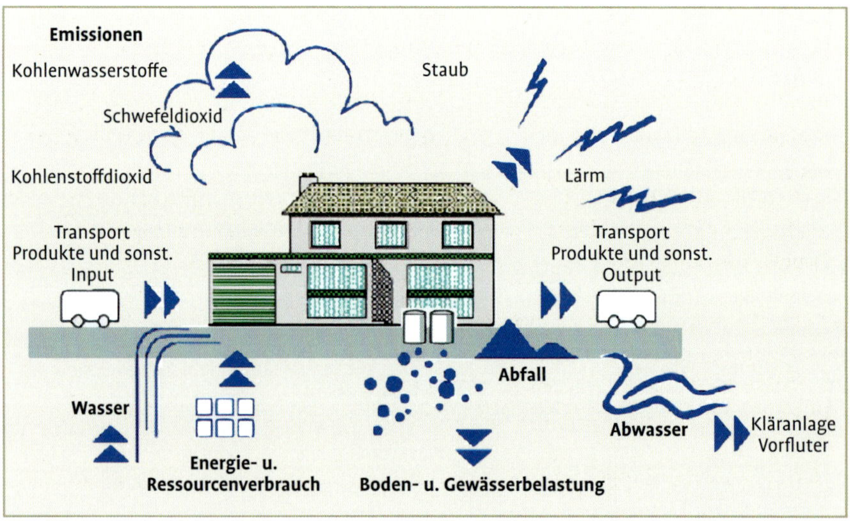

Abb. 1: Mögliche ökologische Auswirkungen einer Kellerei.

Eine Gesamtbilanzierung beinhaltet die eingesetzten Materialien (Input), die dann in der Weinproduktion und deren unterstützenden Prozessen, wie z. B. Administration, Vertrieb, Ver- und Entsorgungseinrichtungen, verwendet, umgewandelt, verändert bzw. verbraucht werden und dann die Weinkellerei in verschiedenen Formen als Output wieder verlässt. Im Sinne einer Optimierung der ökologischen Stoff- und Energieströme muss für Abfälle, die bei der Produktion entstehen, bereits vor deren Erzeugung eine mögliche Vermeidung ins Auge gefasst und somit bereits bei der Beschaffung der Produkte an deren Entsorgung gedacht werden. Dies beinhaltet auch eingesetzte Gefahrstoffe und die daraus entstehenden Abfälle bzw. Abwässer und Gespräche mit Lieferanten über Reduzierung, umweltfreundlichere Veränderungen sowie Rücknahme der Verpackungen in Form einer Kreislaufwirtschaft.

Ein umfassendes und erfolgreiches Gesamtkonzept im Sinne einer effizienten Ressourcennutzung und einer funktionierenden Kreislaufwirtschaft basiert demnach auf folgenden Grundsätzen:

- Vermeidung
- Verringerung
- Substitution
- Vorbereitung zur Wiederverwendung
- Recycling
- Sonstige Verwertung (z. B. energetisch)
- Beseitigung (z. B. Deponie).

Die in einer Kellerei zur Produktion eingesetzten Materialien lassen sich hinsichtlich ihres Einsatzzweckes in verschiedene Gruppen einteilen:

- Rohstoffe (Trauben, Most, Wein)
- Zusatzstoffe (z. B. Schwefeldioxid, Ascorbinsäure etc.)
- Verarbeitungshilfsstoffe (Reinzuchthefe, Nährsalze, Kohlendioxid etc.)
- Verpackungsmaterial (Verkaufs-, Um-, Transportverpackung, Klebstoffe, Leim)
- Betriebsstoffe (Schmierstoffe, Treib- und Brennstoffe, Strom, Kältemittel, Kälteträger, Wasser, Reinigungsmittel, Desinfektionsmittel, Bürobedarf, Laborbedarf etc.)
- technische Anlagen, Maschinen und Betriebsausstattung (Behälter, Pumpen, Schläuche, Filter, Abfüllanlagen, Kältemaschinen, Heizkessel, Dampferzeuger, Drucklufterzeuger etc.).

Im Laufe der Prozesskette der Weinbereitung werden die eingesetzten Materialien teils umgewandelt und gelangen in unterschiedlicher Form aus der Kellerei. Dabei kann in folgende Formen unterschieden werden:

- Produkte (inklusive Verkaufs-, Um-, Transportverpackung – Wein, Traubensaft, Sekt etc.)
- Nebenprodukte (Rappen, Häute, Kerne, Mosttrub, Hefetrub, Schönungstrub, Weinstein etc.)
- Organischer Abfall/Biomasse (Produktreste, andere Lebensmittel)

- Sortierte Feststoffe (Kunststoffe, Papier, Glas, Kork, Metalle, Holz, Elektroschrott etc.)
- Chemischer Abfall (Gefahrstoffe, Sondermüll, Zusatzstoffreste, Verarbeitungsstoffreste, Schmiermittel)
- Emissionen (Gase, Lärm, Staub, Abwärme)
- Abwasser (Regenwasser, organisch belastetes Abwasser, chemisch belastetes Abwasser, Prozesswasser, Sanitärwasser)
- Restmüll (Hygieneartikel, Spüllappen, nicht recycelbare Gegenstände etc.).

Einen weiteren Gesichtspunkt im Bereich der eingesetzten Materialien stellen die Gefahrstoffe dar. Darunter fallen sowohl Zusatzstoffe, Verarbeitungshilfsstoffe als auch Betriebsstoffe. Tabelle 2 gibt einen Überblick über mögliche Gefahrstoffe und deren Verwendungszweck. Bei den anzustellenden Überlegungen ist der Arbeitsschutz, der Verbraucherschutz sowie der Umweltschutz inklusive Lagerung, Umgang und Entsorgung (Abfall und Abwasser) einzubeziehen.

Mit Blick auf ein nachhaltiges Ressourcenmanagement kristallisieren sich trotz der Heterogenität der Betriebe die verwendeten Rohmaterialien und deren Herstellung, die Verpackungen inklusive Entsorgung, andere Abfälle sowie Energie inklusive Transport und Wassernutzung heraus (vgl. CIAA, 2007; Dri et al., 2018; FoodDrinkEurope, 2012).

Prozessorientierte Materialströme

Die Erfassung der Materialströme im Bereich einer Weinkellerei kann betriebs-, prozess- oder produktorientiert erfolgen. In Abbildung 2 ist Weinbereitung in Teilschritten vereinfacht dargestellt. Dabei sind die Teilprozesse in Weinbereitung und Abfüllung inklusive Füllfertigmachen der Weine zusammengefasst. Während diese Aufteilung in kleineren Betrieben und als Einstieg in einer ersten Grobanalyse ausreichend ist, macht eine Aufschlüsselung der einzelnen Teilschritte und deren Materialströme, wie in Abbildung 3 gezeigt, in weiterführenden Betrachtungen und bei detailliertem Prozessmonitoring Sinn. Dabei können die einzelnen Ressourcenverbräuche prozessgenau ermittelt, Hauptverbraucher erkannt und hinsichtlich ihrer Optimierung analysiert und angepasst werden.

Typische Quellen für die zu erfassenden Daten sind (European Commission, 2013):

- prozess- oder anlagenbezogene Verbrauchsdaten
- Rechnungen und Veränderungen der Lagerbestände von Verbrauchsgütern
- Emissionsmessungen (Mengen und Konzentrationen der Gas- und Abwasseremissionen)
- Daten aus der Literatur oder wissenschaftlichen Veröffentlichungen
- gemittelte Lebenswegdaten für eine bestimmte Branche aus Sachbilanzdatenbanken, Industrieverbandsberichten, Regierungsstatistiken usw.

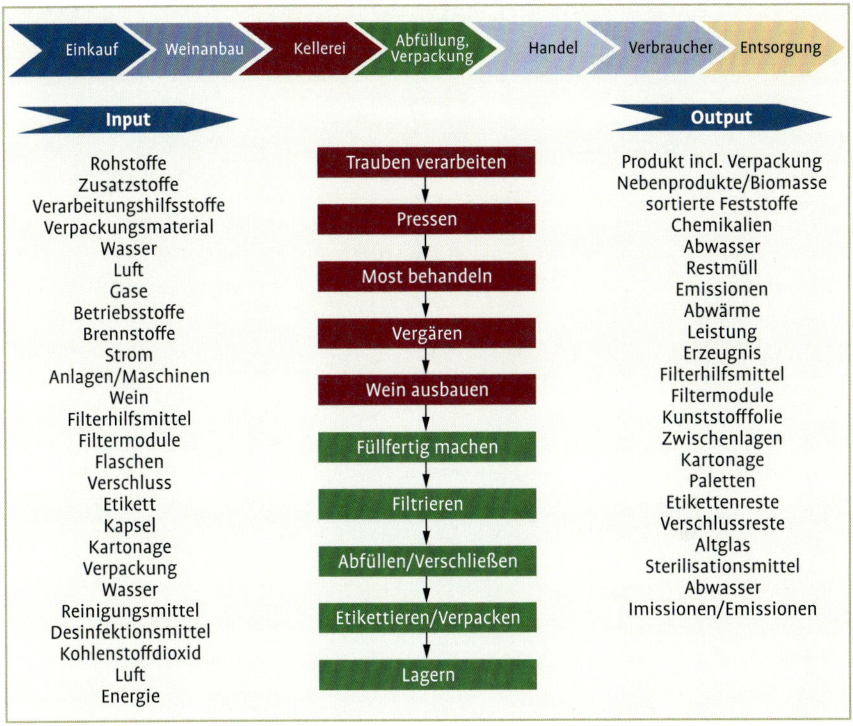

Abb. 2: Prozesse der Weinbereitung mit eingehenden und ausgehenden Materialien.

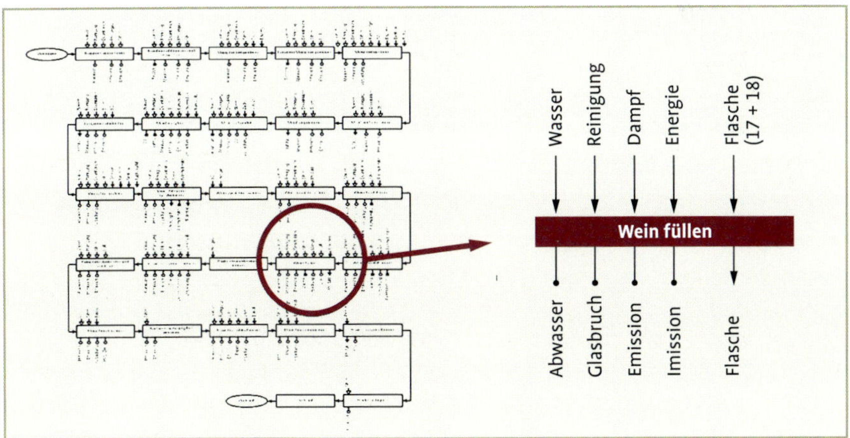

Abb. 3: Prozessorientierte Materialströme in einer Weinkellerei.

Tab. 2: Gefahrstoffe in einer Weinkellerei.

Gefahrstoff	Gefahrenklasse*	Verwendungszweck
Schwefeldioxid		Konservierungsstoff
Dimethyldicarbonat		Konservierungsstoff
Chlordioxid		Desinfektionsmittel
Peressigsäure		Desinfektionsmittel
Ozon		Desinfektionsmittel
Wasserstoffperoxid		Desinfektionsmittel; Reinigung
Natriumhydroxid		Reinigung
Kaliumhydroxid		Reinigung
Kieselgur		Filterhilfsmittel
Kohlenstoffdioxid		Gase/Packgase
Stickstoff		Gase/Packgase
Argon		Gase/Packgase
Sauerstoff		Gase/Packgase
Kupfersulfat		Korrektur von Mängeln
Kaliumhexacyanoferrat		Stabilisator
Zitronensäure		Stabilisator, Reinigung
Phosphorsäure		Reinigung
Salpetersäure		Reinigung
Schwefelsäure		Regeneration Ionenaustauscher
Salzsäure		Regeneration Ionenaustauscher
teilfluorierte Kohlenwasserstoffe (HFKW)		Kältemittel
Ammoniak / Propan		Kältemittel
Propan		Kältemittel
Glykol		Kälteträger
Dimethylether (DME)		Kältemittel
Fluorolefinwasserstoffe (HFO)		Kältemittel
Diethylhydroxylamin		Sauerstoffbindung Dampf
Weinsäure		Säureregulator
Äpfelsäure		Säureregulator
Milchsäure		Säureregulator

*(IFA, 2021)

Eingehende Materialströme

Rohware

Im Mittelpunkt der Inputbetrachtung steht die Rohware, die in einer Weinkellerei verarbeitet wird. Sie bestimmt durch Herkunft (Klima, Standort), Menge, Vielfältigkeit, Qualität, Verarbeitungsstufe in Verbindung mit den unternehmerischen Zielvorstellungen die oenologische Arbeitsweise. Diese nimmt wiederum auf die Gesamtgestaltung der Betriebstätte inklusive der Prozesse und der dabei genutzten oenologischen Ausstattung und Verfahren Einfluss. Diese Infrastruktur bestimmt ihrerseits die Materialströme in Art und Menge und dies sowohl input- als auch outputseitig.

Abbildung 4 zeigt eine Mengenbilanzierung des Hauptstroms der Rohware Traube entlang der einzelnen Verarbeitungsstufen der Weinbereitung bis zum Flaschenwein. Dabei lassen sich auch die Teilströme der entstehenden Neben- bzw. Abfallprodukte erkennen. Im gezeigten Beispiel entstehen aus 100 kg Trauben 63,7 L abgefüllter Wein.

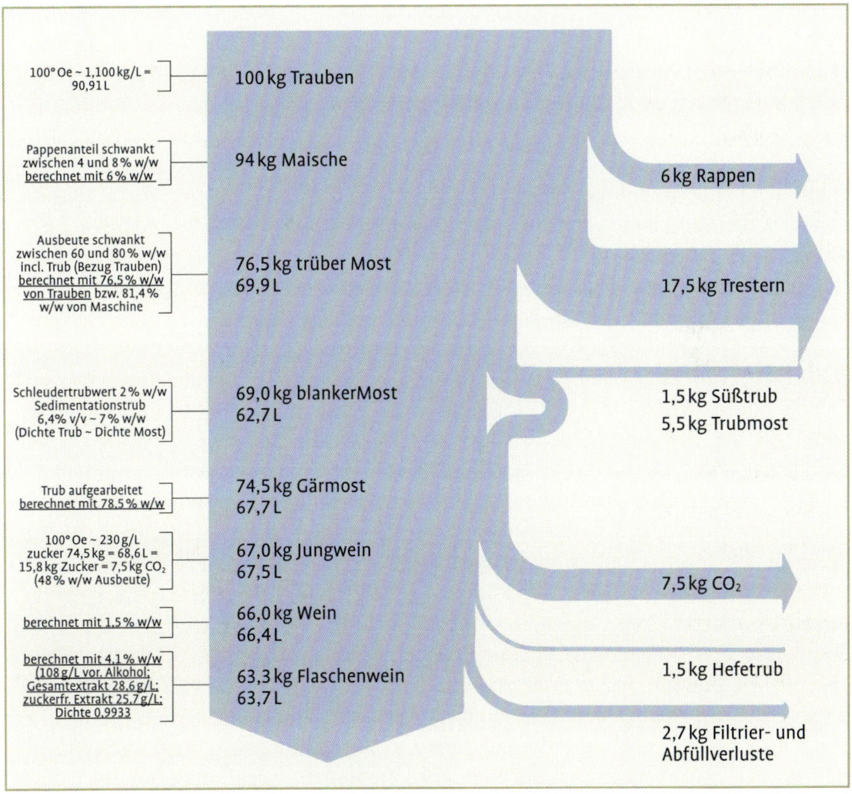

Abb. 4: Mengenbilanz der Rohware Traube entlang der Weinbereitung.

Zusatz- und Verarbeitungshilfsstoffe

In Abhängigkeit der Rohwarenqualität und der oenologischen Zielsetzung werden während der Weinbereitung unterschiedliche Verfahren in verschiedener Art und Menge eingesetzt. Sie beinhalten sowohl das Anwenden von Techniken als auch von Substanzen (OIV, 2019).

Die oenologischen Behandlungssubstanzen werden in Zusatz- und Verarbeitungshilfsstoffe unterteilt. Im Sinne der Materialströme verbleiben die Zusatzstoffe bis auf die Verlustmengen im Produkt, während die Hilfsstoffe meist über die Nebenströme Süß-, Hefe-, Schönungstrub in Verbindung mit Produktresten anfallen. Eine spanische Weinkellerei gibt z. B. 2 g/L abgefüllten Weines an oenologischen Behandlungsstoffen an (Gramona, 2018). Eine Sektkellerei liegt bei Verarbeitungshilfsstoffen bei 0,2 g/L und bei Zusatzstoffen bei 0,4 g/L Produktion (Henkell, 2017). Die eingesetzten Filterhilfsmittel (rund 1 g/L) fallen in der Regel fest mit einem Restfeuchtegehalt, der durch Produktreste verursacht wird, an (1,9–2,8 g/L). Zusammenhängend mit den oenologischen Behandlungssubstanzen ist deren Verpackung zu berücksichtigen. Bei flüssigen Behandlungsstoffen kann dies ein Behältnis aus Kunststoff, Glas oder Metall sein. Im Falle von pulvrigen, granulierten Substanzen ist dies Papier, Kunststoff oder ein Verbundmaterial. Je nach Abnahmemenge weichen die Größen der Verpackungseinheiten ab. Auch finden sich vor allem bei Großabnehmern teilweise Mehrwegverpackungssysteme für diese Stoffe.

Mit Blick auf den Ressourceneinsatz im Gesamtprozess gilt es somit neben den eigentlich benötigten oenologischen Behandlungsstoffen auch die zu verarbeitenden Nebenströme, den Verpackungsabfall und die Abwasserbelastung zu berücksichtigen. Konsequenterweise sollten auch die vorgelagerten Bereiche bei der Herstellung der jeweiligen Produkte berücksichtigt werden. Dabei sind die oben genannten Grundsätze der Kreislaufwirtschaft einzubeziehen.

Bei der Anwendung dieser oenologischen Verfahren bedeutet dies im ersten Schritt, den seit jeher geltenden Grundsatz „So wenig wie möglich, so viel wie nötig!" zu berücksichtigen. Unter Einbeziehung der verschiedenen Teilziele einer oenologischen Behandlung beinhaltet dies, den Prozess der Weinbereitung auf Verminderungs- und Vermeidungspotenzial zu überprüfen sowie additiv arbeitende Technologien durch technische, physikalische zu ersetzen. Für die meisten Zutaten und Zusätze stehen technische Alternativen mit vergleichbarer Wirkung zur Verfügung. In der Regel bedeuten diese einen höheren technischen Aufwand und sind somit meist Großbetrieben vorbehalten bzw. bedingt im Lohnverfahren verfügbar. Auch ist im Sinne einer Gesamtbetrachtung nicht nur die Einsparung der Behandlungsmittel zu betrachten, sondern auch der Mehrverbrauch an anderen Ressourcen wie Energie und Wasser und die indirekten Aspekte der Herstellung und Entsorgung der technischen Anlagen und deren Betriebsstoffe. Diese Gesamtbetrachtung muss neben einer effizienteren Ressourcennutzung auch weitere Gesichtspunkte wie Produktqualität, Kundenzufriedenheit, Verbraucherschutz, Arbeitssicherheit, Umweltschutz und Kosten berücksichtigen (Freund, 2019).

Verpackungsmaterial

Die Verpackungen in einer Weinkellerei können aus verschiedenen Blickwinkeln betrachtet werden: Einmal als Packmittel von oenologischen Behandlungs- und Betriebsstoffen sowie von Anlagegütern, zum anderen für das eigene Erzeugnis. In beiden Fällen ermöglicht die Verpackung die Beförderung des Inhalts vom Hersteller über den Handel zum Verbraucher, dient zur Lagerung, schützt vor Veränderungen bzw. Verderb und übermittelt Produktinformation. Dabei sind Aspekte der Produkt- und Lebensmittelsicherheit, der Verfahrenstechnik, des Umweltschutzes, der Wirtschaftlichkeit, des Marketings und nicht zuletzt gesetzlicher Anforderungen zu beachten. Allen gemeinsam ist, dass nach der Nutzung des Produktes diese nicht mehr vom Nutzer benötigt werden und somit erstmal als Abfall anzusehen sind. So belief sich z. B. 2018 der Anteil der Verpackungen am Gesamtmüllaufkommen der Europäischen Union auf 3,35 %, dies sind 77,7 Millionen Tonnen (Eurostat, 2020a, 2020b).

Im Sinne eines effizienten Ressourcenmanagements sind im Bereich des Verpackungskonzepts im Weinsektor wie unter den Gesichtspunkten Energie (Verbrauch, Herkunft, Treibhausgasemission), Wasserverbrauch, Ressourcenverbräuche und Abfälle bei der Verpackungsherstellung, -verwendung und -entsorgung folgende Aspekte zu betrachten:

- verantwortungsvolle Materialbeschaffung
- Materialeffizienz
- Verhältnis Verpackung/Inhalt
- volumetrischer Wirkungsgrad
- Einsatz von biobasierten/erneuerbaren Materialien
- Ersetzen von ungeeigneten Materialien
- Steigerung des Wieder- bzw. Weiterverwendungsanteils
- Gestaltungsoptimierung zur Wieder- bzw. Weiterverwendung
- Verbesserung der Recyclinginfrastruktur.

Die aktuellen Verpackungskonzepte sind vielfältig. In Verwendung sind die Materialien Glas, Kunststoff, Pappe/Karton, Metalle, Kork und Holz. Im Bereich der Verkaufsverpackungen werden davon vor allem Glas, Kunststoffe und Aluminium im Bereich der Behältnisse und Kork, Kunststoffe sowie Aluminium bei den Verschlüssen genutzt. Für die Weiterverwertung von Bedeutung ist, dass Kunststoffe oftmals im Verbund mit anderen Materialien eingesetzt werden, um deren Eigenschaften hinsichtlich der Produktanforderungen zu verbessern. Diese Verbundmaterialien sind derzeit nur bedingt wiederverwertbar, meist in einer minderwertigen oder energetischen Nutzung. Bei den Um- und Transportverpackungen überwiegt Pappe/Karton, teils ergänzt mit einer Schutzfolie aus Kunststoff. Holz findet vorwiegend in Form von Einweg- bzw. Mehrweg-Paletten Verwendung. In Tabelle 3 sind die bedeutendsten Verpackungskonzepte mit zusätzlichen ökologisch relevanten Informationen dargestellt.

Tab. 3: Verkaufsverpackungen für Wein.

Verpackung	Material	Optimierung	Masse	Sekundärverpackung
Glasflasche	Glas	Gewicht, Form, Mehrweg, recyclingfähig, Herstellung	310–1200 g/0,75 L	Holzpalette, PP-Zwischenlage, Kartonzwischenlagen, PE-Schutzfolie
Kunststoffflasche	PET, Verbundmaterial Farbstoffe, Titandioxid	Gewicht, Form, biobasiertes Material, recyclingfähig, Herstellung	54 g/0,75 L	
Bag-In-Box (BIB)	75 % Pappe 25 % Verbundmaterial Kunststoff/Aluminium	Gewicht, Form, biobasiertes Material, recyclingfähig, Herstellung	180 g/3,0 L	Holzpalette, Karton, PE-Folie
Kartonverpackungen	73–75 % Pappe 20–23 % Verbundmaterial Kunststoff 4–5 % Aluminium	Gewicht, biobasiertes Material, recyclingfähig, Herstellung	38 g/1,0 L	
Standbodenbeutel Stand-Up-Pouch	Verbundmaterial Kunststoff/Aluminium	Gewicht, biobasiertes Material, Form Recyclingfähig, Herstellung	35 g/1,5 L	Karton, PE-Schutzfolie
Aluminiumdose	Epoxidharz	Gewicht, recyclingfähig, Herstellung	30 g/0,75 L	
Stopfen – Naturkork	Additive Oberfläche	biobasiertes Material, recyclingfähig, Herstellung	2,7–3,6 g/Stück	Holzpalette, Karton, PE-Folie
Stopfen – Agglomeratkorken	Verbundmaterial Kork/ Bindemittel, Additive	biobasiertes Material, recyclingfähig, Herstellung	4,5–5,8 g/Stück	Holzpalette, Karton, PE-Folie
Stopfen – Microgranulatkorken	Verbundmaterial Kork/ Kunststoff/ Bindemittel, Additive	biobasiertes Material, recyclingfähig, Herstellung	4,5–5,8 g/Stück	Holzpalette, Karton, PE-Folie
Stopfen – Kunststoff	PE, Styrol/Butylen, EVA, Additive	biobasiertes Material, recyclingfähig, Herstellung	5,4–6,4 g/Stück	Holzpalette, Karton, PE-Folie

Tab. 3: Verkaufsverpackungen für Wein. (Fortsetzung)

Verpackung	Material	Optimierung	Masse	Sekundärverpackung
Schraubverschluss (MCA)	Dichtung PE/PVC/Metalle	Gewicht, biobasiertes Material, recyclingfähig, Herstellung	1,5 g/Stück	Holzpalette, Karton, PE-Folie
Schraubverschluss (Longcaps)	Dichtung PE/PVC/Metalle	Gewicht, biobasiertes Material, recyclingfähig, Herstellung	5,6 g/Stück	Holzpalette, Karton, PE-Folie
Schraubverschluss (Syncor Bio-Twister)	Nachwachsende Rohstoffe Holz/Glas, Dichtung PE	Gewicht, biobasiertes Material, recyclingfähig, Herstellung	6,3 (7,9) g/Stück	Holzpalette, Karton, PE-Folie
Schraubverschluss (Kunststoff)	PE, PP Dichtung PE/PVC/Metalle	Gewicht, biobasiertes Material, recyclingfähig, Herstellung	3,0 g/Stück	Holzpalette, Karton, PE-Folie
Kronkorken	Dichtung PE/PVC/Metalle	Gewicht, biobasiertes Material, recyclingfähig, Herstellung	3,8 g/Stück	Holzpalette, Karton, PE-Folie
Zapfhahn (BIB, SUP)	PP Aluminium	Gewicht, biobasiertes Material, recyclingfähig, Herstellung	12,3 g/Stück	zusammen mit Verpackung

Die dargestellten allgemeinen Ansätze im Bereich eines effizienten Ressourcenmanagements bei Verpackung sowie die konkretisierten Optimierungsansätze in den Verpackungskonzepten für Wein bestätigen, dass der gesamte Lebenszyklus einer Verpackung von der Herstellung über die Verwendung in der Weinkellerei und durch den Verbraucher bis zur Entsorgung entscheidend ist und vor allem von der Weinbranche nicht direkt beeinflussbare Faktoren eine wesentliche Rolle spielen. So beeinflusst der Herstellungsprozess Materialmenge, -art (z. B. Rezyklat, erneuerbare Rohstoffe) und -wiederverwendbarkeit (Trennung von Verbundwerkstoffen) den Ressourcenverbrauch; auch ist er verantwortlich für einen Großteil der benötigten Energie und des verbrauchten Wassers. So benötigt die Verwendung von Altglas je 10 % Scherbenanteil 3 % und Aluminium nur 5–10 % der Energie im Vergleich zu Produkten, die aus abgebauten Rohstoffen gewonnenen werden. Beim derzeit vorherrschenden Verpackungskonzept Glas zeigen Ansätze wie Mehrwegsysteme, Leichtglas, einheitliche Flaschenformen und kurze, regionale Transportwege weitere Möglichkeiten, um die energetisch hochintensive Herstellung und Anlieferung dieses qualitativ sehr gut geeigneten Verpackungsmaterials zu verbessern. Neben der Herstellung ist ergänzend eine organisierte Entsorgung entscheidend für die Verwertung bzw. das Recycling, ist doch z. B. eine effektive Trennung eines Verbundmaterials Voraussetzung, um ein Downcycling zu verhindern und die Herstellung eines Rezyklats gleicher Qualität zu gewährleisten. Auch weisen zwar Kunststoffe bei der Herstellung günstigere Ökokennzahlen auf, doch weist die Differenz zwischen Verwertung von rund 78,5 % gegenüber einem Recyclinganteil von 41,5 % in der Europäischen Union darauf hin (Eurostat, 2021), dass rund 37 Prozentpunkte des Materials keinem direkten Recycling, sondern u. a. einer energetische Verwertung zugeführt werden.

Somit überwiegen derzeit die direkt beeinflussbaren Anforderungen vor den konzeptgegebenen, umweltrelevanten Größen bei einer Entscheidung. Dies sind vor allem oenologische Aspekte wie Weintyp, Sauerstoff-, Lichtdurchlässigkeit, Druckbeständigkeit, minimierte Migration von Rückständen und auch prozesstechnische Auswirkungen u. a. in Form der benötigen Füllsysteme. Dies wird ergänzt durch Marketingaspekte und Vertriebs- inklusive der Transportwege.

Betriebsstoffe

In Abhängigkeit der Betriebsausstattung, der gewählten Prozesse und oenologischen Verfahren werden unterschiedliche Betriebsstoffe für den Produktionsablauf benötigt. Sie werden u. a. für die Versorgungmedien Energie, Wasser oder Druckluft im Verlauf der Weinbereitung zur Temperierung des Produktes, zur Reinigung bzw. Desinfektion der Geräte oder für die Nutzung von Maschinen und technischen Geräten benötigt. Hierzu zählen unter anderem

- elektrische Energie
- Kraftstoffe
- Öle und Schmierfette
- Reinigungsmittel
- Desinfektionsmittel

- Wasser (Dampf, Heißwasser, Kühlwasser)
- Druckluft und
- Büromaterial.

Öle und Schmierstoffe sind Bestandteil einer vorbeugenden Instandhaltung und dienen der Werterhaltung und zur Erhöhung der Verfügbarkeit von Maschinen und Anlagen durch Mindern der Reibung, Senken des Verschleißes und Transportieren von Wärme. In dieser Funktion übernehmen sie eine wichtige Funktion im Bereich einer langlebigen Ressourcennutzung, und zwar durch Verschleißminderung, Korrosionsschutz und eines effizienteren Energieeinsatzes durch Minderung der Reibung. Basis der meisten Schmierstoffe sind Grundöle und Additive. Diese basieren auf Rohstoffen wie Rohöl, Pflanzen und anderen Chemikalien (Weißbach, 2010). Lebensmittel-Schmierstoffe müssen lebensmittelrechtliche Anforderungen im Sinne einer gesundheitlichen Unbedenklichkeit und einer organoleptischen Neutralität erfüllen. Zusätzlich müssen sie lebensmittel-, wasser-, chemikalienbeständig und in Teilbereichen dämpf- bzw. heißwassersterilisierbar sein (Weißenbach, 2000). Im Sinne einer Beurteilung hinsichtlich möglicher Umweltaspekte können folgende Kriterien betrachtet werden (Europäische Kommission, 2018):

- Einstufung als gefährliche Stoffe
- zusätzliche Anforderungen hinsichtlich der aquatischen Toxizität
- Bioabbaubarkeit und potenzielle Bioakkumulierbarkeit
- Anforderungen in Bezug auf erneuerbare Inhaltstoffe
- Anforderungen an die Verpackung/Behälter
- Information des Verbrauchers zur Nutzung und Entsorgung.

Da der Großteil des Ressourcenverbrauchs und der Umweltbeeinflussung der Schmierstoffe in der Gewinnung der Rohstoffe durch den Raffinationsprozess liegt, haben die Weinkellereien als Anwender nur indirekt über die Beschaffung auf die Herstellung und Produktion einen Einfluss. So werden zunehmend Basisstoffe und Additive aus nachwachsenden, biologisch abbaubaren und umweltfreundlicheren, weniger gefährlichen Rohstoffen angeboten. Auch steigt der Anteil von recyceltem Altöl, welches als Basisöl eingesetzt werden kann, dessen Produktion geringe Mengen an Ressourcen verbraucht und die Auswirkungen auf den Treibhauseffekt vermindert. Weiter werden Kunststoffgebinde zu einem Teil aus Rezyklat hergestellt. Auch verweisen die Hersteller von Schmierstoffen in ihren Umwelterklärungen auf die kontinuierliche Verbesserung ihrer Ressourceneffizienz im Herstellungsbereich. Diese Aspekte sind bei der Schmiermittelauswahl bzw. bereits beim Kauf der zu schmierenden Maschine zu berücksichtigen, da neuere Techniken und Hochleistungsöle die Einsatzzeiten der Schmierstoffe erhöhen können. Bei der Verwendung und der Entsorgung von Schmierstoffen können Weinkellereien direkten Einfluss nehmen. Durch ein geeignetes Wartungsmanagement, welches die Empfehlungen der Bedienungsanleitung einbezieht und Art, Menge, Zeitintervalle beinhaltet, kann der Einsatz vermindert und gleichzeitig der ressourcensparende Effekt der Schmierstoffe genutzt werden. Wird dabei darauf geachtet, dass möglichst keine

Stoffe in die Umwelt bzw. ins Abwasser gelangen, ist in Verbindung mit einer ordnungsgemäßen Entsorgung sehr viel erreicht. Schmierstoffe sollten nach Gebrauch gesammelt und einer Wiederverwertung zugeführt werden. Diese kann „thermisch" zur Energiegewinnung sein oder nach einer Aufbereitung in speziellen Raffinerien als recyceltes Basisöl mit vergleichbarer Qualität. In Europa ist die Rückgabe der Gebinde und der Schmierstoffreste gesetzlich verankert. Die Recyclingquote von Schmierstoffen belief sich in der EU-28 im Jahr 2018 auf 47 % des sammelbaren Altölanteils am Gesamtschmierstoffverbrauch (Stahl and Merz, 2020).

Die zur Weinbereitung benötigte Kälte ist einer der größten Energieverbraucher in einer Weinkellerei. Neben deren effizienten Gestaltung beeinflusst die Auswahl des Kältemittels das globale Erwärmungspotenzial nicht unerheblich. Kältemittel sollten weder brennbar noch giftig oder korrosiv sein. Darüber hinaus sollten sie mit Öl mischbar, thermisch und chemisch stabil sein sowie hohe Kälte- und Wärmeleistung bei geringem Energieaufwand, günstige Druckverhältnisse und zudem eine niedrige Verdichtungstemperatur aufweisen. Besonders wichtig ist außerdem die Umweltverträglichkeit, die in internationalen Gesetzeswerken bereits seit einigen Jahren verankert ist und die Produktauswahl und den Produkteinsatz entscheidend beeinflusst. So ist die Verwendung von Kältemitteln mit die Ozonschicht zerstörenden Eigenschaften verboten. Andere Kältemittel, die bei der Freisetzung in die Atmosphäre hochgradig zum Treibhausgaseffekt beitragen, werden stark reglementiert bzw. einige sind bereits vom Markt genommen. Immer häufiger werden natürliche Kältemittel wie Ammoniak, Kohlenwasserstoffe, Kohlenstoffdioxid, Wasser und Luft eingesetzt. Sie kommen in den Stoffkreisläufen der Natur vor, tragen nicht zum Abbau der Ozonschicht bei und haben entweder keinen oder nur einen sehr geringen direkten Einfluss auf den Treibhauseffekt. Ihre Giftigkeit ist unterschiedlich, kann aber durch Sicherheitseinrichtungen in der Kälteanlage auf ein ungefährliches Maß reduziert werden (vgl. Tab. 2). Unter Beachtung des Kälteeinsatzes in einer Weinkellerei im Bereich der Weinbereitung (z. B. Mostkühlung, Gärsteuerung, Weinsteinstabilisierung) und der Raumklimatisierung (Kellerräume, Fasslager, Flaschenlager, Arbeits- und Büroräume) mit unterschiedlichen Temperaturbereichen sind in Abhängigkeit des oder der eingesetzten Kältesysteme unterschiedliche Kältemittel im Sinne einer qualitativ, energieeffizienten und umweltverträglichen Kälteerzeugung sinnvoll und in einer Planung zu berücksichtigen. In den bestehenden Anlagen sind Leckageverluste durch regelmäßige Wartung zu vermeiden.

Zu den Betriebsstoffen zählen auch die Reinigungsmittel. In Kombination mit weiteren Faktoren wie Temperatur, Zeit und Mechanik wird von Reinigungsverfahren gesprochen. Ziel ist es, organische und mineralische Verunreinigungen von Oberflächen und Geräten zu entfernen. In Verbindung mit den reinigungsfreundlichen Konstruktionen von Anlagen, der Beschaffenheit und Korrosionsbeständigkeit von Werkstoffen und Oberflächen, von Prozessparametern, Art der Verschmutzung und verfahrensbedingter Kombination aus Art und Menge des Reinigungsmittels, Temperatur und Mechanik lässt sich der Reinigungserfolg optimieren. Es wird gleichzeitig aber deutlich, dass eine für die Produktsicherheit unabdingliche Reinigung auch einen wichtigen Ansatzpunkt für eine ressourceneffiziente Weinherstellung darstellt. So ist die Reinigung der Hauptwasserverbraucher in einer Weinkellerei; die verwendeten Reinigungssubstanzen können das Abwasser belasten, und die teils eingesetzte thermische Energie in Form von Warm-, Heißwasser und Dampf sowie die mechanische Energie in Form von Pumpen-, Druck- oder Scherkräften benötigen Brennstoffe bzw. Strom. Die Reinigungsmittel bestehen in der Regel aus verschiedenen Inhaltsstoffen, die je nach zu reinigendem Gegenstand, Verschmutzungsart und -grad und Reinigungsverfahren unterschiedlich sind. Grundsätzlich wird in alkalische, neutrale und saure Reinigungsmittel unterschieden, die neben den Wirkstoffen auch wasch- oder reinigungsaktive Substanzen enthalten. Diese Additive setzen z. B. die Oberflächenspannung des Wassers herab (Tenside) oder dienen der Wasserenthärtung (Seifen, Zeolithe, Komplexbildner, Phosphate). Weitere Hilfsstoffe können Schauminhibitoren oder Duftstoffe sein (Deutsches Institut für Normung, 2001; Dylla et al., 2017).

Daten für den Verbrauch an Reinigungsmitteln für Be- und Verarbeitungsanlagen und -räume in Weinkellereien fehlen bisher. Die Verbrauchsmengen an Reinigungsmitteln lassen sich anhand des Wasserverbrauchs und des anfallenden Abwassers aus der Reinigung grob abschätzen. So berechnet sich bei einem Wasserverbrauch zwischen 2 bis 10 L/L Wein und einem Anteil von 33 % alkalischem Abwasser (van Schoor, 2005) zwischen 0,7 und 3,3 L Reinigungslösung/L Wein. Die alkalischen als auch die sauren Reinigungslösungen werden je nach Mittel, Reinigungsverfahren (Auslegung, Umpumpen, CIP) und Verschmutzungsgrad in der Regel in Konzentrationen von 0,2–3,0 %ig eingesetzt. Dies ergibt eine geschätzte Verbrauchsmenge zwischen 1,4 und 99 mL/L Wein sowohl für die alkalischen als auch sauren Produkte. Im Brauereibereich bewegen sich die Verbräuche zwischen 1–9 g/L (Ayinger Privatbrauerei, 2018; Barhorst et al., 2012; Staatliches Hofbräuhaus, 2020).

Zur Beurteilung umweltrelevanter Aspekte von Reinigungsmitteln bzw. deren Inhaltsstoffen können folgende Kriterien herangezogen werden (Dylla et al., 2017; ECOCERT Greenlife, 2017; Europäische Kommission, 2017):

- Gebrauchstauglichkeit / Wirksamkeit
- Rückstände in Lebensmitteln / Getränken / Wein
- Dosierung (Menge, einsetzbar in automatischen Dosiersystemen)
- Haltbarkeit
- Einstufung der Inhaltsstoffe als gefährliche Stoffe für Umwelt und Anwender
- Toxizität gegenüber Wasserorganismen
- biologische Abbaubarkeit
- Ressourcenherkunft (nachwachsende/erneuerbare Rohstoffe; nachhaltige Beschaffung z. B. von Palmölderivaten)
- Verpackung
- Herstellung (umweltfreundliche Produktions- und Verarbeitungsmethoden).

Bei dieser umweltrelevanten Charakterisierung der Mittel sind immer die Lebensmittelsicherheitsaspekte im Sinne der Basishygiene und des Verbraucherschutzes sowie verfahrenstechnische Eignung in die Überlegungen einzubeziehen. Hinsichtlich des Umwelt- als auch des Anwenderschutzes steht die Einstufung der Inhaltstoffe bzw. deren Abbauprodukte in Gefährdungsklassen, wie reizend, ätzend, gefährlich und umweltgefährlich, wobei bei Letzterem die Wassergefährdung und biologische Abbaubarkeit eingeschlossen sind. Im Sinne einer ressourcensparenden Verwendung spielt die Wirksamkeit in Abhängigkeit des Reinigungsverfahrens als Funktion der Konzentration, der gewählten Temperatur, der eingesetzten Mechanik und der zur Verfügung stehenden Zeit eine große Rolle. Weiteren indirekten Einfluss kann die Weinkellerei auch über die Auswahl der Mittel nehmen, indem auf Erneuerbarkeit, Herkunft und Gewinnung der Rohstoffe sowie eine ressourceneffiziente Herstellung der Mittel inklusive recycelbarer bzw. mehrwegfähiger Verpackungssysteme geachtet wird. Diese Aspekte umweltfreundlicher Reinigungsmittel sind in Rechtsvorschriften als auch in Standards ökologischer Verbände der Land- und Lebensmittelwirtschaft verankert und teils auch in Form von Positiv- bzw. Negativlisten veröffentlicht, die eine Weinkellerei bei der Auswahl unterstützen (Dylla et al., 2017; Ecocert Greenlife, 2017; Europäische Kommission, 2017).

Desinfektionsmittel sind ergänzend zu den Reinigungsmitteln weitere Betriebsmittel zur Aufrechterhaltung der Produktsicherheit. Ihre Aufgabe ist das Abtöten von Mikroorganismen unter ein Niveau, das weder gesundheitsschädlich ist noch die Qualität der Weine beeinträchtigt. Wie bei der Reinigung hängt die Wirksamkeit chemischer Desinfektionsmittel neben deren prinzipiellem Wirkungsspektrum von der Konzentration, der Temperatur, der Einwirkzeit und der Belastung der zu desinfizierenden Oberfläche mit unerwünschten Verschmutzungen und Mikroorganismen ab. Somit sind gut gereinigte Oberflächen Grundvoraussetzung einer erfolgreichen Desinfektion und wichtigstes Element einer Minimierung des Einsatzes der meist auch für den Anwender nicht ungefährlichen Substanzen. Neben den chemischen gibt es die physikalischen Verfahren mit der thermischen Desinfektion mit Heißwasser oder Dampf als am häufigsten eingesetztem Prinzip. Daneben werden Heißluft, UV- oder Infrarotstrahlung vorwiegend im Bereich der Packstoffe diskutiert. Da im stofflichen Aufbau zwischen Mikroorganismen, Lebensmittelbestandteilen und dem menschlichen Körper Parallelen zu finden sind, gibt es keine klare Abgrenzung zwischen der antimikrobiologischen Wirkung und Nebenwirkungen auf den menschlichen Körper. Dies rückt die toxikologische Unbedenklichkeit für den Anwender, die Umwelt und den Verbraucher der Desinfektionsmittel noch stärker in den Blickpunkt als bei den Reinigungsmitteln. Ihr Einsatz dürfte den Schwerpunkt im Sterilisieren der Produktverpackung kurz vor der Abfüllung und der Holzfasskonservierung traditionell mit Schwefeldioxid oder Ozon haben. Zur Beurteilung umweltrelevanter Aspekte von Desinfektionsmitteln bzw. deren Inhaltsstoffen können die gleichen Kriterien wie bei den Reinigungsmitteln herangezogen werden.

Ausgehende Materialströme

Produkte und Nebenprodukte

Im Mittelpunkt der ausgehenden Materialströme stehen die Haupt- und Nebenerzeugnisse des Weinbereitungsprozesses. Diese entstehen mengenmäßig proportional zu den verarbeiteten Trauben, Mosten und Weinen und unterliegen einer verarbeitungsabhängigen, ungleichen saisonalen Verteilung, sodass in Abhängigkeit der Betriebsgröße und -struktur Entsorgungsengpässe mit umweltrelevanten Aspekten zu managen sind (Christ and Burritt, 2013). Die wichtigsten Nebenerzeugnisse sind Rappen, Trester, Schlämme der Mostvorklärung (Süßtrub), der Abstiche (Hefetrub, Schönungstrub) sowie Verluste der Filtration und Abfüllung, die teils zusammen mit Filterhilfsmitteln, teils als Retentat der Mikrofiltration oder als Bestandteile des Abwassers anfallen. In Tabelle 4 sind die Nebenerzeugnisse der Weinbereitung einmal zusammenfassend dargestellt. Neben den genannten Substanzen sind noch das Kohlenstoffdioxid der Gärung sowie Weinverluste ergänzt, die sich aus der Mengenbilanz in Abbildung 4 ergeben und im Sinne einer Stoffstrombilanzierung mit zu betrachten sind.

Tab. 4: Haupt- und Nebenerzeugnisse der Weinbereitung und deren Verwendungsmöglichkeiten.

Erzeugnis	Menge [% w/w]	Behandlung *	Verwendung *
Rappen	6,0	Kompostieren Trocknen, Verbrennen, Pyrolyse	Dünger, Energiegewinnung
Trestern (Kerne, Häute)	17,5	Kompostieren Trocknen, Verbrennen, Pyroylsieren Extraktion Vergären	Dünger, Biotenside Traubenkernöl, Nahrungsergänzungsmittel, Pflanzenstärkungsmittel, Milchsäure; Energiegewinnung
Süßtrub	1,5	Filtrieren, Trocknen	Dünger, Nährstoffe für biochemische Prozesse
Kohlenstoffdioxid	7,5	Verflüssigen Neutralisieren mit Lauge Kultivieren von Algen, Pflanzen, Mikroorganismen Methanisierung mit Wasserstoff	Inertgas Getränke Carbonate Biomasse Energiegewinnung (Methan)
Hefetrub	1,0	Filtrieren, Trocknen, Elektrodialyse, Pyrolisieren	Dünger, Weinstein Hefeextrakt, Mannoprotein, Glucan, Nährstoffe für biochemische Prozesse (z. B. Milchsäure, Xylitol), Energiegewinnung
Filtrier- und Abfüllverluste	2,7	Filtrieren, Trocknen	Dünger, Nährstoffe für biochemische Prozesse, Energiegewinnung
abgefüllter Wein	63,3		Haupterzeugnis

* (Arvanitoyannis et al., 2006; Devesa-Rey et al., 2011; Lempereur et al., 2013)

Die Rückstände der Traubenverarbeitung – Rappen und Trester – machen mit einem Massenanteil von 25 % nach dem eigentlichen Erzeugnis Wein den größten Anteil der direkten Nebenerzeugnisse der Weinbereitung aus und repräsentieren rund 62 % des organischen Abfalls einer Weinkellerei (Ruggieri et al., 2009). Somit ergeben sich rund 0,37 kg Trester/L Wein. Traubentrester haben in der Regel einen hohen Restfeuchteanteil zwischen 55–70 %, so dass zwischen 237–466 g/kg organische Masse enthalten ist (Hollauf, 2010; Jung, 2020; Lempereur et al., 2013). Die Trockensubstanz verteilt sich je nach Rebsorte und Verarbeitung mehr oder weniger stark. Im Falle einer Maschinenlese verbleiben aber beispielsweise ein Großteil der Rappen im Weinberg. Weitere Einflüsse der Verarbeitung liegen in der Weiß- und Rotweinbereitung. So fallen bei der Rotweinbereitung sehr häufig die Rappen getrennt vom Trester an. Auch weist Trester aus der Maischegärung höhere Alkoholgehalte und geringere Zuckergehalte auf. Neben der organischen Masse beinhaltet Trester u. a. zwischen 2,3–10,6 g/kg Stickstoff, 4–21 g/kg K_2O, 1–6 g/kg CaO und 2–6 g/kg P_2O_5. Zusätzlich werden beachtliche Polyphenolkonzentration (1,2–19,0 g/kg) und niedrige Mikronährstoff- und Schwermetallgehalte beobachtet. Aufgrund dieser Zusammensetzung bieten sich diese Nebenprodukte im Sinne einer effizienten Ressourcennutzung für eine Weiterverwendung an, wobei aufgrund einiger Inhaltsstoffe (u. a. Schwermetalle) bestimmte Anwendungsfelder zu prüfen sind (Bustamante et al., 2008; Hollauf, 2010; Lempereur et al., 2013; Zeng et al., 2012). Bei der Verwendung der Trester ist der Sachverhalt zu berücksichtigen, dass sie nur zeitlich begrenzt anfallen und unter aeroben Bedingungen aufgrund der hohen organischen Masse nur begrenzt (2–10 Tage) lagerfähig sind, sodass er konserviert werden muss. Hier bietet sich die Silierung an, wobei die Trestermasse verdichtet und unter Ausschluss von Sauerstoff einer Milchsäuregärung unterzogen wird (Zeng et al., 2012). Hierzu können Fahrsilos, Folienschläuche, Fässer oder Pressballen genutzt werden (Hollauf, 2010).

Während bei Nebenprodukten wie Rappen und Trester ein Vermeiden bzw. Vermindern nicht umsetzbar ist, lassen sich durch verfahrenstechnische Lösungen die Bereiche Most-, Hefe- und Schönungstrub vermindern, indem mit Hilfe von Filtrationstechniken ein Großteil der Flüssigphase, immerhin zwischen 50 und 80 %, rückgewonnen werden kann. Gleiches lässt sich auch für die Verschmutzung des Abwassers formulieren.

Die Süßtrubmenge fällt schwerpunktmäßig bei der Weißweinbereitung in Abhängigkeit der Traubenverarbeitung zwischen 5–15 % v/v mit im Mittel 35 % Trockensubstanz (zwischen 20 und 50 %) (Will et al., 2004) als Sediment, Separations- bzw. Flotationsschlamm an. Dies entspricht 1,5–4,5 % w/w bzw. 24–72 g/L abgefüllten Weins. Neben den bei der Pressung übergehenden Substanzen finden sich, wenn eingesetzt, auch Verarbeitungshilfsstoffe wie Bentonit, Aktivkohle und eiweißhaltige Substanzen. Aufgrund des hohen organischen Anteils hat der Most einen BSB5 zwischen 130–200 g/L bzw. CSB von 200–300 g/L (Barhorst et al., 2012; Rochard, 2006), weshalb eine Belastung des Abwassers mit diesen Materialien verhindert, werden muss.

Der nach der Vergärung von Most anfallende Hefetrub besteht aus den bei der Mostvorklärung nicht entfernten Trubstoffen, ergänzt um die sich während der Gärung bildende Biomasse in einer Menge von 1–5 % der vergorenen Weinmenge (16–80 g/kg abgefüllten Weines) und besteht aus 80–90 % Wein und 10–20 % Trockensubstanz. Er unterscheidet sich vom Mosttrub durch den bei der Gärung gebildeten Alkohol und dem höheren Gehalt an Weinstein. Weiter kann durch den abgelaufenen biologischen Säureabbau ein höherer Gehalt an Milchsäure vorliegen. Bei der Maischegärung werden höhere Mengen an phenolischen Verbindungen freigesetzt, die dann mit Proteinen und Polysacchariden Komplexe bilden und sich mit dem Hefetrub absetzen. BSB5 und CSB sind vergleichbar mit denen des Mosttrubes, tendenziell etwas höher (Barhorst et al., 2012). Der Gesamtstickstoffgehalt der getrockneten Hefe mit 35–45 % Trockenmasse beträgt etwa 16 g/kg, die im Falle einer Düngung schnell verfügbar sind. Daneben besitzt Trockenhefe u. a. 24 g/kg K_2O und 6 g/kg P_2O_5. Der in Trub enthaltene Most oder Wein wird in der Regel in einer zweiten Stufe mittels Trenntechniken wie Kammerfilterpresse, Vakuumdrehfilter, Separatoren, Dekanter oder Cross-Flow-Filtern, zurückgewonnen. Im Falle von Most wird die Klarphase entweder der Weinproduktion zurückgeführt, getrennt ausgebaut oder als Abfallprodukt betrachtet. Hefetrub kann zur Gewinnung eines Hefebrandweines direkt destilliert oder wie Most durch die genannten Trenntechniken weiter aufkonzentriert werden. In der Regel wird durch die genannten Techniken eine Trockensubstanz von 40–50 % erreicht. Während bei den Filtrationstechniken der zurückbleibende Trub in trockener Form zusammen mit den Filterhilfsmitteln Kieselgur, Perlit oder Cellulose (rund 1 g/L) vorliegt, bleibt bei den physikalischen Verfahren eine viskose Flüssigkeit zurück. Der gewonnene Wein kann dem Prozess zurückgeführt, destilliert, veressigt, als Flüssigdünger ausgebracht oder der Biogasgewinnung zugeführt werden. Aufgrund des hohen organischen Bestandteils des Trubes bestehen vergleichbare Verwertungswege wie bei Trester. Neben einer Kompostierung und Ausbringung in die Weinberge besteht die Möglichkeit der energetischen Nutzung im Bereich Pyrolyse und Biogasgewinnung. Weiter bietet sich die Weinsäuregewinnung aus den Trüben an. Auch kann Hefetrub als Kohlenstoffquelle in der Biotechnologie-Industrie, Hefeextrakt als Nahrungsergänzungsmittel oder Hefezellwänden zur Polysaccharidgewinnung verwendet werden (Iseppi et al., 2020; Pérez-Bibbins et al., 2015).

Schönungstrub fällt im Bereich der Klärung und Stabilisierung der Weine in einer Größenordnung von 1–3 % w/w (15–45 g/L abgefüllten Weines) an und besteht in der Regel aus den zugesetzten Verarbeitungshilfsmitteln, den Reaktionsprodukten dieser mit Inhaltstoffen des Weins und Resttrubstoffen, die auch von der Klärschärfe der vorgelagerten Prozessstufe abhängt. BSB5 und CSB sind vergleichbar mit denen des Mosttrubes, tendenziell etwas höher (Barhorst et al., 2012). Die Trockensubstanz liegt, vergleichbar mit Hefe, zwischen 10 und 20 %. Aufgrund der unterschiedlichen Zielsetzung besitzen diese Trübe verschiedene Zusammensetzung mit unterschiedlichen Eigenschaften. Bentonit zur Eiweißstabilisierung, eiweißhaltige Mittel zur Klärverbesserung mit Effekten im Bereich Gerbstoffreduzierung oder auch Aktivkohle zur Adsorption unerwünschter Geruchs- und

Geschmackskomponenten. Ergänzend entsteht Weinstein bei der Weinsteinstabilisierung mit Hilfe des Kälteverfahrens (1,26 g je 1 g Weinsäure). Erfolgt diese mit Hilfe eines Ionenaustauschers oder der Elektrodialyse, entstehen Abwässer, die mit Kalium bzw. bei der Elektrodialyse zusätzlich an der Anode mit Weinsäure angereichert sind. Auch diese Trübe werden mittels der genannten Trenntechniken auf eine Trockenmasse um die 40–50 % eingedickt. Der zurückgewonnene Wein ist in der Regel minderer Qualität und kann zur Gewinnung von Industriealkohol, zur Biogasgewinnung oder landbaulichen Verwertung eingesetzt werden. Die Nutzung des getrockneten Trubes ist sehr stark von der Zusammensetzung abhängig. So ist Blautrub Sonderabfall. Der an Filterhilfsmittel gebundene Trub kann in den Weinberg als Dünger ausgebracht werden. Das Retentat kann destilliert, der Biogasanlage zugeführt oder auch auf die Weinbergsflächen ausgebracht werden. Im Falle von an Kieselgur gebundenen Bentonits gibt es die Möglichkeit, den Trub bei der Herstellung von Ziegeln wiederzuverwerten (Ketterer and Krcmar, 2002).

Der Weinbehandlung folgt die Klärung mittels Filtration. Die Mengenbilanz dieser Filtrations- und Abfüllverluste erfolgt gemeinsam mit dem Schönungstrub und beträgt in Summe etwa 3 % w/w, was 40–45 g/L abgefüllten Weines entspricht. In Abhängigkeit der betrieblichen Ausstattung erfolgt dies mit Filterschichten oder Kesselfiltern, beides Systemen, die als Filterhilfsmittel Kieselgur, Perlite oder Cellulose verwenden, oder einer Mikrofiltration nach dem Cross-Flow-Prinzip mittels Kunststoffmembranen. Die bei der abschließenden Sterilfiltration verwendeten Filtermembranen bestehen aus Kunststoff. Im Falle der Systeme mit Filterhilfsmitteln werden zwischen 0,5–1,0 g Filterhilfsmittel/L Wein eingesetzt, die nach der Filtration aufgrund ihrer Restfeuchte mit 1–3 g/L veranschlagt werden müssen. Bei den Kunststoffmembranen wird mit einer Standzeit von 130 000–400 000 L/m^2 gerechnet. Filterschichten bzw. der Filterkuchen sind in der Regel trocken mit einer Restfeuchte von 65–73 % (Bollinger, 2012) und enthalten neben Produktresten Reste zugesetzter Verarbeitungshilfsmittel und den Reaktionsprodukten dieser mit Inhaltstoffen des Weins. Wie bei der Trubaufbereitung bereits erwähnt, lässt sich die gebrauchte Kieselgur in der Ziegelherstellung verwenden (Ketterer and Krcmar, 2002) oder als Kompost verwerten. Eine Aufbereitung, über thermische bzw. chemische Verfahren die organische Substanz zu entfernen, wie im Bierbereich praktiziert (Gock et al., 2014), wäre in Abhängigkeit der Betriebsgröße oder betriebsübergreifend möglich, wird aber nicht praktiziert. Für Filterschichten gibt es derzeit keine Verwertungswege. Sie gelangen in den Restmüll. Bei den Cross-Flow-Filtern entsteht ein Retentat mit einem BSB5 zwischen 130–200 g/L bzw. CSB von 200–300 g/L und einem Gesamtstickstoffgehalt von 0,8–1,4 g/L (Hübner, 2001). Die Restfeuchte beträgt 90–95 % bei den Hohlfasermodulen bzw. 65–85 % bei den dynamischen Systemen. Neben einer Verfütterung und einem direkten Ausbringen auf landwirtschaftliche Flächen besteht die Möglichkeit, das Retentat weiter mit den bereits erwähnten Trenntechniken auf eine Trockensubstanz von 40–50 % zu entwässern. Die flüssige Phase kann in Abhängigkeit der Qualität dem Weinbereitungsprozess zurückgeführt, destilliert oder einer Biogasanlage zugeführt werden. Die Feststoffe können kompostiert oder getrocknet und verbrannt werden (Hübner, 2001).

Kohlenstoffdioxid fällt während der Gärung in einer Menge von rund 120 g/kg abgefüllten Weines an (7,5 % w/w der eingehenden Traubenmasse). Dies entspricht etwa 60 L CO_2-Gas/L Wein, welches mit flüchtigen Substanzen wie Gäraromen und Alkohol angereichert ist. In den meisten Weinkellereien entweicht es aus dem Gärgebinde. In einigen größeren Weinkellereien werden die Gärgase bereits am oberen Tankstutzen über ein Leitungssystem erfasst und abgeleitet. In diesen Fällen kann das Gas von wasserlöslichen Stoffen wie Ethanol gereinigt, gesammelt, komprimiert von weiteren Verunreinigungen wie Schwefelwasserstoff (H_2S), Wasser, Sauerstoff über Gaswäscher, Trockner und Stripper befreit, im Kondensator verflüssigt und mit 15 bar dem Lagertank zugeführt werden. Die Reinheit dieses in Brauereien verbreiteten Verfahrens entspricht dem Lebensmittelstandard und kann für die Produktion als endogene Kohlensäure eingesetzt werden. Daneben werden im Rahmen der Treibhausgasreduzierung verschiedene Carbon Capture and Storage Technologien (CCS) diskutiert. So kann das abgeleitete CO_2 mit Natriumcarbonat zu Natriumbikarbonat reagieren und im Bereich des Umwelt-, Kosmetik-, Lebensmittelsektors oder auch als Pflanzenstärkungsmittel eingesetzt werden (Veolia, 2021). Auch besteht die Möglichkeit, über chemische oder biologische Methanisierung (Methanogenese) aus Kohlenstoffdioxid mit Hilfe von Wasserstoff, welches durch Elektrolyse aus Wasser gewonnen wird, Methan zu bilden.

Als Hauptprodukt gelangen aus 100 kg angelieferten Trauben im Mittel 63,7 L Wein in die Flasche. In Tabelle 5 sind die Materialströme der Produktverpackung exemplarisch an einem Sechser-Karton 0,75 L-Gutswein mit Korken dargestellt.

Tab. 5: Teilmaterialströme der Produktverpackung und deren Entsorgungsmöglichkeiten.

Material	Flasche	Kartonage	Kork	Etikett
Glas	1392 × 0,485 kg AG*			
Kork			4000 × 0,006 kg WH; RM*	
Papier + Kleber				3500 × 0,0008 kg AG*
PVC-Klebeband			0,024 kg DS	
Pappe		1100 × 0,255 kg AP* 10 × 0,16 kg AP	1,81 kg AP	0,0896 kg AP
Holz	1 × 25 kg WV	1 × 25 kg WV		
PP	6 × 1,09 kg WV 6 × 0,02 kg DS	2 × 0,070 kg DS 44 × 0,0015 kg DS		
PE	1,35 kg		4 × 0,085 kg DS	
Papier + Silikon				0,034 kg

WV=Wiederverwendung; AG=Altglas; AP=Altpapier; DS=Duales Sysem; WH=Wertstoffhof; RM=Restmüll; * Endverbraucher entsorgt

Daraus ergeben sich 646 g Glas/kg abgefüllten Weines, das in der Regel über den Altglascontainer vom Verbraucher entsorgt werden dürfte. Kork fällt mit 8 g/kg abgefüllten Weines an. Die Entsorgung erfolgt auch vom Endverbraucher. Hier dürften die beiden Hauptwege der Wertstoffhof bzw. der Restmüll sein. Pappe wird für Etikett, die Umverpackung der Flaschen, aber auch für die Transportverpackungen in die Kellerei mit rund 58 g/kg abgefüllten Weines eingesetzt. Während das Etikett selbstklebend ist und mit dem Glas im Container entsorgt wird, dürfte der Hauptentsorgungsweg sowohl vom Endverbraucher als auch der Weinkellerei über den Altpapiercontainer oder über beispielsweise das RESY-Wertstoffentsorgungssystem erfolgen. Die sich bei einem Mehrwegsystem ändernden Teilströme wie Altpapier, Altglas, Lauge werden hier nicht weiter betrachtet. Die verschiedenen Kunststoffmaterialien fallen im beschriebenen Beispiel als Bestandteil der Transportverpackung mit 8,6 g/kg abgefüllten Weines in der Weinkellerei an. Je nach Füllmenge erfolgt die Entsorgung über das duale System, über eine gemischte oder sortenreine Sammlung und Entsorgung direkt über Kunststoffrecycelbetriebe oder wird im Idealfall der Spedition bei der nächsten Verpackungslieferung zum Lieferanten mitgegeben. Im Bereich der Glasverpackung werden Zwischenlagen aus PP angeboten, die im Tauschsystem zurückgegeben werden. Gleiches läuft bei den Holzpaletten, wo standardisierte Paletten im Pool im Kreislauf geführt werden, sei es in Tausch-, Sammel- oder Transfersystemen. Ein Beispiel ist das EPAL-System (European Pallet Association).

Abfälle

Neben den Haupt- und Nebenerzeugnissen sind die zu entsorgenden Abfälle im Bereich der Materialströme der wichtigste Aspekt im Sinne der Ressourceneffizienz bzw. des Umweltschutzes. Im Bereich der Weinkellereien sind keine belastbaren Branchenkennzahlen veröffentlicht, weshalb sich an Kennzahlen orientiert wird, die im Rahmen von EMAS-Umwelterklärungen von Betrieben aus dem Wein- und Biersektor veröffentlicht wurden. Im Sinne einer Entsorgung nach den Grundsätzen der Kreislaufwirtschaft sollte beim Einkauf der Materialien bereits darauf geachtet werden, dass Abfälle wiederzuverwerten, recycelbar oder anderweitig verwertbar sind und eine Beseitigung über Deponierung vermieden wird. Dies gilt vor allem für die Abfälle, die für Mensch und Umwelt gefährlich werden können. Aus diesem Grund wird in einer Abfallbilanz zwischen nicht gefährlichen und gefährlichen unterschieden. In Tabelle 6 und Tabelle 7 sind mögliche Abfälle einer Weinkellerei zusammengestellt.

Bei den ungefährlichen Abfällen kann weiter zwischen Wert- und Reststoffen unterschieden werden. Erstere lassen sich im Sinne der Kreislaufwirtschaft für vergleichbare oder andere Zwecke wieder- bzw. weiterverwerten. Hierzu zählen Materialien, die während der Weinproduktion entstehen, wie Papier, Glas, Kunststoffe, Metalle, Korken, Weinstein, Filterhilfsmittel bzw. Module, aber auch mehr oder weniger Materialien wie Holz, Bauschutt, Elektroschrott, Altreifen, die aufgrund unregelmäßiger Tätigkeiten wie Um-, Neubauten, eigenem Fuhrpark, in sehr

Tab. 6: Beispiele für mögliche ungefährliche Abfälle in einer Weinkellerei.

ungefährlicher Abfall	Einheit	Menge	Quelle	Bemerkungen
Wertstoffe				
Papier und Karton	g/kg Wein	1,1–3,0–14,5	6 4 5	Wiederverwertung, Energie
Glas	g/kg Wein	3,7–5,2–11,8*	5 4 6	*Mehrwegsystem, Wiederverwertung
Kunststoffe	g/kg Wein	0,2–1,7–4,3	6 4 5	Wiederverwertung, Energie
Metalle	g/kg Wein	0,1–0,4–19,9	6 4 5	Wiederverwertung
Korkstopfen und Agraffen	g/kg Wein	0,62	5	Dämmstoffe, Bodenbeläge
Verschlüsse (Schraubverschlüsse)	g/kg Wein	2,15	5	Wiederverwertung
Weinstein	g/kg Wein	0,2	4	Weiterverwertung
Filterhilfsmittel	g/kg Wein	1,95–2,83	1 3	Kompostierung, Wiederverwertung, Energie
Holz	g/kg Wein	0,2–0,3–5,9	6 4 5	Weiterverwertung, abhängig von Störstoffen, Energie
Elektroschrott	g/kg Wein	0,04	5	unregelmäßiger Anfall, Weiterverwertung
Toner	g/kg Wein	0,04	5	Wiederverwertung
Altreifen	g/kg Wein	0,06	7	eigener Fuhrpark; Energie; Dämmstoffe, Bodenbeläge
Baustellenschutt	g/kg Wein			unregelmäßig, Weiterverwertung, Straßenbau
Reststoffe				
Lappen, Saug- und Filtermaterialien	g/kg Wein	0,02	5	
Verunreinigte Metallverpackungen	g/kg Wein	0,02	5	
Kontaminierte Kunststoffverpackungen	g/kg Wein	0,29	5	
Fett-, Ölabscheiderrückstände	g/kg Wein	0,06–0,4–7,6	6 4 5	abhängig von Störstoffen
Haushaltsähnlicher Gewerbemüll	g/kg Wein	0,6–1,8–9,1	4 6 5	
Gesamt	g/kg Wein	12,8–18,7–40,0–70,5	4 6 3 5	
Verwertungsquote	%	77	7	Abfälle zur Verwertung der Abfallgesamtmenge

1 Staatliches Hofbräuhaus, 2020; 2 Winkle, 2018; 3 Ayinger Privatbrauerei, 2018; 4 Henkell, 2017; 5 Gramona, 2018; 6 Kansy, 2018; 7 Neumarkter Lammsbräu, 2019

Tab. 7: Beispiele für mögliche gefährliche Abfälle in einer Weinkellerei.

Gefährlicher Abfall	Einheit	Menge	Quelle
Reinigungs- und Desinfektionsmittel	g/hl	0,10–0,25–0,91	1 2 3
Altöl	g/kg	0,009–0,33	4 5
Bandschmiermittel	g/TFl.	136–197	1 2
Chemische Abfälle	g/kg	0,03–0,41	4 5
Batterien	g/kg	0,003–0,01	6 5
Leuchtstoffröhren	g/kg	0,004–0,03	4 5
Gesamt	g/kg	0,0003–0,04–0,3–0,86	6 4 7 5

1 Staatliches Hofbräuhaus, 2020; 2 Winkle, 2018; 3 Ayinger Privatbrauerei, 2018; 4 Henkell, 2017; 5 Gramona, 2018; 6 Kansy, 2018; 7 Neumarkter Lammsbräu, 2019

stark schwankenden Mengen bzw. in manchen Jahren überhaupt nicht anfallen. Unter Reststoffe fallen vor allem haushaltsähnlicher Gewerbeabfall, der z. B. während der Instandhaltung, in der Verwaltung, beim Verkauf oder im Bereich der Sozialräume entsteht, bzw. Rückstände und Schlämme aus dem Bereich der Abwasseraufbereitung.

Zu den gefährlichen Abfällen gehören u. a. Altöl, Bandschmiermittel, chemische Abfälle wie Laborchemikalien, Lösungsmittel, Batterien und Leuchtstoffröhren. Auch Reinigungs- und Desinfektionsmittel zählen dazu, werden aber in der Regel über das Abwasser entsorgt.

Emissionen

Als Emissionen werden die von einer Betriebsstätte bzw. Anlage ausgehenden Luftverunreinigungen, Geräusche, Erschütterungen, Licht, Wärme, Strahlen und ähnlichen Erscheinungen verstanden. Zu Luftverunreinigungen zählen Veränderungen der natürlichen Zusammensetzung der Luft durch z. B. Rauch, Ruß, Staub, Gase, Aerosole, Dämpfe oder Geruchsstoffe (§ 3 BImSchG).

Emissionen entstehen in Weinkellereien vorwiegend durch den Betrieb von Feuerungsanlagen und den innerbetrieblichen Verkehr. Sie sind somit sehr eng mit dem Energieverbrauch in Form von Elektrizität, Wärme, Dampf, Kälte, Transport und den für deren Erzeugung verwendeten Energieträgern wie Strom, Erdgas, Biogas, Heizöl, Flüssiggas, Diesel und Benzin gekoppelt. Neben den klimawirksamen Treibhausgasen Kohlenstoffdioxid, Methan oder Lachgas sind dies noch die Verbrennungsgase Schwefeldioxid (SO_2), Stickoxide (NO_x) sowie Staub, Ruß und Partikel (PM_{10}). Sonstige Emissionsquellen sind im Rahmen des Produktionsprozesses u. a. Kältemittelleckagen, Abluft der Flaschendesinfektion und die Gärungs- bzw. Produktionskohlensäure. Ergänzend nimmt der von der Betriebstätte ausgehende Lärm eine zu beachtende Rolle ein; müssen doch nach der TA Lärm je nach Standort des Betriebes Immissionsrichtwerte eingehalten werden. Diese sind z. B. in

Tab. 8: Mögliche Emissionen in einer Weinkellerei.

Emission	Einheit	Menge	Quelle
CO_2	g/L	50–64–105	1 3 2
SO_2	g/L	0,01–0,03–0,3	1 3 2
NO_x	g/L	0,05–0,08–0,8	1 3 2
Staub (PM)	g/L	0,0062–0,04–0,08	2 1

1 Staatliches Hofbräuhaus, 2020; 2 Winkle, 2018; 3 Kansy, 2018

Wohngebieten 55 dB(A) zwischen 6–22 Uhr bzw. 35 dB(A) zwischen 22–6 Uhr; in Gewerbegebieten 65 bzw. 50 dB(A). Quellen von Lärm können der innerbetriebliche Verkehr, außenstehende Kühlventilatoren oder auch Kundenverkehr oder Hoffeste sein. In Tabelle 8 sind mögliche Emissionen einer Weinkellerei mit zur Orientierung dienenden Emissionswerten aus verschiedenen Umwelterklärungen von Brauereien dargestellt.

Zusammenfassung

Der Erdüberlastungstag zeigt deutlich, dass durch die steigende Produktion und den damit verbundenen Materialströmen die Ressourcen knapp und damit gleichzeitig verschiedene Ökosysteme der Erde aus dem Gleichgewicht gebracht werden. Dies hat zur Folge, dass die Lebensgrundlagen der Menschheit gefährdet sind und ein aktives Gegensteuern notwendig wird.

Der erste Schritt ist eine ökologische Bewertung der Aktivitäten und deren Auswirkungen auf die Umwelt. Im Rahmen dieses Artikels wird die Erfassung der Materialströme in Form einer Input/Output-Bilanzierung als die Grundlage dieser Bewertung und als Ausgangspunkt eines material- bzw. ressourceneffizienteren Handels einer Weinkellerei vorgestellt.

Es werden die neben Energie und Wasser wesentlichen Materialströme einer Weinkellerei vorgestellt und im Sinne einer effizienteren Ressourcennutzung nach den Grundsätzen Vermeiden, Verringern, Ersetzen, Wieder-, Weiterverwenden und Verwerten überblicksmäßig betrachtet. An Beispielen wird gezeigt, welche Maßnahmen derzeitig schon ergriffen werden können, wo nach Wegen zur Optimierung gesucht wird und dass vieles nur gemeinsam über die gesamte Wertschöpfungskette vom Hersteller über die Weinkellerei, den Verbraucher und Entsorger wieder zum Hersteller gelöst werden kann. Dies betrifft die eingesetzten Materialien wie Zusatz-, Verarbeitungshilfsmittel, Betriebsstoffe inklusive Verpackungen genauso wie ausgehende Materialien – neben den Weinerzeugnissen mit ihren Nebenprodukten, die Abfälle, aber auch die vom Betrieb an die Umwelt abgegebenen Emissionen.

Literatur

Arvanitoyannis, I. S., Ladas, D. and Mavromatis, A. (2006): Wine waste treatment methodology, Int. J. Food Sci. Technol., vol. 41, no. 10, pp. 1117–1151.

Ayinger Privatbrauerei (2018): Umwelterklärung 2018.

Barhorst, J., Brambach, R., Carozzi, A., Goldschmidt, R., Bruber, U., Hansen, J., Huber, A., Huck, V., Lang, S., Nowak, O., Pollatz, T., Staudinger, E., Weik, B., Wieting, J., Zetl, U. and Bernd, K. (2012): Abwasser aus der Weinbereitung, Hennef, Deutsche Vereinigung für Wasserwirtschaft, Abwasser und Abfall e. V. (DWA).

Bollinger, F. (2012): Mischphasen bei der Schichtenfiltration, Diplomarbeit, Geisenheim, Fachhochschule Wiesbaden.

Bustamante, M. A., Moral, R., Paredes, C., Pérez-Espinosa, A., Moreno-Caselles, J. and Pérez-Murcia, M. D. (2008): Agrochemical characterisation of the solid by-products and residues from the winery and distillery industry. Waste Management, vol. 28, no. 2, pp. 372–380.

Christ, K. L. and Burritt, R. L. (2013): Critical environmental concerns in wine production: an integrative review, J. Cleaner Product. vol. 53, pp. 232–242.

CIAA (2007): Managing Environmental Sustainability in the European Food & Drink Industries, Confederation of the food and drink industries of the EU.

Deutsches Institut für Normung (2001): 10516: Lebensmittelhygiene – Reinigung und Desinfektion, Berlin: Beuth.

Devesa-Rey, R., Vecino, X., Varela-Alende, J. L., Barral, M. T., Cruz, J. M. and Moldes, A. B. (2011): Valorization of winery waste vs. the costs of not recycling. Waste Management, vol. 31, no. 11, pp. 2327–2335.

Dri, M., Antonopoulos, I. S., Canfora, P. and Gaudillat, P. (2018): Best environmental management practice for the food and beverage manufacturing sector: Learning from frontrunners, Luxembourg, Publications Office of the European Union.

Dylla, R., Fritz, V., Leopold, J., Lücke, F.-K., Pichner, R. and Weber, A. (2017): Leitfaden Reinigungs- und Desinfektionsmittel – Umweltfreundliche Reinigung und Hygiene in Lebensmittelbetrieben, Forschungsinstitut für biologischen Landbau.

ECOCERT Greenlife (2017): Ökologische Wasch- und Reinigungsmittel & Ökologische Wasch- und Reinigungsmittel hergestellt mit Biorohstoffen, ECOCERT Greenlife.

Europäische Kommission (2017): BESCHLUSS (EU) 2017/ 1219 DER KOMMISSION – vom 23. Juni 2017 – zur Festlegung der Kriterien für die Vergabe des EU-Umweltzeichens für Waschmittel für den industriellen und institutionellen Bereich - (Bekannt gegeben unter Aktenzeichen C (2017) 4245). ABl. L 180.

Europäische Kommission (2018): BESCHLUSS (EU) 2018/ 1702 DER KOMMISSION – vom 8. November 2018 – zur Festlegung der Umweltkriterien für die Vergabe des EU-Umweltzeichens für Schmierstoffe. ABl. L 285.

European Commission (2013): COMMISSION RECOMMENDATION of 9 April 2013 on the use of common methods to measure and communicate the life cycle environmental performance of products and organisations (2013/179/EU). Official Journal of the European Union (2013/179/EU).

Eurostat (2020a): Waste statistics, Statistics Explained [Online]. Available at https://ec.europa.eu/eurostat/statisticsexplained/ (Accessed 16 March 2021).

Eurostat (2020b): Packaging waste statistics, Statistics Explained [Online]. Available at https://ec.europa.eu/eurostat/statisticsexplained/ (Accessed 16 March 2021).

Eurostat (2021): Rate der stofflichen Verwertung von Verpackungsabfällen [TEN00063], Eurostat [Online]. Available at https://ec.europa.eu/eurostat/databrowser/view/ten00063/default/table?lang=en.

FoodDrinkEurope (ed) (2012): Environmental Sustainabiltiy Vision towards 2030: Achievements, Challenges and Opportunities [Online]. Available at www.fooddrinkeurope.eu (Accessed 1 March 2021).

Freund, M. (2019): Weinbehandlungsmittel durch technische/alternative Methoden ersetzen, Rebe & Wein, no. 6, pp. 36–39.

Global Footprint Network (2019): Country Overshoot Days 2019: When would Earth Overshoot Day land if the world's population lived like … [Online]. Available at https://www.overshootday.org/content/uploads/2019/05/2019_Country_Overshoot_Days.pdf (Accessed 19 February 2021).

Gock, E., Vogt, V., Leußner, T., Hoops, G. and Knauf, H. (2014): Einführung des Recyclings von Kieselgur in die Praxis der Bierherstellung In: Thomé-Kozmiensky, K.J. (ed) Mineralische Nebenprodukte und Abfälle: Aschen, Schlacken, Stäube und Baurestmassen. Neuruppin: TK Verlag, pp. 503–522.

Gramona (2018): Declaración ambiental 2018, Bodega Gramona, Sant Sadurni d'Anoia, Spanien.

Henkell (2017): Umweltbericht 2016, Henkell & Co. Sektkellerei KG, Wiesbaden.

Hollauf, B. (2010): Möglichkeiten der energetischen Verwertung von Weintrester. In: Lorber, K.E. (ed) DepoTech 2010: 3. – 5. November 2010, Montanuniversität Leoben; Tagungsband zur 10. DepoTech Konferenz, Montanuniversität Leoben/Österreich, 3. – 5. November 2010, Leoben, Inst. f. Nachhaltige Abfallwirtschaft und Entsorgungstechnik, pp. 665–668.

Hübner, M. (2001): Retentat - Abfall oder Wertstoff? – Neue Lösungswege. Flüssiges Obst, no. 9, pp. 555–559.

IFA (2021): GESTIS-Stoffdatenbank – Gefahrstoffinformationssystem der Deutschen Gesetzlichen Unfallversicherung [Online], Institut für Arbeitsschutz der Deutschen Gesetzlichen Unfallversicherung. Available at https://www.dguv.de/ifa/gestis/gestis-stoffdatenbank/index.jsp.

Iseppi, A. de, Lomolino, G., Marangon, M. and Curioni, A. (2020): Current and future strategies for wine yeast lees valorization, Food Res. Intnat. (Ottawa, Ont.), vol. 137, p. 109352.

Jung, C. (2020): Trester Verwertung 2020, Informationsdienst [Online]. Available at https://rp-darmstadt.hessen.de/sites/rp-darmstadt.hessen.de/files/Trester%20 2020_0.pdf (Accessed 29 April 2021).
Kansy, R. (2018): Umwelterklärung 2018, Paulaner Brauerei Gruppe GmbH & Co KGaA, München.
Ketterer, S. and Krcmar, W. (2002): Konditionierung gebrauchter Bentonitsuspensionen durch mineralische Zuschlagstoffe bei gleichzeitiger Gewinnung von Sekundärrohstoffen für die Herstellung hochwämredämmender Leichthochlochziegel, Abschlussbericht Az 16285.
Lempereur, V., Penavayre, S., Descôtes, A. Naviaux, P., Viaud, M., Pelenc, F., Lahitte, N., Bosque, F. and Jolibert, F. (2013) : Marcs de raisins, lies de vin et bourbes: Quelle gestion des sous-produits vinicoles? Itineraires 25.
Neumarkter Lammsbräu (2019): Nachhaltigkeitsbericht 2018, Neumarkter Lammsbräu, Neumark.
OIV (2019): International Code of Oenological Practices, Paris, France, OIV.
Pérez-Bibbins, B., Torrado-Agrasar, A., Salgado, J.M., Oliveira, R.P. d.S. and Domínguez, J.M. (2015): Potential of lees from wine, beer and cider manufacturing as a source of economic nutrients: An overview. Waste Management, vol. 40, pp. 72–81.
Rochard, J. (2006): Gestion durable des sous-produits et déchets des exploitations viticoles et des caves, ITV France, Paris, France, Itineraires 13.
Ruggieri, L., Cadena, E., Martínez-Blanco, J., Gasol, C.M., Rieradevall, J., Gabarrell, X., Gea, T., Sort, X. and Sánchez, A. (2009): Recovery of organic wastes in the Spanish wine industry. Technical, economic and environmental analyses of the composting process. J. Cleaner Product. vol. 17, no. 9, pp. 830–838.
Staatliches Hofbräuhaus (2020): Umwelterklärung 2020, Staatliches Hofbräuhaus, München.
Stahl, H. and Merz, C. (2020): Study to support the Commission in gathering structured information and defining of reporting obligations on waste oils and other hazardous waste, Luxembourg, Publications Office of the European Union.
Steffen, W., Richardson, K., Rockström, J., Cornell, S.E., Fetzer, I., Bennett, E.M., Biggs, R., Carpenter, S.R., Vries, W. de, Wit, C.A. de, Folke, C., Gerten, D., Heinke, J., Mace, G.M., Persson, L.M., Ramanathan, V., Reyers, B. and Sörlin, S. (2015): Sustainability. Planetary boundaries: guiding human development on a changing planet. Science, vol. 347, no. 6223, p. 1259855.
van Schoor, L.H. (2005): Guidelines for the Management of Wastewater and Solid Waste at existing Wineries, Wine Industry Network of Expertise and Technologoy (Winetech), Paarl, South Africa.
Veolia (2021): CO_2 Capture from Wine Fermentations [Online]. Available at https://www.sede.veolia.com/en/learn-more/about-us/circular-economy/co2-capture-wine-fermentations (Accessed 7 May 2021).
Wackernagel, M., Lin, D., Evans, M., Hanscom, L. and Raven, P. (2019): Defying the Footprint Oracle: Implications of Country Resource Trends. Sustainability, vol. 11, no. 7, p. 2164.
Weißbach, W. (2010): Werkstoffkunde: Strukturen, Eigenschaften, Prüfung, 17th edn, Wiesbaden: Vieweg+Teubner Verlag.
Weißenbach, M.J. (2000): Wer gut schmiert: HACCP-konforme Betriebliche Maschinen- und Anlagenschmierung, Brauindustrie, no. 6, pp. 334–337.
Will, F., Freund, M., Christmann, M. and Dietrich, H. (2004): Chemische Zusammensetzung von Mosttruben nach unterschiedlichen Press- und Vorklärverfahren, 58. Deutscher Weinbaukongress: 8. Internationales Symposium Innovationen in der Kellerwirtschaft. Stuttgart, 11.-15.5.2004.
Winkle, L. (2018): Umwelterklärung 2017, Klosterbrauerei Andechs, Andechs.
Zeng, T., Lang, S., Schneider, A., Sonntag, J. von, Ulbrich, T. and Lenz, V. (2012): Thermische Nutzung von Traubentresterpellets in Kleinfeuerungsanlagen < 100 kW, Deutsches Biomasse Forschungszentrum, RLP AgroScience and Pusch AG.

Klimawandel im Luxemburger Weinbau – Ein Blick auf die letzten fünf Jahrzehnte

Von Dr. Daniel Molitor [1], Mareike Schultz [2] und Dr. Jürgen Junk [1]
[1] Luxembourg Institute of Science and Technology (LIST), Environmental Research and Innovation (ERIN), Belvaux, Luxembourg
[2] Institut Viti-vinicole, Abteilung Weinbau, Remich, Luxembourg
daniel.molitor@list.lu

Dr. Daniel Molitor

Mareike Schultz

Dr. Jürgen Junk

Einleitung

Die Entwicklung der Weinreben wird von den klimatischen Bedingungen bestimmt in besonderem Maße von der Lufttemperatur. Bereits geringe Änderungen der Temperaturbedingungen in der Vegetationsperiode wirken sich daher direkt auf die wärmeliebenden Reben und ihre Entwicklung aus. Entsprechend waren in den letzten Jahren in den Weinbergen des luxemburgischen Weinbaugebiets (Moseltal zwischen Schengen und Wasserbillig) die Folgen des Klimawandels bereits deutlich wahrnehmbar.

Für den Standort Remich liegen seit 1970 ununterbrochene, systematische Wetteraufzeichnungen der inzwischen von der Administration des services techniques de l'agriculture (ASTA) betriebenen Wetterstation am Weinbauinstitut vor. Darüber hinaus berichtet seit mindestens 50 Jahren (teilweise deutlich weiter zurückreichend) das jährlich erscheinende „Weinjahr“ (online abrufbar unter https://agriculture.public.lu/de/weinbau-oenologie/publikationen/online-archiv.html) umfassende statistische Daten zum Luxemburger Weinbau hinsichtlich Rebphänologie, Erträgen, Erntemostgewichten und vielem mehr. Der aktuelle Eintritt in die dritte Dekade des 21. Jahrhunderts bietet also eine ideale Gelegenheit, sich die klimatischen Veränderungen der letzten fünf Jahrzehnte und deren Auswirkungen auf den Weinbau in Luxemburg genauer anzusehen.

Die Datengrundlage für die Analysen bilden:

- Tagestemperaturmaxima, -minima und -mittelwerte sowie Tagesniederschlagssummen am Standort Remich in den Jahren 1970–2020
- Beobachtungen der Lokalbeobachter zum Eintreten der phänologischen Entwicklungsstadien Austrieb (BBCH 09), Blütebeginn (25 % der Blütenkäppchen abgeworfen) und Reifebeginn (BBCH 81) in mittelfrühen Lagen des luxemburgischen Weinbaugebietes bei der Rebsorte Rivaner in den Jahren 1972 bis 2020
- Aufzeichnungen zum Lesebeginn sowie zu den durchschnittlichen Mostgewichten und Gesamtsäuregehalten (als Weinsäure) der am Weinbauinstitut analysierten Moste der Rebsorte Rivaner in den Jahren 1972 bis 2020.

Wärmegenuss und Anbaueignung

Die Anbau- und Sorteneignung eines Weinbaugebiets wird häufig durch den heliothermischen Index nach Huglin (1978) (auch Huglin-Wärmesummenindex oder kurz Huglin-Index) beschrieben. Dieser berechnet die Summe der effektiven Tagestemperaturen [(Tagesmitteltemperatur + Tagesmaximum)/2] über einer Temperaturschwelle von 10 °C für jeden Tag zwischen dem 1. April und dem 30. September eines Jahres. Per Definition wird der Indexwert eines Tages auf null gesetzt, wenn dieser einen negativen Tageswert aufweist (Baciocco et al., 2014). Die berechnete Summe wird mit einem Faktor für Tageslänge (zunehmende Tageslänge in den Sommermonaten mit steigender geographischer Breite) multipliziert. Im Bereich zwischen dem 48. und 50. Breitengrad, also in den Breiten des Luxemburger Weinbaus (Remich: 49.54° nördlicher Breite), beträgt dieser Faktor 1,06 (Huglin, 1978).

Gemäß Huglin (1978) ist die für einen langfristig erfolgreichen Anbau (Erreichen oder Überschreiten eines Mostgewichts von ca. 70 bis ca. 80 °Oechsle) benötigte Wärmesumme rebsortenabhängig. Huglin (1978) schlägt daher eine Einteilung der Rebsorten nach ihrem minimal benötigten Wärmebedarf vor. Das untere Limit für die erfolgreiche Kultivierung von Reben sieht Huglin (1978) bei einem Index-Wert von 1500, was dem der Rebsorte Müller-Thurgau (syn. Rivaner) entspricht.

Die Werte des Huglin-Wärmesummenindex für den Standort Remich (mittlere Lagengüte) in den letzten fünf Dekaden zeigen, dass in den 1970er- und 1980er-Jahren die Wärmesummen häufig unterhalb der Grenzwerte für die Rebsorte Müller-Thurgau, der meist angebauten Sorte im Luxemburger Weinbaugebiet, lagen. Wärmesummen, wie sie für einen erfolgreichen Anbau der Qualitätssorten Pinot blanc oder Pinot gris notwendig sind, wurden nur in wenigen Jahren mit günstigen klimatischen Bedingungen, wie den Jahrgängen 1975, 1982 und dem Jahrhundertjahrgang 1976 erreicht. Dies bedeutet, dass die Trauben in den 1970er- und 1980er-Jahren häufig nicht zur Vollreife gelangten bzw. dies nur in den klimatischen Gunstlagen, wie den südexponierten Steillagen in Flussnähe oder nur durch besondere Anstrengungen der Winzer (Kulturmaßnahmen, Ertragsbegrenzung, späte Lese) möglich war. Auffallend niedrige Werte des Huglin-Index (<1300) wurden in den Jahren 1972, 1977, 1978, 1980 und 1984 erzielt – allesamt Jahrgänge, die durch geringere Qualitäten in die Weinchroniken eingegangen sind.

Erst in den 1990ern überschritt der heliothermische Index in neun von zehn Jahren den Schwellenwert für den erfolgreichen Anbau für Müller-Thurgau und erreichte im Durchschnitt des Jahrzehnts die Schwelle zum Anbau der weißen Pinot-Sorten – welche sich inzwischen als Leitsorten für das Luxemburger Weinbaugebiet etabliert haben. Seit der Jahrtausendwende wurde in allen 20 Jahren die Schwelle für den Müller-Thurgau-Anbau überschritten. Nur in drei Jahren seit 2001 wurde die 1600er-Schwelle für den erfolgreichen Pinot-blanc-Anbau nicht erreicht. Im Dekadenmittel der 2000er- und 2010er-Jahre lag der heliothermische Index jeweils mehr als 100 Punkte über dem Schwellenwert für die Rebsorten Riesling und Pinot noir. In den Jahrgängen 2003 und 2018 wäre auch in Luxemburg die erfolgreiche Kultivierung wärmeliebender Rebsorten wie Grenache oder Syrah möglich gewesen. Die letzten sieben Jahrgänge in Folge (2014 bis 2020) erreichten jeweils Index-Werte über dem des (damals als solchen empfundenen) Jahrhundertjahrgangs 1976 (Abb. 1).

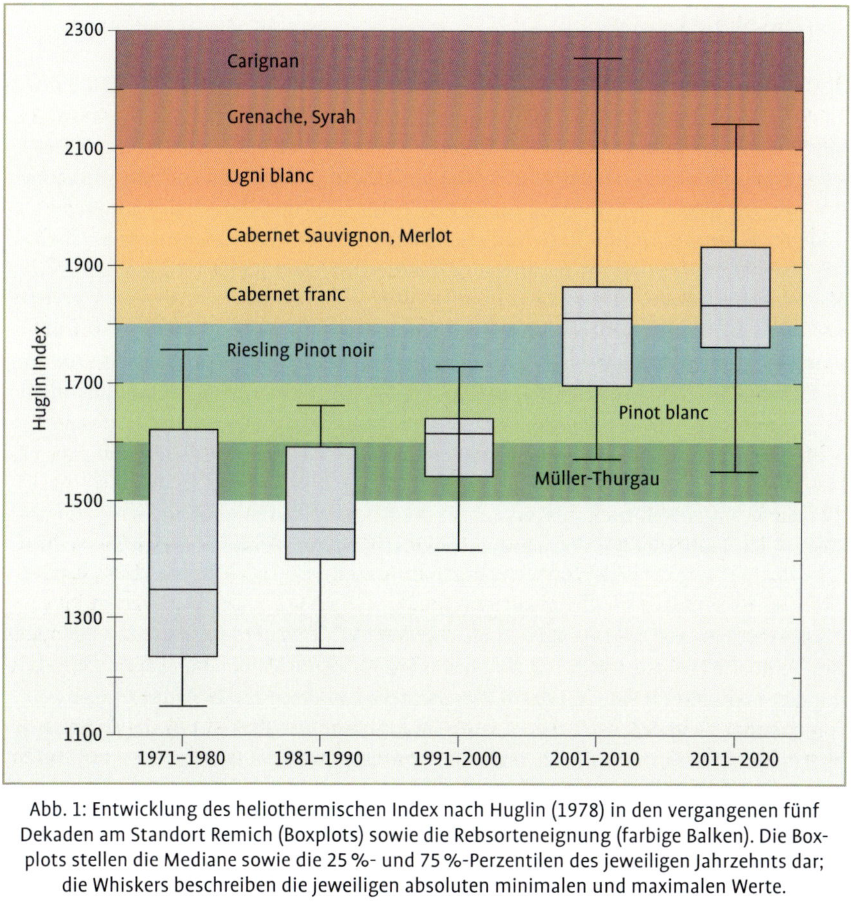

Abb. 1: Entwicklung des heliothermischen Index nach Huglin (1978) in den vergangenen fünf Dekaden am Standort Remich (Boxplots) sowie die Rebsorteneignung (farbige Balken). Die Boxplots stellen die Mediane sowie die 25 %- und 75 %-Perzentilen des jeweiligen Jahrzehnts dar; die Whiskers beschreiben die jeweiligen absoluten minimalen und maximalen Werte.

Niederschläge und deren Verteilung

Beim Blick auf die Jahresniederschlagssummen ist der Einfluss des Klimawandels weniger direkt abzulesen als beim Wärmegenuss. Lag die Jahresniederschlagssumme in den 1970er-Jahren bei durchschnittlich 722 mm, wurde im vergangenen Jahrzehnt eine durchschnittliche Jahresniederschlagssumme von 708 mm gemessen, d. h. die Summe des Jahresniederschlags hat sich nicht grundlegend verändert.

Auffällig ist jedoch, dass zwischen den 1970er- und den 2010er-Jahren in den Sommermonaten Juli bis September ein Rückgang von durchschnittlich 194 mm auf durchschnittlich 155 mm festzustellen ist. Dahingegen blieben die Niederschlagssummen in den anderen Jahreszeiten in etwa gleich oder stiegen leicht an. Die geringeren Sommerniederschläge in Kombination mit höheren Verdunstungsraten aufgrund der höheren Temperaturen hat gerade zu Ende des vergangenen Jahrzehnts häufig in jüngeren Weinbergen und/oder auf flachgründigen Standorten zu teilweise deutlich sichtbaren und für Ertrag und Weinqualität abträglichen Trockenstresssituationen geführt.

Regionale Klimaprojektionen für das Luxemburger Weinbaugebiet lassen auch in der Zukunft einer weitere Veränderung der Niederschlagsverteilung im Laufe des Jahres sowie ein verstärktes Auftreten von extremen Niederschlagsereignissen und längeren Trockenphasen erwarten (Goergen et al., 2013). Gerade Extremniederschlagsereignisse und Hagel stellen eine besondere Gefährdung für den Weinbau dar – durch direkte Schädigung der Trauben oder Erosion des fruchtbaren Oberbodens. Weiterhin führen Extremniederschlagsereignisse zu einem starken Oberflächenabfluss (besonders in hängigem Gelände), sodass (trotz vergleichbarer Niederschlagssummen) die Wassermenge, welche die Rebwurzeln erreicht, geringer ist als bei Landregenereignissen mit einer kontinuierlichen Wasserzufuhr über einen längeren Zeitraum.

Die zunehmende Unsicherheit und der Trend zu extremen Wetterkonstellationen zeigt sich beim Blick auf die Niederschlagssummen des Monats Juli der letzten vier Jahre. Wurden in Remich in den trockenen Jahren 2018, 2019 und 2020 nur 5,6, 17,3 bzw. 10,4 mm im Monat Juli erfasst, lag die Niederschlagssumme im Juli 2021 mit 206,5 mm um jeweils mehr als das zehnfache höher als in den drei vorangegangenen Jahren und markierte die höchste Juli-Niederschlagssumme seit Messbeginn.

Spätfrost-Gefährdung

Der Temperaturanstieg verfrüht im Mittel den Austriebstermin der Reben. Dies lässt auf den ersten Blick eine höhere Wahrscheinlichkeit von Frostereignissen und entsprechenden Schäden nach dem Austrieb vermuten. Ein Blick auf die Statistik zeigt allerdings, dass sich – bedingt durch die insgesamt höheren Temperaturen im Frühjahr – auch der Termin des letzten Frühjahrsfrostereignisses tendenziell in Richtung des Jahresbeginns verschoben hat (Abb. 2). Während das letzte Frostereignis im Frühjahr in den 1970er-Jahren im Mittel am 108. Tag des Jahres beobachtet wurde, fand dieses in der ersten Dekade des neuen Jahrtausends im Mittel 13 Tage früher

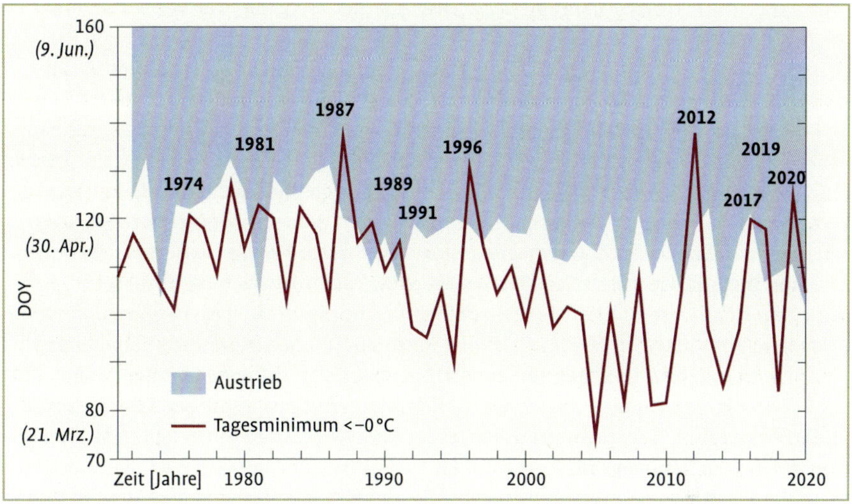

Abb. 2: Tage des Jahres des Austriebs der Rebsorte Rivaner (grüne Fläche) im Luxemburger Weinbaugebiet und des Auftretens des letzten Frostereignisses (rote Linie) in Remich in den Jahren 1972 bis 2020. Jahre, in denen das letzte Frostereignis nach dem Austrieb erfasst wurde, sind mit ihrer Jahreszahl in der Abbildung ersichtlich [DOY: day of the year].

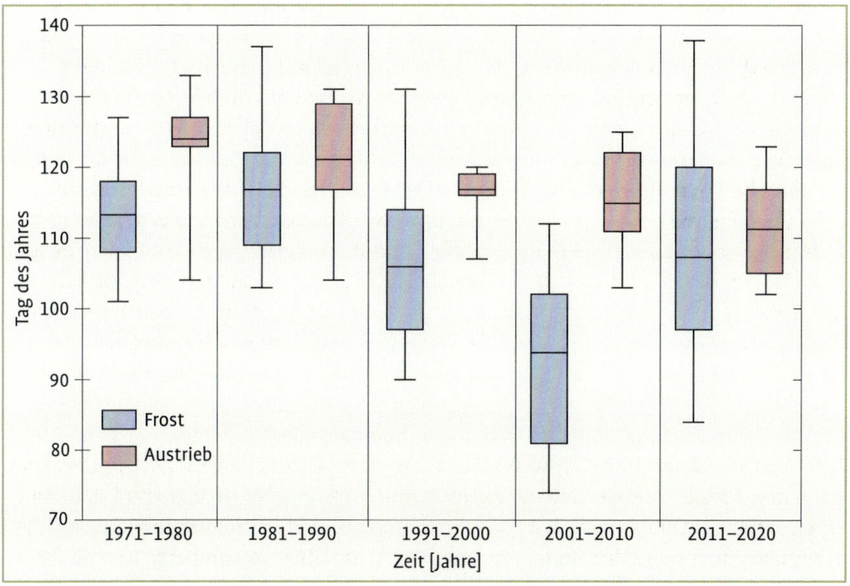

Abb. 3: Termine des Austriebs im Luxemburger Weinbaugebiet sowie des letzten Frostereignisses am Standort Remich im Frühjahr in den letzten fünf Dekaden. Die Boxplots stellen die Mediane sowie die 25 %- und 75 %-Perzentile dar, die Whiskers beschreiben die jeweiligen absoluten minimalen und maximalen Werte.

statt (Abb. 3). Vergleicht man diese Verfrühung (13 Tage) mit der Verfrühung des Austriebs für die gleichen Zeiträume (zehn Tage), so wird deutlich, dass sich die zeitliche Distanz zwischen dem letzten Frostereignis und dem Austrieb im Mittel zwischen den 70er- und den 2000er-Jahren vergrößert (Molitor and Junk, 2011).

Leider brachten die 2010er-Jahre eine deutliche Abkehr von diesem Trend zu reduzierter Spätfrostgefährdung. Lagen in den 2000er-Jahren zwischen dem letzten Frostereignis und dem Austrieb im Mittel 22 Tage und wurden in keinem Jahr Temperaturen unter 0 °C am Standort Remich nach dem Austrieb registriert, verringerte sich das Zeitfenster zwischen letztem Frost und Austrieb auf durchschnittlich vier Tage; in vier der zehn 2010er-Jahre wurde Frost nach dem Austrieb registriert (Abb. 3). Diese Zahlen spiegeln die Beobachtung in der Praxis mit teilweise dramatischen Spätfrostschäden, z. B. im Jahre 2019, und den daraus folgenden deutlich reduzierten Erträgen wider. Nicht so massiv und flächendeckend wie 2019, jedoch kleinräumig waren im 2010er-Jahrzehnt fast in jedem Jahr zumindest in den bekannten „Frostlöchern" des Gebiets Spätfrostschäden verschieden starker Ausprägung zu beobachten. Projektionen basierend auf regionalen Klimamodellen deuten dagegen mittel- und langfristig eine abnehmende Spätfrostneigung in den kommenden Jahrzehnten an (Molitor and Junk, 2014). Es bleibt also zu hoffen, dass das 2010er-Jahrzehnt hinsichtlich der Spätfrost-Gefährdung eine Ausnahme darstellt und sich das projizierte abnehmende Spätfrost-Risiko bewahrheitet.

Phänologische Entwicklung

Die gestiegenen Temperaturen in den letzten Jahrzehnten haben zu einer Verfrühung der phänologischen Entwicklung geführt. So erfolgte der Austrieb in der zweiten Dekade des neuen Jahrtausends im Mittel zwölf Tage, der Blütebeginn 13 Tage und der Reifebeginn 17 Tage früher als in den 1970er-Jahren. Deutlich geringer sind die Veränderungen beim Termin des Lesebeginns. Der etwa gleichbleibende Lesebeginn bei einem jedoch um fast zwei Wochen verfrühten Reifebeginn ermöglicht somit eine längere Vegetations- und Reifephase (Abb. 4).

Sonnenbrandgefährdung

Im Zuge der Erwärmung ist in den letzten Jahren auch das zunehmende Auftreten von Sonnenbrandschäden in den Weinbergen zu beobachten. Dies spiegelt die Entwicklung der Maximaltemperaturen in den Sommermonaten wider. Während die Jahresmitteltemperaturen in den 2010er-Jahren im Durchschnitt 1,7 °C höher lagen als in den 1970er-Jahren, betrug der Anstieg der durchschnittlichen Tagesmaxima im gleichen Zeitraum ganze 2,5 °C. Schaut man auf den Sommermonat Juli, betrug der Anstieg der Tagesmitteltemperaturen 1,9 °C, der Tagesmaxima sogar 3 °C. Also besonders die Maximaltemperaturen sind deutlich angestiegen, was eine deutliche Zunahme von Sonnenbrandschäden im Gebiet zur Folge hat. So wurde in Remich am 25.07.2019 mit 40,6 °C die höchste Temperatur seit Messbeginn erfasst. Massive Sonnenbrandschäden mit empfindlichen Ertragsverlusten waren die

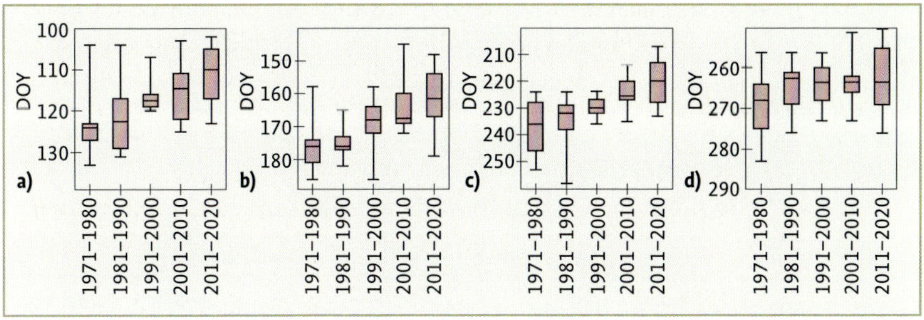

Abb. 4: Eintreten der phänologischen Entwicklungsstadien (Tag des Jahres) Austrieb (BBCH 09) (a), Blütebeginn (25 % der Blütenkäppchen abgeworfen) (b) und Reifebeginn (BBCH 81) (c) in mittelfrühen Lagen sowie des Beginns der Lese (d) bei der Rebsorte Rivaner in den vergangenen fünf Jahrzehnten im Luxemburger Weinbaugebiet. Die Boxplots stellen die Mediane sowie die 25 %- und 75 %-Perzentilen des jeweiligen Jahrzehnts dar; die Whiskers beschreiben die jeweiligen absoluten minimalen und maximalen Werte [DOY: day of the year].

Folge – dies nicht nur beim als anfällig bekannten Riesling, sondern auch bei den Burgundersorten (Molitor and Junk, 2019b).

Auswirkungen auf die Weinqualität

Die durchschnittliche Lufttemperatur während der Vegetationsperiode (1. April bis 31. Oktober) lag in Remich in den vergangenen 33 Jahren (1988 bis 2020) in Folge in jedem einzelnen Jahr über der mittleren Lufttemperatur während der Vegetationsperiode in den 1970er- und 1980er-Jahren. Des entspricht sehr gut der Beobachtung, dass seit dem Jahr 1987 kein von Unreife geprägtes Weinjahr mehr an der Mosel verzeichnet wurde. Von den 1970er-Jahren bis zur zweiten Dekade des neuen Jahrtausends ist die Lufttemperatur während der Vegetationsperiode um durchschnittlich 1,9 °C angestiegen.

Die Auswirkungen der generell höheren Temperaturen in der Vegetationsperiode, aber auch der längeren Reifephase, werden anhand der mittleren Dekadenwerte der Mostgewichte und Säuregehalte (Analysen aller in Luxemburg geernteten Moste; durchgeführt durch das Labor des Weinbauinstitutes in Remich) für die Rebsorte Rivaner deutlich. So hat sich das mittlere Mostgewicht im Vergleich zu den 1970er-Jahren in den 2010er-Jahren um durchschnittlich gut 12°Oe erhöht und die mittleren Erntesäuregehalte sind um durchschnittlich 1,6 g/L zurückgegangen (Abb. 5).

Dies führte im Allgemeinen zu reiferen, qualitativ hochwertigeren, gehaltvolleren und – in Bezug auf die Säure – bekömmlicheren Weinen, welche einen gesteigerten Trinkgenuss und eine erhöhte Verbraucherakzeptanz erwarten lassen. Die erreichten Mostgewichte bei der Rebsorte Rivaner liegen allerdings noch immer in einem Bereich, in dem in einer Vielzahl der Jahre eine weitere Anreicherung der Moste zu Erhöhung des Alkoholgehaltes erfolgt. Zu hohe natürliche Mostgewichte und daraus unweigerlich resultierend hohe Alkoholgehalte – wie in den südlichen

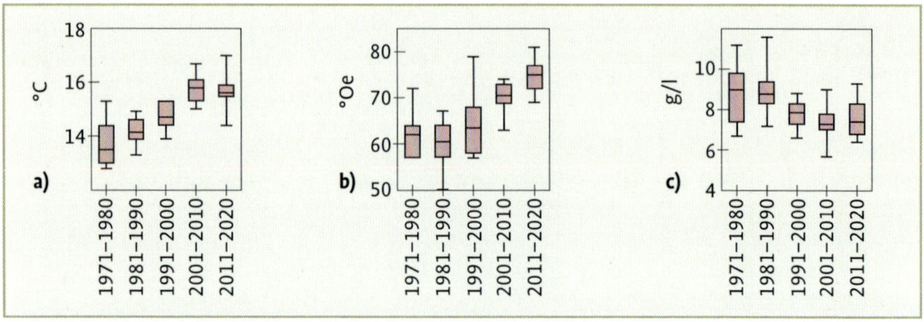

Abb. 5: Werte der durchschnittlichen Lufttemperatur während der Vegetationsperiode (1. April bis 31. Oktober) am Standort Remich (a), der Mostgewichte (b) und der Gesamtsäuregehalte (c) in den Mostanalysen in den vergangenen fünf Dekaden bei der Rebsorte Rivaner im Luxemburger Weinbaugebiet. Die Boxplots stellen die Mediane sowie die 25 %- und 75 %-Perzentilen des jeweiligen Jahrzehnts dar; die Whiskers beschreiben die absoluten minimalen und maximalen Werte der jeweiligen Dekade.

europäischen Anbauregionen in den letzten Jahren vermehrt anzutreffen – bilden in Luxemburg bei der Rebsorte Rivaner bisher noch die Ausnahme. Allerdings wurden besonders bei den beliebten Rebsorten der Burgunder-Gruppe im letzten Jahrzehnt bereits Trauben mit Alkoholwerten oberhalb des für die Harmonie und Typizität der Weine optimalen Bereiches geerntet. Dieses Problem der südlicheren Anbaugebiete wird zukünftig sicherlich auch entlang der Mosel, zumindest bei einigen Rebsorten, Herausforderungen mit sich bringen und neue Anpassungsstrategien erfordern.

Positiv im Hinblick auf die Weinqualität hat sich sicherlich darüber hinaus auch der Trend zu moderaten Erträgen ausgewirkt. Lagen die Erträge bei der Rebsorte Rivaner im Dekadenmittel der 1970er-Jahre bei 138,1 hl/ha, fielen diese im zweiten Jahrzehnt des neuen Jahrtausends auf durchschnittlich 101,6 hl/ha. Die Gründe hierfür sind vermutlich vielschichtig. Neben den eingeführten gesetzlichen Höchsterträgen und dem zunehmenden Alter vieler Rivaner-Weinberge ist dies sicherlich auch auf das gesteigerte Qualitäts-Bewusstsein und -streben der Winzer zurückzuführen.

Eiswein-Eignung

Im letzten Abschnitt möchten wir kurz auf ein Nischenprodukt eingehen, das jedoch in der Vergangenheit einen gewissen Stellenwert im Bereich der traditionellen Premium-Weine der Region eingenommen hat, den Eiswein oder auch Vin de glace. Bei Temperaturen unter -7 °C bildet das Wasser in den Trauben Eiskristalle. Werden diese gefrorenen Trauben gepresst, kommt es zu einer Aufkonzentrierung der sonstigen Inhaltsstoffe wie Zucker, Säuren und Aromastoffe im ablaufenden Most. Die daraus gewonnenen, konzentrierten Weine können im Idealfall als hochpreisige Spezialitäten vermarktet werden. Die vorliegenden Datenauswertungen zeigen, dass mit Ausnahme der Jahrgänge 2013 und 2019 am Standort Remich in allen Beobachtungsjahrgängen zwischen 1971 und 2020 im Winter nach der eigentlichen Ernte eine absolute Minimaltemperatur in 2 m Höhe von -7 °C unterschritten wurden. Das erstmalige Unterschreiten von -7 °C wurde in den 1980er-Jahren im Durchschnitt am DOY (Tag des Jahres) 347 registriert und in den 2010er-Jahren am DOY 380 (d. h. 33 Tage später; Abb. 6). Dies führt dazu, dass Trauben, welche für die Erzeugung von Eiswein vorgesehen sind, in Folge des Klimawandels eine zunehmend länger werdende Phase vom Stadium der Vollreife bis zum ersten relevanten Frostereignis überstehen müssen – und dies bei im zweifachen Maße ansteigenden Temperaturbedingungen (genereller Temperanstieg und Verschieben der Reifephase und des Zeitraums nach der eigentlichen Erntereife in wärmere Phasen des Jahres). Dadurch wurde in den letzten Jahrzehnten die Erzeugung von Eiswein im Anbaugebiet immer unwahrscheinlicher. Aller Voraussicht nach werden sich die genannten Effekte in den nächsten Jahrzehnten weiter verstärken und

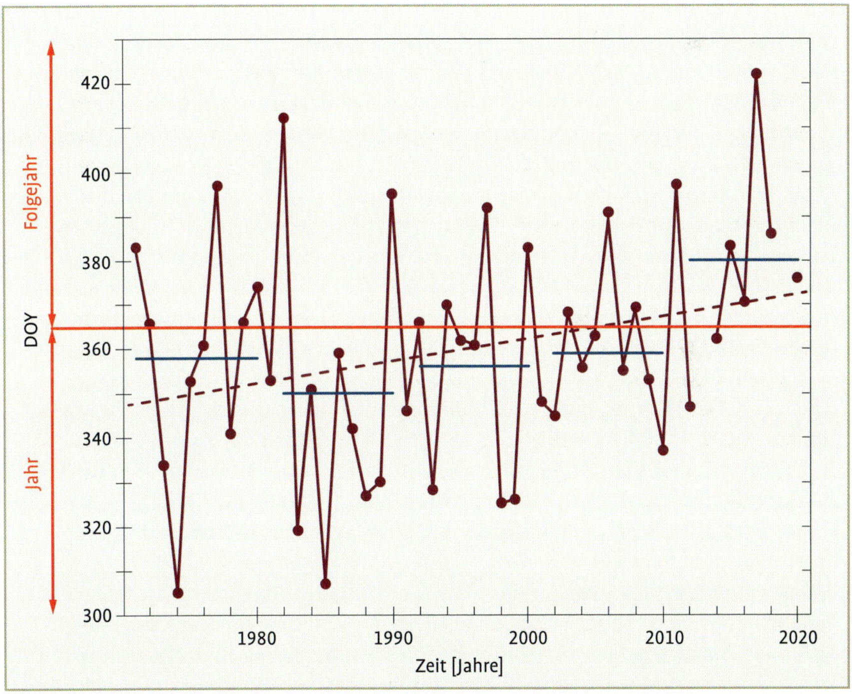

Abb. 6: Tag des Jahres (DOY) des erstmaligen Unterschreitens einer Minimaltemperatur von -7 °C in 2 m Höhe am Standort Remich. Die Werte des Tages des Jahres verstehen sich relativ zum 01.01. des Jahres des Wachstums. D.h. Werte des Tages des Jahres über 365 bedeuten, dass das entsprechende Frostereignis erst im Folgejahr aufgetreten ist. Die roten, horizontalen Linien stellen den Mittelwert je Jahrzehnt dar. In den Jahrgängen 2013 und 2019 traten im Winter nach dem Wachstum der Trauben keine Minimaltemperaturen unter -7 °C auf [DOY: day of the year].

dazu führen, dass in der Zukunft Eisweine von der Luxemburger Mosel ein immer seltener werdendes Produkt darstellen werden (Molitor and Junk, 2019a).

Fazit und Ausblick

Im Hinblick auf die Weinqualität im Luxemburger Anbaugebiet (an der nördlichen Grenze des Weinbaus in Europa) sind die beobachteten Veränderungen der Temperaturbedingungen in den letzten Jahrzehnten überwiegend als positiv zu bewerten. Viele der aktuell verbreiteten Rebsorten entsprechen in ihrem Wärmebedarf den aktuell vorherrschenden Bedingungen, wohingegen sie besonders in den 1970er- und 1980er-Jahren in vielen Jahrgängen nicht vollständig ausreifen konnten. Dies zeigt sich in deutlich angestiegenen mittleren Mostgewichten und reduzierten mittleren Gesamtsäuregehalten.

Mit fortschreitender Klimaerwärmung könnten die negativen Effekte des Temperaturanstieges die Reifevorteile jedoch bereits in wenigen Jahrzehnten mehr als kompensieren. Besonders der zweifache Temperaturanstieg in der Reifephase (allgemeiner Temperaturanstieg plus Verfrühung der Reifephase in Richtung der in der Regel wärmeren Hochsommermonate) könnte in Zukunft die Weintypizität der Mosel-Weine zunehmend verändern und gefährden (Molitor and Junk, 2020).

Gerade gegen Ende des zurückliegenden Jahrzehnts haben sich weiterhin die zunehmenden Gefährdungen durch Extremereignisse, wie z. B. die massiven Schäden durch den Falschen Mehltau im nassen Frühjahr 2016 oder in der Vegetationsperiode 2021, die verheerenden Spätfrostschäden in 2019 und die lang andauernden Hitze- und Trockenphasen inklusive Sonnenbrandschäden mit deutlichen Qualitäts- und Ertragseinbußen in den Jahren 2018 bis 2020 in das Bewusstsein der Winzer eingeprägt. Diese neuen Herausforderungen werden in den nächsten Jahren und Jahrzehnten vermutlich nicht weniger werden.

Die teilweise hohen Alkoholgehalte der Jahrgänge 2003 und 2018 deuten an, dass ein hoher Wärmegenuss und frühe, hohe Reife nicht ausschließlich positive Effekte zur Folge haben müssen. Diese Veränderungen der Temperaturbedingungen oder der Niederschlagsverteilung im Jahresverlauf deuten für die Zukunft die Notwendigkeit von Anpassungen (i) in der Kulturführung (z. B. in Form von alternativen Erziehungssystemen mit reduzierten Blattflächen, veränderte Bodenpflegesysteme, Notwendigkeit zur Installation von Bewässerungssystemen oder Bewässerungsmaßnahmen), (ii) in der Standortwahl (z. B. Ausweichen auf höher oder nördlicher gelegene, weniger exponierte Standorte), (iii) im Pflanzenschutz (z. B. bedingt durch invasive oder sich ausbreitende Krankheiten und tierische Schädlinge, durch verfrühte Fäulnisepidemien unter wärmeren Bedingungen) oder (iv) im Sortensortiment an (Molitor et al., 2014).

Hier sind Forschungsaktivitäten zu möglichen Anpassungsmaßnahmen erforderlich, auch wenn diese in der nahen Zukunft noch nicht in jedem Jahr zum Einsatz kommen werden müssen.

Danksagung

Die Autoren bedanken sich bei R. Mannes, C. Blum und S. Fischer (Weinbauinstitut, Remich) für die freundlicherweise zur Verfügung gestellten langjährigen meteorologischen Zeitreihen, phänologischen Aufzeichnungen der Lokalbeobachter sowie Ergebnisse der Mostanalysen. Die vorliegenden Auswertungen wurden im Rahmen der Forschungsprojekte „VinoManAOP“ und „Clim4Vitis“, gefördert durch die Europäische Union (Grant Agreement number 810176), durchgeführt.

Literatur

Baciocco, K.A., Davis, R.E. and Jones, G.V. (2014): Climate and Bordeaux wine quality: identifying the key factors that differentiate vintages based on consensus rankings. J. Wine Res. 25, 75–90.

Goergen, K., Beersma, L., Hoffmann, L. & Junk, J. (2013): ENSEMBLES-based assessment of regional climate effects in Luxembourg and their impact on vegetation. Climatic Change 119, 761–773.

Huglin, M.P. (1978): Nouveau mode d'évaluation des possibilités héliothermiques d'un milieu viticole. Comptes rendus des séances de l'Académie d'agriculture de France, 64, 1117–1126.

Molitor, D., Ferrone, A. und Junk, J. (2014): Einfluss des Klimas auf den Weinbau im Oberen Moseltal. Die Winzer-Zeitschrift.

Molitor, D. und Junk, J. (2011): Spätfrost 2011 – Laune der Natur oder neue Bedrohung? Die Winzer-Zeitschrift.

Molitor, D. und Junk, J. (2014): Zukünftige Spätfrostgefährdung im Luxemburger Weinbau. De Letzebuerger Bauerekalenner 2014, 81–86.

Molitor, D. und Junk, J. (2019a): Keine Chance mehr für Eiswein? Die Winzer-Zeitschrift, 33–34.

Molitor, D. und Junk, J. (2019b): Rekordhitze mit Sonnenbrandschäden in den Weinbergen. De Letzebuerger Bauer, 01.08.2019.

Molitor, D. und Junk, J. (2020): Der Klimawandel hat einen zweifachen Anstieg der Temperaturen in Reifephase zur Folge. De Letzebuerger Baurekalenner 2020, 107–112.

Welchen Einfluss nehmen persönliche Faktoren auf Kooperationsentscheidungen?

Von M.Sc. Linda Bitsch und Prof. Dr. habil. Jon H. Hanf
Hochschule Geisenheim University
Linda.Bitsch@hs-gm.de

M.Sc. Linda Bitsch

Prof. Dr. habil. Jon H. Hanf

Einleitung

Entscheidungsfindung ist im Allgemeinen komplex und wird stark von der Psychologie beeinflusst. Gemeinsame Entscheidungsfindungen innerhalb einer Kooperation sind sogar noch komplexer, da mehrere Parteien in die Entscheidungsfindung einwirken. Die deutsche Weinbranche ist im Wandel. Weinproduzenten engagieren sich mehr und mehr in Kooperationen, um den Marktveränderungen zu begegnen (Bitsch, 2020). In der deutschen Weinbranche sind fast 100 % der Betriebe als kleine oder mittlere Unternehmen eingestuft. Die überwiegende Mehrheit der Weingüter ist inhabergeführt und ein Drittel der Belegschaft gehört zur Familie. Rund 53 % der Belegschaft sind Saisonarbeitskräfte und nur 14 % sind dauerhafte familienfremde Arbeitskräfte (Statistisches Bundesamt, 2017). Da die meisten Unternehmen in der Weinbranche in Familienbesitz sind, wobei oft eine einzelne Person oder ein kleiner Kreis die Entscheidungsfindung leitet, wird der Einfluss einzelner menschlicher Akteure bei Entscheidungen betont. Dies spielt umso mehr eine Rolle, je mehr Parteien bei den Entscheidungen involviert sind. Insbesondere bei Unternehmenskooperationen wie bspw. zwischen Weinbaubetrieben und Traubenproduzenten oder Kommissionären oder zwischen Weinbaubetrieben und Händlern, agieren Persönlichkeiten in direktem Kontakt miteinander. Wir können daher (mit einiger Zuversicht) davon ausgehen, dass die sozialen Bindungen stärker sind, da dieselben Personen über einen langen Zeitraum miteinander interagieren und den zwischenmenschlichen Beziehungen und Verhaltensaspekten mehr Bedeutung beimessen. Es stellen sich die Fragen: Welchen Einfluss hat das persönliche Verhältnis zwischen Parteien auf Kooperationsentscheidungen? Wie kann und sollte mit diesem Einfluss umgegangen werden?

In zwei vorgelagerten qualitativen Studien wurde zum einen untersucht, wie sich Unternehmenskooperationen in der deutschen Weinbranche entwickeln und aufgebaut werden[1]. Hier konnte gezeigt werden, dass Weinbaubetriebe insbesondere im Zukaufsgeschäft für Trauben, Most und Wein mehr und mehr in Kooperationen investieren. Zum anderen haben Interviews mit Weingütern, Kellereien, Traubenproduzenten und Genossenschaften gezeigt, dass Kooperationen vornehmlich im nahen Umfeld des Weinbaubetriebes etabliert werden. Bei den eingegangenen Kooperationen handelt es sich meist um Partner, die man persönlich kennt. Dies können zum einen berufsspezifische Berührungspunkte sein, bspw. durch den ansässigen Bauern- und Winzerverband, oder durch gesellschaftliche Institutionen wie bspw. Gemeinde- und Kirchenrat, Vereine jeglicher Art, aber auch eine gemeinsame Vergangenheit, bspw. gemeinsamer Kindergarten/Schulbesuch oder Verflechtungen über andere Familienmitglieder wie Ehegatten und Kinder. Das persönliche Verhältnis kann die persönlichen Einflüsse auf geschäftliche Entscheidungen verstärken. In diesen Interviews hat sich gezeigt, dass insbesondere Einflüsse wie Fairness-Bedenken, Beziehungsdauer, Charaktereigenschaften des Partners, Stärke der Situation und Emotionen Einfluss nehmen. Die Einflussfaktoren wurden im nächsten Schritt für eine weitere Studie modelliert, um herauszufinden, wie wichtig diese Einflussfaktoren wirklich sind (Quantifizierbarkeit). Die Ergebnisse dieser Studie werden in diesem Beitrag dargelegt und diskutiert.

Empirie: Faktorieller Survey

Methodologie

Für die Studie wurde eine experimentelle Vignettenstudie konzipiert und durchgeführt. Die Methode der Befragung ist eine nicht standardisierte Erhebungsmethode, die ihre Wurzeln in sozialen Umfragen (Bereich der Sozialwissenschaften) hat (Rossi und Anderson, 1982), mit der Absicht, die zugrunde liegenden Prinzipien hinter menschlichen Urteilen in Bezug auf Absichten, Einstellungen und Verhaltensweisen zu analysieren (Aguinis und Bradley, 2014). Vignetten zielen darauf ab, realen Situationen zu ähneln (hypothetische Situationen, Objekte oder Personen), in denen die Befragten gezwungen sind, Abwägungen zwischen den verschiedenen Dimensionen zu treffen (Auspurg et al., 2015). Die Befragten erhalten einen Text und werden gebeten, im Nachgang ein Urteil auf der Grundlage der bereitgestellten Beschreibung mit mehreren Variablen/Attributen zu treffen.

In unserer Studie beschrieb die Situation der Vignette eine hypothetische (aber realistische) Situation zwischen einem Traubenproduzenten und einem Weingut.

1 Die Interviews wurden inhaltlich nach Gläser and Laudel (2010) ausgewertet.

Diese wurde aufbauend aus den Ergebnissen der Interviews modelliert und vor Studienbeginn mit Branchenkennern diskutiert und angepasst. Wir haben eine „extreme“ Situation aus der Branche gewählt, in der die Befragten dazu neigen, stärker zu handeln und ihre Absichten deutlicher, aber unbewusst zu zeigen. Im Folgenden stellen wir die fiktive Ausgangssituation dar, die die Teilnehmer zu Beginn erhielten, um eine einheitliche Entscheidungsbasis zu schaffen. Im Anschluss ist die Vignette dargestellt.

Ausgangssituation

Stellen Sie sich bitte vor, Sie sind Inhaber*in eines 40 Hektar (ca. 320.000 Flaschen; ~80 hl/ha) großen Weinbaubetriebes. Die Vermarktung der eigenen Linien und Marken erfolgt hauptsächlich über indirekte Distributionskanäle wie Lebensmittelhandel, Fachhandel, Gastronomie und Export. Ein kleinerer Teil wird direkt an Endkunden vermarktet.

Aktuell ergibt sich für Sie die Möglichkeit, Ihre Vermarktungsmenge auszuweiten, da sich Ihre Marken im Premiumsegment des Lebensmittelhandels positiv entwickeln. Die dafür benötigten Mengen und Qualitäten möchten Sie über Traubenzukauf absichern. Dies ermöglicht Ihnen die nötige Flexibilität, falls die positive Entwicklung nicht anhaltend sein sollte. Deshalb sollen zusätzlich die Trauben von 10 Hektar (ca. 110.000 Flaschen; ~95 hl/ha) im Umkreis Ihres Weinbaubetriebes zugekauft und verarbeitet werden. Sie benötigen mindestens Trauben der Qualitätsstufe QbA. Zur Qualitätssicherung arbeiten Sie mit den Traubenproduzenten schon während der Vegetationsphase bis zur Ernte der Trauben zusammen.

Vignettentext

Die fett markierten Textteile repräsentieren die Merkmale, die im Text variiert wurden.
Stellen Sie sich bitte weiterhin vor, während der Ernte liefert Ihr Traubenproduzent nur einen Teil der vereinbarten Traubenmenge an. Die Erntemenge fällt in diesem Jahr normal aus, es gab keine extremen Einflüsse (bspw. Hagel, Frost, Pilzbefall o. ä.) während der Vegetationsperiode, wodurch die Erntemenge verringert wurde. Bei der Traubenanlieferung fehlen **(15 %/30 %)**, der vereinbarten Menge.

In einer früheren Zusammenarbeit haben Sie **(nur einen Teil der gelieferten Menge angenommen, obwohl mehr vereinbart war/die gesamte Menge angenommen)**. Sie sind sich **(sicher/nicht sicher)**, die fehlende Menge über andere Produzenten besorgen zu können. Die Zusammenarbeit entstand **(durch eine Empfehlung eines Kollegen/zufällig)**.

Die erfolgreiche Zusammenarbeit befindet sich im **(2. Jahr/5. Jahr)**. Sie nehmen den Traubenproduzenten als **(sympathisch/wenig sympathisch)** wahr. Sie kennen ihn aus einer ehrenamtlichen Tätigkeit, bspw. Gemeinde- oder Kirchenrat, Sportverein, etc., in der er **(verlässlich/nicht verlässlich)** mitarbeitet.

Im Anschluss an jede Vignette mussten die Teilnehmer verschiedene Fragen zu Macht und Vertrauen mit jeweils neun Aussagen sowie eine Frage zur Kooperationsbereitschaft in der Zukunft bewerten.

Um potenzielle Teilnehmerinnen zu erreichen, wurden zum einen Mailadressen aus den Weinführern (alle 2019 erschienen) von Eichelmann (deckt nur Deutschland ab), Falstaff und Gault Millau (beide Weinführer decken Deutschland, Südtirol in Italien und die Schweiz ab) gesammelt. Zum anderen wurde Vinissima kontaktiert. Hier wurden nur Frauen einbezogen, die einen direkten Bezug zur Weinproduktion haben. Das Vinissima-Netzwerk wurde gewählt, um einen Anteil an weiblichen Entscheidungsträgern einzubeziehen. Die Weinführer wurden ausgewählt, weil die aufgenommenen Unternehmen auf Reputationsaufbau setzen (dies ist der Grund, warum sie in die Weinführer investieren und Teil von ihnen sind). Es ist davon auszugehen, dass Unternehmen mit einer größeren Reputation mehr Absatzmöglichkeiten durch eine größere Nachfrage haben und stärker Marken-Strategien entwickeln. Dazu benötigen sie mehr Trauben für eine größere Produktion, die sie sich durch Zukauf von Trauben/Most/Wein von anderen Marktteilnehmern sichern können. Zukauf bietet den Betrieben eine größere Flexibilität und weniger Risiko als die Investition in eigene Flächen. Darüber hinaus arbeiten die in den Weinführern aufgeführten Betriebe meist als Vollerwerbsbetriebe. Wir haben uns für eine gezielte Stichprobe entschieden, da wir davon ausgehen, dass es einen Zusammenhang zwischen Erfolg und dem Engagement in Kooperations-Beziehungen gibt. Die ausgewählten Zielgruppen stellen eine sehr homogene Gruppe von Entscheidungsträgern dar, die alle regelmäßig mit strategischen Entscheidungen im Rahmen von Kooperationen konfrontiert sind. Die Teilnehmer teilen die gleiche Sprache (Deutsch), beziehen sich alle auf die gleiche spezifische Branche (Weinproduktion) und haben Erfahrungen mit dem untersuchten Thema (zwischenbetriebliche Zusammenarbeit). Insgesamt haben 203 Teilnehmer an der Umfrage teilgenommen. Dies entsprach 602 bewerteten Vignetten. Damit wurde jede fiktive Situation mindestens vier- und teilweise sogar fünfmal beurteilt.

Von unseren Befragten waren 66,1 % männlich, 33,3 % weiblich und 0,6 % machten keine Angaben zum Geschlecht. Fast zwei Drittel der Befragten (60,9 %) sind Inhaber eines Weinbaubetriebs. Die anderen 39,1 % der Befragten arbeiteten als Geschäftsführer, Betriebsleiter (Leitung Keller und Weinbau), Kellermeister/Önologen, Außenbetriebsleiter oder als Verkaufsleiter. Nur ein kleiner Teil – 14 Befragte – arbeitete in keiner der zuvor genannten Führungspositionen. Fast alle Befragten arbeiteten für ein Weingut (91,4 %). Weitere Betriebsformen waren Kellereien (ohne eigene Rebfläche), Traubenerzeuger, Winzergenossenschaften und Erzeugergemeinschaften (zusammen 8,6 %). Die Mehrheit der Befragten kam aus Deutschland (89,1 %), gefolgt von Österreich (6,9 %), der Schweiz (2,3 %) und Italien/Südtirol (1,7 %).

Die Ergebnisse wurden mit SmartPLS 3.0 (Ringle et al., 2015) und SPSS ausgewertet.

Ergebnisse und Diskussion

Die Ergebnisse unserer Studie zeigten, dass die Entscheidungsträger einen individuellen Einfluss auf Entscheidungen in der zwischenbetrieblichen Zusammenarbeit nehmen können. Einen signifikanten individuellen Einfluss auf Entscheidungen in der zwischenbetrieblichen Kooperation konnten wir für zwei Faktoren nachweisen. Dies war zum einen für die Fairnessnorm sowie für die Länge der Beziehung. Für die meisten anderen Erwartungen stimmten die Ergebnisse mit unseren erwarteten Auswirkungen/Einflüssen überein, jedoch gab es keine signifikanten Unterschiede zwischen den unterschiedlichen Merkmalen der einzelnen Dimensionen.

Das Hauptergebnis der Studie ist, dass Manager von Weinbaubetrieben (egal ob Inhaber oder nicht) einen persönlichen Einfluss auf den Entscheidungsprozess zwischen kooperierenden Unternehmen haben. Das heißt bspw. Emotionen, eigene Normen und Standards können die Entscheidungen beeinflussen und nicht immer zu einer optimalen Entscheidung für den Betrieb führen.

Dementsprechend sollten Unternehmen langfristig Möglichkeiten finden, Strukturen zu implementieren, um die persönlichen Eigenschaften kennenzulernen, um den Mitarbeiter entsprechend ersetzen zu können, wenn er ausscheidet/ausscheiden muss, um eine gute fortlaufende Zusammenarbeit mit den Kooperationspartner zu gewährleisten. Auch Weinbaubetriebe müssen sich bewusst sein, dass es individuelle Einflüsse von Entscheidungsträgern auf Kooperationsentscheidungen gibt.

Für die Rekrutierung und die richtige Zuweisung von Mitarbeitern müssen Unternehmen Wissen über die persönlichen Eigenschaften und Merkmale der Mitarbeiter sammeln, die für die verschiedenen Positionen erforderlich sind. Wenn ein Mitarbeiter starke Beziehungen zu den Kunden hat, droht den Organisationen der Verlust des Mitarbeiters, was schwerwiegende Auswirkungen auf das Beziehungsmanagement mit den Kunden und damit auf die Zusammenarbeit haben kann. Es ist offensichtlich, dass die Zusammenarbeit durch persönliche Beziehungen (in Form der Mitarbeiter) initiiert wird und dass die Interaktion der Mitarbeiter notwendig ist, um Wissen zu akkumulieren, das auf die Firmen-, Dyaden- und Netzwerkebene übertragen werden muss, um die Zusammenarbeit aufrechtzuerhalten. Die Firmen müssen eine Dekodierung des Wissens sicherstellen, um es in „Firmenwissen“ zu transferieren und das Risiko zu verringern, dass das Wissen verloren geht, wenn der Mitarbeiter die Firma verlässt. Die Firma muss also Mechanismen und Prozesse installieren, um das Wissen zu übertragen, zu bewahren, zu sammeln und weiterzuentwickeln. Dies ist nur in Form von „hard facts“, z. B. Prozesswissen, möglich. Darüber hinaus kann die Firma nur das Wissen des firmeninternen Mitarbeiters sammeln, nicht aber das des Gegenübers der kooperierenden Firma. Die Firma kann also nur den eigenen Mitarbeiter „managen“ und nur das „harte Wissen". Immaterielles oder weiches Wissen, z. B. über Humor, Vorlieben, persönliche Geschichten usw., das in einer vertrauensvollen Beziehung zwischen den Mitarbeitern entsteht oder über die Zeit geteilt wird, kann nicht „gemanagt“ werden. Das heißt, der Mitarbeiter sammelt Wissen über die Persönlichkeit, Eigenschaften, Verhaltensaspekte etc. des Gegenübers, die Einfluss auf die Zusammenarbeit haben können.

Der Einfluss des Mitarbeiters (oder der Führungskraft) kann als zwei Seiten einer Medaille gesehen werden. Auf der einen Seite können der Mitarbeiter und seine persönlichen und verhaltensbezogenen Eigenschaften Vorteile für das Weingut darstellen, da stabile und starke Beziehungen aufgebaut und verstärkt werden. Auf der anderen Seite riskiert ein Weingut, den Mitarbeiter zu verlieren, was sich negativ auf die Partner- oder Kundenbeziehungen auswirken kann, wodurch die Ausschöpfung der Potenziale der Kooperation (bspw. Motivation für Qualitätsproduktion sinkt) verringert wird. Organisationen, die eine hohe Mitarbeiterfluktuation haben, tragen das Risiko, dass sich ihre Partner oder Kunden nicht voll auf die Beziehung einlassen, was dazu führt, dass die potenziellen gemeinsamen Gewinne der Zusammenarbeit nicht erreicht werden.

Zusammenfassung

Kooperationen werden in der Weinbranche immer wichtiger und nehmen zu. Entscheidungen, die im Kontext von Kooperationen getroffen werden, werden von persönlichen Beziehungen zwischen den Akteuren beeinflusst. Im Falle von familiengeführten Weinbaubetrieben muss ein Bewusstsein entstehen, dass persönliche Einflüsse der Familienarbeitskräfte möglich sind, die womöglich die optimale Entscheidung verhindern. Es gibt persönliche Einflussfaktoren, die Entscheidungen verstärken oder moderieren. Manche Faktoren spielen eine geringe oder sogar keine Rolle.

Literatur

Aguinis, H. and Bradley, K.J. (2014): Best practice recommendations for designing and implementing experimental vignette methodology studies. Organizational Research Methods, 17(4): 351–371.

Auspurg, K., Hinz, T., Liebig, S., and Sauer, C. (2015): The factorial survey as a method for measuring sensitive issues. In: U. Engel, B. Jann, P. Lynn, A. Scherpenzeel and P. Sturgis (Eds.), Improving Survey Methods. Lessons from recent Research: 137–149. New York: Routledge.

Bitsch, L. (2020): Flexibel bleiben. Der Deutsche Weinbau, 2020(23): 16–18.

Gläser, J., und Laudel, G. (2010): Experteninterviews und qualitative Inhaltsanalyse als Instrumente rekonstruierender Untersuchungen (4. Auflage). Lehrbuch. Wiesbaden: VS Verlag.

Ringle, C.M., Wende, S., and Becker, J.-M. (2015): SmartPLS 3. Bönningstedt: SmartPLS GmbH., from: http://www.smartpls.com.

Rossi, P.H., and Anderson, A.B. (1982): The factorial survey approach: An introduction. In: Rossi, P. and Nock, S. (Ed.), Measuring social judgments: The factorial survey approach: 15–67. Beverly Hills: Sage Publications.

Statistisches Bundesamt (2017): Betriebe mit Weinbau Agrarstrukturerhebung. Downloaded on November 13, 2018, from: https://www.destatis.de/DE/Publikationen/Thematisch/LandForstwirtschaft/Landwirtschaftzaehlung/BetriebeWeinbau2030223169004.pdf?__blob=publicationFile.

Umsetzung der Erlebnisinszenierung im Weintourismus

Von Prof. Dr. Jens Rüdiger
IU Internationale Hochschule – Campus Mannheim
Professur für Tourismusmanagement
jens.ruediger@iu.org

Einleitung

Prof. Dr. Jens Rüdiger

Eine alternative Vermarktungsmöglichkeit von Wein und Generierung von unternehmerischen Zusatzeinnahmen für Weinbaubetriebe und Winzergenossenschaften bietet der Weintourismus. So belegen unterschiedliche Studien, dass sich ein Großteil der deutschen Weingüter und Winzergenossenschaften in diesem Bereich des Kulturtourismus engagieren und unterschiedliche touristische Elemente in ihr Betriebskonzept integriert haben (Rüdiger und Hanf, 2021; Dreyer, 2021). Die Vermarktungsmöglichkeiten für das Produkt Wein, die der Weintourismus bietet, und die Generierung von Zusatzeinnahmen stehen dabei stets im Vordergrund (Rüdiger, 2021). Steigende weintouristische Angebote machen es einzelnen Anbietern zunehmend schwer, sich gegenüber Mitbewerbern zu differenzieren – zumal die Nachfrageseite im wachsenden Markt von Angeboten und Wahlmöglichkeiten auch dem wachsenden Angebot weintouristischer Elemente mit Mehrwert und Erlebnischarakter den Vorzug gibt. Eine Abhebung aus der Masse an Angeboten bietet hier die Möglichkeit der Erlebnisinszenierung von Veranstaltungen im Weintourismus. Konsumenten sind dazu bereit, für ein Erlebnis mehr auszugeben, und Unternehmen, die Erlebnisse anbieten, schaffen es dadurch wiederum, sich von Mitbewerbern zu differenzieren und so höhere Preise zu rechtfertigen (Pine und Gilmore, 2011).

Ziel des Beitrages ist es zu untersuchen, inwieweit die Elemente der Erlebnisinszenierung von Weinbaubetrieben bei der Konzeption und Durchführung von weintouristischen Veranstaltungen operativ implementiert werden. Dafür werden in einem ersten Schritt Gemeinsamkeiten von theoretischen Grundlagen der Erlebnisinszenierung aufgegriffen und auf die Inszenierung von weintouristischen Veranstaltungen angelegt. Dieses Modell diente als Grundlage für eine Expertendiskussion. Auf Grundlage der Expertendiskussion wurde das Modell angeglichen.

Ob die Elemente im entwickelten Modell der Erlebnisinszenierung in der Konzeption von weintouristischen Veranstaltungen Einzug halten, wird durch eine empirische Erhebung bei Weingütern überprüft.

Erlebnisse im Weintourismus

Ein Erlebnis entsteht im Kopf des Erlebenden und setzt sich aus einer sensorischen, einer affektiven, einer kognitiven, einer verhaltensbezogenen und einer sozialen Komponente zusammen, die durch die Deckung menschlicher Grundbedürfnisse ergänzt wird (Schmitt und Mangold, 2005; Musiolik, 2017). Dabei unterscheidet sich ein Erlebnis grundlegend vom Erlebten des Alltages und bleibt durch eine geistige Interaktion lange im Gedächtnis des Subjektes (Schmitt, 2010). Grundsätzlich ist ein Erlebnis mit Gefühlen und Erinnerungen des Individuums verknüpft und wird deshalb als Erlebnis immer subjektiv bewertet (Scheurer, 2003). Trotz der Inhomogenität von Erlebnissen kommt der Erlebnisinszenierung bei der Konzeption von Veranstaltungen eine grundlegende Bedeutung zu. Im Zuge der Digitalisierung und Individualisierung von Veranstaltungen sind Erlebnisse das neue Marketing (Wagner et al., 2019). Im Kern dieser Inszenierung geht es darum, die Angebote so zu gestalten, dass diese als Erlebnis wahrgenommen werden. Weingüter, die es schaffen, ein Erlebnis zu generieren, können sich dadurch nicht nur von Mitbewerbern differenzieren und höhere Preise rechtfertigen, sondern durch den Erlebnischarakter auch die direkte und indirekte Vermarktung ihrer Produkte unterstützen (Rüdiger, 2021).

Erlebnisinszenierung im Weintourismus

Die Tourismusbranche befasst sich seit geraumer Zeit in unterschiedlichsten Forschungsarbeiten mit der Thematik der Erlebnisinszenierung. Dabei basieren diese Forschungsarbeiten und die weitergehende Inszenierung von Veranstaltungen und

Abb. 1: Erlebnisinszenierung im Weintourismus (Quelle: Eigene Darstellung).

Dienstleistungen primär auf den unterschiedlichsten Methoden des Experience Designs (Pine und Gilmore, 2011), des Imagineerings (Sklar, 2010) und der Erlebnisplanung im Tourismus (Müller und Scheurer 2004). In dieser Arbeit wurden hierfür die Gemeinsamkeiten dieser drei Theorien zur Inszenierung von Erlebnissen gegenübergestellt, die Gemeinsamkeiten herausgearbeitet und auf die Planung einer weintouristischen Veranstaltung heruntergebrochen. Die Ergebnisse wurden anschließend mit Experten aus dem Bereich Wissenschaft, Weinbau und Tourismus diskutiert und angeglichen. Abbildung 1 zeigt die herausgearbeiteten Elemente.

Empirische Erhebung

Zur Untersuchung, ob die Elemente im entwickelten Modell der Erlebnisinszenierung in der Konzeption von weintouristischen Veranstaltungen Einzug halten, wurde auf Grundlage dieses Erlebnismodells im Weintourismus ein standardisierter Online-Fragebogen entwickelt und die wichtigsten Punkte des Modells abgefragt.

Bei der Befragung wurden 950 Weingüter und Winzergenossenschaften angeschrieben. Dabei wurde der Fragebogen innerhalb des Befragungszeitraumes insgesamt 465-mal angeklickt und von 293 Teilnehmern begonnen. 28 Befragungen mussten gelöscht werden, da es sich um Abbrecher handelte oder die Antworten lückenhaft waren. 265 Unternehmen nahmen verwertbar an der Befragung teil. Bei der Anzahl der angeschriebenen Weingüter und Winzergenossenschaften entspricht

Tab. 1: Thematische Beteiligung von Weingütern.

Antwortmöglichkeiten	Prozent	Angegebene Themen
Ja, wir stellen unsere Angebote unter individuelle Themen	41,5 %	Kulinarisches Weinerlebnis an Muttertag, Frühling, Wein und Keller, Wein und Natur, Wein und Geschichte, Weinverkostungen bei Sonnenuntergang am See, Spargel und Wein, Käse und Wein, Rock & Wein, Burgunderfest, Osterfeuer, Monatsthemen „Sparkling summer", entsprechend der Jahreszeit, Wein und Spargel, Nachtweinprobe im Weinberg, Wein und Grill, Zwiebelkuchenfest, Wein und Pferd, Wein und Harley, Weinfrühling
Ja, wir beteiligen uns an Themenveranstaltungen aus der Region	25,3 %	Weinfreundschaften, Feinschmeckermesse, Weindate Mittelrhein, Schlemmerwoche im Rheingau, Herbsterlebnis im Rheingau, Hohenloher Weindorf, Saar Riesling Sommer, Mythos Mosel, Tag der offenen Vinotheken, Markgräfler Weinpromenade, Nahe Wandersommer, Angebote der Loreley-Touristik, Wonnegau Picknick, Gutedeltag
Ja, wir stellen unsere Angebote unter saisonal wechselnde Themen	29,5 %	Sommerweinfest, Frühlingsverkostung, Glühwein, Valentinstag, Advent-Herbst, Kürbisbesen, Sommerbesen, Herbstbesen, Weihnachtsmarkt, Frühjahrsprobe, Mandelblüte, Adventsmarkt, Federweißerfest
Nein, unsere Angebote haben keine bestimmten Themen	37,8 %	

dies einem Rücklauf von 27,9 %. Diese Rücklaufquote kann nach Shih und Fan (2008) als zufriedenstellend gewertet werden und entspricht den Erwartungen einer Onlinebefragung, wenn diese ohne Anreize und direkte Ansprache durchgeführt wird. Durch die Filterfrage nach dem Untersuchungsgegenstand wurden weitere 48 Unternehmen aus dem Datensatz gelöscht, da keine touristischen Elemente in das Unternehmen integriert sind. Damit fließen 217 beantwortete Fragebögen in die Auswertung ein.

Aufgrund des engen Zusammenhangs zwischen Angebot und passgenauer Ansprache der Zielgruppe wurden die Weingüter befragt, ob sie ihre weintouristischen Angebote und Dienstleistungen zusätzlich zum eigentlichen Dachthema „Wein“ unter ein bestimmtes Subthema stellen. 41,5 % der Befragten gaben an, ihre weintouristischen Angebote und Dienstleistungen unter individuelle Themen zu stellen. 25,3 % der Weingüter beteiligen sich an Themenveranstaltungen, die durch die Region vorgegeben werden. 29,5 % stellen ihre Angebote und Dienstleistungen unter saisonal wechselnde Themen (die Auflistung der Themen findet sich in Tabelle 1). Hierbei gaben 37,8 % an, keine bestimmten Themen für ihre Angebote aufzugreifen.

In Bezug auf die Besucherlenkung gaben 62,7 % der Weingüter an, ihre Besucher gezielt zu lenken. Dabei steht die mündliche Kommunikation mit dem Besucher bei 57,1 % im Vordergrund (siehe Abb. 2).

Das Wohlfühlmanagement einer Veranstaltung oder Dienstleistung durch den Veranstalter trägt dazu bei, beim Besucher eine positive Wahrnehmung zu erzeugen. Werden diese physiologischen Grundbedürfnisse, Sicherheitsbedürfnisse und sozialen Bedürfnisse jedoch aktiv durch die Weingüter gedeckt? Durch eine Mehrfachauswahl wurden diese verschiedenen Attribute bei der Befragung erhoben. Dabei zeigt sich, dass der Faktor der sozialen Bedürfnisse durch das Ermöglichen von Geselligkeit bei 83,9 % der Weingüter unterstützt wird. Schutz vor Wettereinflüssen bei Außenveranstaltungen bieten 73,7 %, aktive Vermeidung von Überfüllung stellen 52,5 % sicher und 19,4 % haben ein Sicherheitskonzept zum Schutz vor Kriminalität. Physiologische Grundbedürfnisse wie beispielsweise Verpflegungs- und Ruhemöglichkeiten in regelmäßigen Abständen bieten 4,3 % an, Toiletten bei Außenveranstaltungen stellen 51,2 % zur Verfügung.

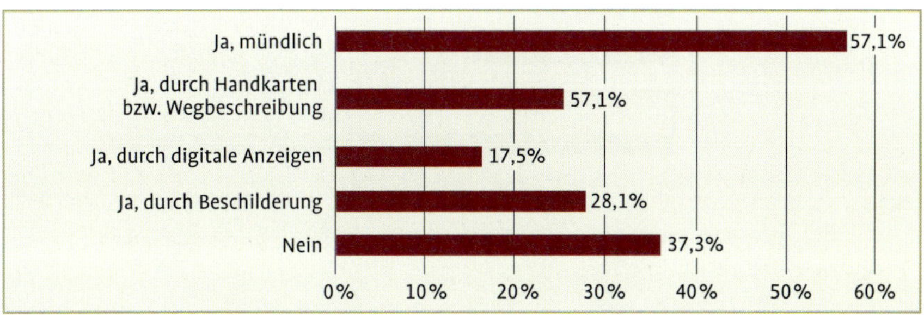

Abb. 2: Besucherlenkung bei weintouristischen Veranstaltungen.

Durch eine Likert-Skala wurden die Anbieter befragt, ob sie aktiv das Erlebnisversprechen aufgreifen und wie wichtig ihnen bei der Planung von weintouristischen Angeboten und Dienstleistungen die Einbindung des Erlebnischarakters ist. 57 % empfinden dies als sehr wichtig, 29 % als wichtig, 12 % als unwichtig und 2 % als sehr unwichtig. Auch die Mitarbeiterschulung war Teil der Befragung. So wurde abgefragt, ob und wie Weingüter ihre Mitarbeiter in Bezug auf das Erlebnisversprechen sensibilisieren. 37,8 % der Betriebe gaben an, gemeinsam mit ihren Mitarbeitern Events von anderen Betrieben zu besuchen, um positive Beispiele aufzuzeigen. 6,5 % gaben an, Schulungen durchzuführen, um die Mitarbeiter dahingehend aufzuklären.

In Bezug auf das Qualitätsmanagement der Weingüter wurde erhoben, ob Weingüter die von ihnen angebotenen weintouristischen Veranstaltungen überprüfen, um daraus in der Konsequenz Verbesserungs- oder Korrekturmaßnahmen einleiten zu können. Analysegegenstand waren dabei die Stärken und Schwächen des weintouristischen Angebots und der Dienstleistung sowie die weitere Konkretisierung dieser Stärken-Schwächen-Analyse. Untersuchungsgegenstand war dabei auch die Erhebung und Konkretisierung der Faktoren des Erfolgs eines Angebots und einer Dienstleistung. In Bezug auf die Stärken-Schwächen-Analyse zeigt sich, dass 71,4 % der Betriebe keine Analyse durchführen. 25,8 % der Betriebe analysieren sowohl die Bereiche Gesamtatmosphäre als auch mit dem gleichen Anteil den Bereich der Mitarbeiter. Potenziale, die durch ein Angebot entstehen, prüfen 24,9 %, Stärken und Schwächen eines Veranstaltungsortes analysieren 20,7 % (Abb. 3).

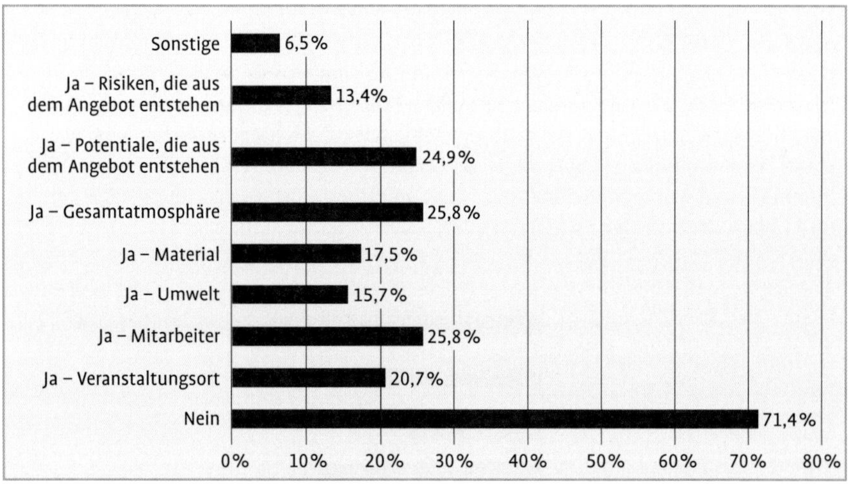

Abb. 3: Analyse von Stärken und Schwächen weintouristischer Veranstaltungen.

Weitergehend wurde gefragt, anhand welcher Faktoren Betriebe den Erfolg eines Angebotes und einer Dienstleistung überprüfen. Hier steht mit 78,8 % das mündliche Feedback im Vordergrund. 65,4 % beurteilen den Erfolg nach der Höhe des erzielten Umsatzes und 47,9 % über den generierten Weinabsatz. Bewertungen auf Social-Media-Kanälen sind für 49,8 % der Betriebe ausschlaggebend. Feedbackrunde im Team, kritische Reflektion im Team nach der Veranstaltung, Veranstaltungscontrolling, persönliches Feedback, Online-Bewertungen, Bewertungen in Portalen, Social-Media-Umfragen, Feedback der Mitarbeiter, Google Bewertung, Teamsitzung bzw. Gespräch mit Mitarbeitern und Besucheranzahl sind weitere Erfolgskontrollen.

Schlussfolgerung

Weintourismus bietet besonders kleinen Betrieben der Branche die Möglichkeit, sich am Markt zu positionieren und die Überlebensfähigkeit zu gewährleisten. Unabhängig von der Betriebsgröße haben Weingüter das Feld des Weintourismus als Vermarktungsmöglichkeit für ihre erzeugten Produkte oder durch Generierung von betrieblichen Zusatzeinnahmen für sich entdeckt (Rüdiger und Hanf, 2021). Um sich in diesem weintouristischen Markt langfristig zu positionieren und zu differenzieren, bedarf es einer Inszenierung von weintouristischen Veranstaltungen, sodass diese einen Erlebnischarakter erfüllen, durch die Inszenierung Profil gewinnen sowie für Kunden einen Mehrwert schaffen. Auf Basis von theoretischen Grundlagen der Erlebnisinszenierung und unter Einbezug von Expertenwissen wurde hierfür ein Modell entwickelt, welches Weinbaubetrieben hilft, die angebotenen Veranstaltungen durch Inszenierung zu Erlebnissen zu machen. Die zu erfüllenden Variablen umfassen dabei: Zielgruppe kennen, individuelles Thema vergeben, Besucherlenkung, Wohlfühlmanagement, dramaturgischen Ablauf festlegen, Sinne ansprechen, Besucher aktiv einbeziehen, Inszenierung prüfen und die Mitarbeiter dahingehend sensibilisieren. In der empirischen Untersuchung wurde aufgezeigt, dass in der Praxis viele Punkte dieses Inszenierungsprozesses nur bedingt in die Konzeption und Umsetzung miteinbezogen werden. Die Stufen der Themenvergabe, Besucherlenkung und einzelne Elemente des Wohlfühlmanagements werden bereits umgesetzt. Weitere elementare Punkte wie die zielgruppenorientierte Veranstaltungsplanung oder Schulung der Mitarbeiter bedürfen entsprechender Sensibilisierung der Akteure. Daher kann insgesamt nur begrenzt von einer Erlebnisinszenierung im deutschen Weintourismus gesprochen werden. Gleichzeitig offenbart dieses Ergebnis ein viel zu hebendes Potenzial für Weingüter und Winzergenossenschaften.

Dreyer, A. (2021): Tourism NOW: Reisen zum Wein: Weintourismus zwischen Reben, Vinotheken und Kultur. UVK Verlagsgesellschaft mbH.

Müller, H. und Scheurer, R. (2004): Angebots-Inszenierung in Tourismus-Destinationen, in: Jahrbuch der Schweizerischen Tourismuswirtschaft IDT, St. Gallen, S. 71–92.

Musiolik, T. H. (2017): Marketing: Mehr Erlebnisversprechen! SW Sozialwirtschaft, 27(4), 34–35.

Pine, B. J. und Gilmore, J. H. (2011): The experience economy: Work is theatre & every business a stage. Boston, MA: Harvard Business School Press.

Rüdiger, J. (2021): Strategische Erfolgsfaktoren von Weinbaubetrieben bei der Integration von touristischen Elementen, Dissertation. Geisenheimer Berichte, Band Nr. 93.

Rüdiger, J., Hanf, J. H. (2021): Die Bedeutung von Weintourismus für deutsche Weingüter In: Brandl S., Berg W., Herntrei M., Steckenbauer GC., Lachmann-Falkner S. (Hrsg.): Tourismus und ländlicher Raum – Innovative Strategien und Instrumente für die Zukunftsgestaltung, Erich Schmidt Verlag, S. 233–242.

Scheurer, R. (2003): Erlebnis-Setting. Touristische Angebotsgestaltung in der Erlebnisökonomie. Dissertation. Bern: Universität Bern.

Schmitt, B. H. und Mangold, M. (2005): Customer Experience Management als zentrale Erfolgsgröße der Markenführung. In: Esch, F.-R. (Hrsg.): Moderne Markenführung. Grundlagen, Innovative Ansätze, Praktische Umsetzungen, 4. Aufl., Wiesbaden, S. 287–303. Gabler Verlag.

Schmitt, B. (2010): Experience marketing: Concepts, frameworks and consumer insights. Foundations and Trends in Marketing, 5(2), 55–112.

Shih, T.-H. und Fan, X. (2008): Comparing Response Rates from Web and Mail Surveys. A Meta-Analysis. Field Methods, Vol. 20(3), S. 249–271.

Sklar, M. (2010): Imagineering – A behind the dreams look at making more magic real. New York: Disney Editions.

Die Bedeutung von resistenten Rebsorten auf dem deutschen Markt – eine qualitative Studie mit Experten aus Produktion und Handel

Von M.Sc. Christoph Kiefer und Prof. Dr. Gergely Szolnoki
Hochschule Geisenheim University
Christoph.Kiefer@hs-gm.de

M.Sc. Christoph Kiefer

Prof. Dr. Gergely Szolnoki

Einleitung

Ein bedeutender Forschungsbereich für die Kupferminimierung im Weinbau ist die Verwendung sogenannter pilzwiderstandsfähiger Rebsorten (Piwi). Bereits in den 1930er-Jahren beschrieb Decker die Entwicklung der Resistenz gegen Falschen und Echten Mehltau als eines der entscheidenden Zuchtziele (Decker, 1934). Erste Züchtungserfolge mit pilzresistenten Rebsorten wurden in den 1980er-Jahren erzielt (Montaigne et al., 2016). Die Weinbaubetriebe erkannten die Vorteile dieser neuen Rebsorten und kultivierten die ersten neuen Sorten auf Versuchsflächen. Die daraus erzeugten Weine waren aufgrund von ungewöhnlichen Aromen des Resistenzpartners weitestgehend ungenießbar (Fuller et al., 2014). Durch die sogenannte „Rückkreuzung" mit europäischen Rebsorten konnte die Qualität deutlich gesteigert werden, sodass nun marktgerechte Piwi-Weine produziert werden können (Montaigne et al., 2016; Sloan et al., 2010).

Obwohl Piwi-Rebsorten den Weingütern ökonomische, ökologische und soziale Vorteile bieten, sind weniger als 3 % der deutschen Gesamtrebfläche mit resistenten Rebsorten bepflanzt (DeStatis, 2020). Andere Weinbauländer wie Frankreich und Italien erzielten zuletzt Züchtungserfolge, aber auch in diesen Ländern ist der Anteil von Piwi-Rebsorten gering (Montaigne et al., 2016). Die Kundenakzeptanz dieser innovativen Rebsorten bleibt trotz der gestiegenen Nachfrage nach nachhaltigen Lebensmitteln weiterhin gering (Willer et al., 2020).

In der vorliegenden Studie werden die Gründe für die mangelnde Marktakzeptanz analysiert. Dazu werden die Wahrnehmungen von Weinproduzierenden und Wiederverkäufer gegenüber resistenten Rebsorten untersucht, um die treibenden Parameter für die mangelnde Marktakzeptanz herauszuarbeiten und Handlungsempfehlungen für die Weinbranche in Deutschland abzuleiten.

Theoretischer Hintergrund

Um der anhaltenden Gefahr durch Peronospora entgegenzuwirken, ist es im ökologischen, aber auch im konventionellen Anbau üblich, Kupferpräparate einzusetzen. Aufgrund der Nachteile von Kupfer als Pflanzenschutzmittel fordern Winzer Alternativen von der Forschung (Hardt und Franzen, 2018). Die Reduzierung von Pflanzenschutzmaßnahmen ist daher ein wichtiger Grund für den Anbau von Piwi-Rebsorten. Dadurch kann außerdem der CO_2-Ausstoß reduziert werden, die Bodenqualität wird gefördert und die Biodiversität kann sich nachhaltig entwickeln (Fleuchaus, 2018). Dies schont nicht nur die Umwelt, sondern führt auch zu wirtschaftlichen Vorteilen. Die Ergebnisse von Fechter et al. (2018) untermauern die Entscheidung für den Anbau von Piwi-Rebsorten vor allem durch wirtschaftliche Gründe, die sich aus der Reduzierung der Pflanzenschutzmaßnahmen ergeben (Fechter et al., 2018). Wenn in der Produktion durch den Einsatz von resistenten Rebsorten auf Pflanzenschutzmaßnahmen verzichtet werden kann, ist die Arbeitszeitreduktion in Steillagen um bis zu einem Drittel höher als in Direktzuganlagen. Dies ist ein wesentlicher Beitrag zum Erhalt der Wirtschaftlichkeit des Steillagenweinbaus und damit zur gewünschten landschaftsästhetischen Funktion dieser Anbauform (Doye et al., 2005; Strub et al., 2021).

Die Neuanpflanzung eines Weinbergs ist eine unternehmerische Entscheidung mit langfristigen Folgen. Pedneault und Provost (2016) führen das Zögern der Winzer auf die Skepsis gegenüber dem Marktpotenzial resistenter Rebsorten zurück. Mit neuartigen Rebsortenbezeichnungen und Weinen mit ungewöhnlichen Geschmacksprofilen sind Piwi-Rebsorten für die Verbraucher Neuland (Pedneault und Provost, 2016). Der hohe Stellenwert „traditioneller“ Rebsorten auf dem deutschen Markt sowie der erhöhte Beratungsaufwand, den pilzresistente Rebsorten mit sich bringen, reduzieren die Marktakzeptanz zusätzlich (Doye et al., 2005; Fechter et al., 2018; Sloan et al., 2010).

Nach Pedneault und Provost (2016) werden daher weitere Studien zur Aufklärung und Kommunikation dieser Rebsorten empfohlen. Mehrere Studien unterstützen diesen Ansatz. Die Studie von Fuentes Espinoza et al. (2018) zeigt, dass die Zahlungsbereitschaft mit zunehmendem Informationsgrad steigt. Auch Mann et al. (2012) stellen fest, dass ein erhöhtes Involvement über die ökologische Erzeugung von Wein die Kaufwahrscheinlichkeit steigert. Auch andere Studien bestätigen den Anstieg der Kaufwahrscheinlichkeit mit Informationen über biologisch produzierten Wein (Fuentes Espinoza et al., 2018; Pomarici et al., 2016). In der Studie von

Pomarici und Vecchio (2019) geben 46 % der Befragten an, dass ihnen die Auswirkungen der Weinproduktion auf die Umwelt wichtig sind. Nesselhauf (2018) zeigt, dass die Verbraucher tendenziell offen für Innovationen aus dem Biosektor sind. Vor allem Verbraucher mit einem hohen Weininteresse sind bereit, Weine aus resistenten Rebsorten zu erwerben. Daher ist es notwendig, die Verbraucher hinsichtlich Nachhaltigkeitsaspekten in der Weinproduktion aufzuklären, um die traditionelle Denkweise zu durchbrechen (Nesselhauf, 2018; Ram und Sheth, 1989).

Laut der Studie von Fechter et al. (2018) liegt die Wiederkaufsrate nach dem ersten Kauf von Piwi-Weinen bereits bei 82,6 %. Das Problem besteht somit darin, den Kunden zum Erstkauf zu leiten. Es wurden bereits verschiedene Lösungsvorschläge entwickelt bzw. Empfehlungen ausgesprochen. Die Kommunikation dieser Piwi-Rebsorten könnte mit Cuvées, Marken (Kauer, 2001; Fechter et al., 2018) oder über Massenmedien (Pomarici und Vecchio, 2019) gelingen. Ram und Sheth (1989) schlagen vor, eine Innovation in eine bekannte Marke zu integrieren, um die Qualität der Marke in den Vordergrund zu stellen und damit das Kaufrisiko zu minimieren. Am „Point of Sale" (POS) gibt es in der Regel weder Beratungs- noch Verkostungsmöglichkeiten, sodass der Kunde bei seiner Kaufentscheidung vor dem Regal weitgehend von Preis, Design oder der Beziehung zum Hersteller beeinflusst wird (Bruwer et al., 2017; Szolnoki et al., 2010; Szolnoki und Hauck, 2020). Sowohl der Geschmack als auch die Hintergrundinformationen können nur bedingt kommuniziert werden. Aus diesem Grund erfolgt der Verkauf von Piwi-Rebsorten in der Regel im Direktvertrieb über das Weingut (Sloan et al., 2010).

Mehrere Studien haben gezeigt, dass die Qualität von Weinen aus Piwi-Rebsorten im Prinzip als gleichwertig mit traditionellen Rebsorten angesehen werden kann (Sloan et al., 2010; González-Centeno et al., 2019; van der Meer und Lévite, 2010; Rousseau et al., 2013). Andererseits zeigen Fuentes Espinoza et al. (2018) eine geringere Zahlungsbereitschaft für Piwi-Rebsorten aufgrund sensorischer Diskrepanzen im Vergleich zu traditionellen Rebsorten.

Wie die vorliegende Literaturrecherche gezeigt hat, gibt es bereits erste Ansätze zu Motivatoren für den Anbau von resistenten Rebsorten und zu den Kaufmotiven sowie den Kaufhemmnissen von Piwi-Rebsorten. Der Einfluss von Weinproduzierenden und Wiederverkäufer auf die fehlende Nachfrage der Konsumenten nach pilzwiderstandsfähigen Rebsorten ist noch weitestgehend ungeklärt. Mit dieser Studie wollen wir diese Lücke schließen, indem wir die Wahrnehmungen der Weinproduzierenden und Wiederverkäufer in Bezug auf pilzwiderstandsfähige Rebsorten analysieren.

Methodik

Die Daten für diese Erhebung wurden mittels einer qualitativen Forschungsmethode erhoben, bei der Experten ausgewählter deutscher Weinbaubetriebe und Weinhändler persönlich oder telefonisch mittels halbstrukturierter Leitfadeninterviews befragt wurden. Die meisten dieser Weingüter waren neben der EU-Bio-Zertifizierung auch Mitglied in Bio-Verbänden wie Bioland, Demeter oder Ecovin.

Leitfäden für die Weinbaubetriebe und den Handel wurden verfasst und an die jeweilige spezifische Rolle auf dem Weinmarkt angepasst. Der Fragenkatalog für die Weingüter umfasste folgende Themen: i) die Motive für die Umstellung auf die Produktion von Piwi-(Wein); ii) spezifische Merkmale hinsichtlich der Herausforderungen bei der Vinifizierung von Piwi-Rebsorten; iii) die Rolle von Piwi auf dem deutschen Weinmarkt. Der Fragenkatalog für den Handel befasste sich mit: i) der Integration von Piwi-Rebsorten ins Sortiment; ii) der Bewertung der Verbraucherakzeptanz von Piwi-Rebsorten; iii) den Implikationen für die Verbreitung von Piwi-Rebsorten. Die Interviews wurden aufgezeichnet, transkribiert und mithilfe einer Inhaltsanalyse ausgewertet.

Befragt wurden 48 Weinbau- und 18 Handelsbetriebe. Die befragten Weingüter variierten nach Standortgröße, Bekanntheitsgrad und Philosophie, die Wiederverkäufer nach Handelsform und Region, um ein heterogenes Bild Deutschlands abzudecken. Tabelle 1 zeigt die Eckdaten der befragten Weinbaubetriebe und Handelsgesellschaften. Um die Anonymität zu wahren, wurden die Namen der Befragten nicht genannt.

Die Rohdaten wurden durch die Aufzeichnung und Transkription aller Interviews erhoben. Die Transkripte wurden anschließend mit MaxQDA induktiv in Kategorien gegliedert. Die Inhaltsanalyse mit induktiver Kategorienbildung wurde zur Auswertung der Interviews verwendet. Der Vorteil einer Inhaltsanalyse ist es, dass das Basismaterial reduziert wird während der wesentliche Inhalt erhalten bleibt und die relevanten Teile des Interviews widergespiegelt werden können (Mayring, 2015).

Tab. 1: Befragte Weinproduzierende und Handelsgesellschaften.

	Anzahl	Größe/Typ	Region
		(Anzahl Weinproduzierende/ Handelsgesellschaften)	(Anzahl Weinproduzierende/ Handelsgesellschaften)
Weinproduzierende	48	≤ 5 ha (16); 5–10 ha (7); 11–20 ha (14); 21–50 ha (6); >50 ha (5)	Baden (7); Pfalz (6); Rheinhessen (5); Mosel (5); Franken (4); Württemberg (4); Rheingau (3); Saale-Unstrut (3); Hessische Bergstraße (3); Nahe (3); Sachsen (2); Mittelrhein (2); Ahr (1)
Handelsgesellschaften	18	Fachhändler (9); Vollsortimenter (3); Discounter (1); Importeure (1); Online-Händler (2); Gastronomie (2)	Lokal (10); National (8)

Ergebnisse

Produzenten

Die Aufnahme von Piwi-Rebsorten in das Rebsortenportfolio ist vor allem auf die Reduzierung des Pflanzenschutzaufwandes zurückzuführen. Als Hauptgrund wurde die daraus resultierende Reduktion von Kupfer genannt. Darüber hinaus sind problematische Standorte (Nähe zu Wohnsiedlungen, Steillagen, pilzanfällige Standorte, kostenintensive Standorte) und die Einsparung von Arbeitszeit entscheidende Gründe, Piwi-Rebsorten anzupflanzen. Der Sortenentscheidungsprozess wird also weitgehend von den Anbauvorteilen, nicht aber von der Marktentwicklung bestimmt. Der Nachhaltigkeitseffekt wird von den Produzenten eher als positiver Nebeneffekt gesehen.

Für viele Winzer ist das Risiko, resistente Rebsorten anzubauen, zu hoch. Diese Einstellung ist vor allem auf die mangelnde Erfahrung mit diesen Rebsorten im An- und Ausbau sowie auf Probleme zurückzuführen, die die Winzer mit der ersten Generation, wie Regent, Bronner oder Johanniter, hatten. Die befragten Weinbaubetriebe wünschen sich einen verstärkten Wissenstransfer durch Forschung, Verbände und untereinander, damit Informationen über diese Rebsorten ausgetauscht werden können.

Etwa die Hälfte der befragten Weingüter beabsichtigt, zukünftig ihre Piwi-Flächen zu erweitern. Nur 7/48 Weingüter wollen die Anbaufläche mit Piwi-Rebsorten reduzieren und auch hier wird vor allem Regent genannt. Nur eines von 20 Weingütern lehnt resistente Rebsorten generell und auch zukünftig ab. Diese Betriebe, die Piwi-Rebsorten ablehnen, sehen eine mangelnde Akzeptanz der Verbraucher für diese neu gezüchteten Rebsorten und fehlende staatliche Anreize, z. B. in Form von Subventionen. Die Vinifizierung von Piwi-Rebsorten wird als überwiegend problemlos beschrieben. 15 von 17 Weinbaubetrieben sehen keine besonderen Herausforderungen im Umgang mit dem Traubenmost von Piwi-Rebsorten. Allerdings ist die Erfahrung für den richtigen Umgang mit dem Most notwendig. Probleme können z. B. durch hohe pH-Werte verursacht werden, die die Qualität des Weins beeinträchtigen können.

Die Vermarktung von Wein aus resistenten Rebsorten ist durch verschiedene Herausforderungen gekennzeichnet. Die Winzer beklagen eine unzureichende Rebsortenkenntnis der Verbraucher, was zu einem erhöhten Kaufrisiko führt. Verstärkt wird dieser Effekt durch die oft unattraktive Rebsortenbezeichnung. Regent, Johanniter oder Bronner sind für den Kunden unattraktiv und können daher nur mit erhöhtem Aufwand seitens der Weingüter zufriedenstellend verkauft werden. Neue Sorten wie Cabernet Blanc, Pinotin und Muscaris sind dem Kunden vertrauter, weil sie auf bereits bekannten Rebsortenbezeichnungen basieren. Da diese Rebsorten erklärungsbedürftig sind, wird Wein aus Piwi-Rebsorten meist direkt vermarktet. Der Verkauf über den Handel erfolgt in der Regel nur im Lebensmitteleinzelhandel mit einem ausgeprägten Weinsortiment oder in Weinfachgeschäften. Für den Großteil des Lebensmitteleinzelhandels sind Piwi-Weine jedoch aufgrund ihrer geringen Marktdurchdringung uninteressant.

Die Eigenschaft der Pilzresistenz von Piwi-Rebsorten und der Begriff „Piwi", der im deutschsprachigen Raum für Piwi-Rebsorten gebräuchlich ist, sind für die Kunden meist zu pragmatisch. Wenn der Kunde die Möglichkeit hat, den Wein zu verkosten, ist der Geschmack eines der wichtigsten Verkaufsargumente. Aus diesem Grund lassen sich Piwi-Weine leichter vermarkten, wenn die Verkostung der Kaufentscheidung vorausgeht und im Rahmen des Direktverkaufs, bei dem die Erzeuger oder das Verkaufspersonal die Eigenschaften der Piwi-Weine erläutern und den Grund für die Arbeit mit Piwi-Rebsorten erklären können. Die Weinbaubetriebe sehen es als ihre Pflicht an, den Bekanntheitsgrad der Rebsorte zu erhöhen. Die Überzeugung der Winzer, die Bereitschaft, Risiken einzugehen, und die Aufklärung über diese neuen Rebsorten werden langfristig eine relevante Verbreitung ermöglichen.

Händler

Die Einzelhändler sehen eine äußerst geringe Verbrauchernachfrage nach Piwi-Weinen, obwohl 2/3 der Befragten die Wettbewerbsfähigkeit von Piwi-Weinen als gleichwertig mit der von traditionellen Sorten einschätzen. Der Effekt des nachhaltigen Anbaus mit resistenten Rebsorten ist für die Verbraucher im Kaufprozess eher ein Randthema. Andere Gründe wie Herkunft, Preis, Geschmack und die Rebsorte sind für die konservativen deutschen Weinkonsumenten wichtigere Kriterien als die Nachhaltigkeit. Zudem sind Piwi-Rebsorten der ersten Züchtungsgeneration unbeliebt und schaden noch immer dem allgemeinen Ruf der neuen Generationen.

Um Piwi-Rebsorten langfristig am Markt zu etablieren, muss die Nachfrage steigen. Um dieses Ziel zu erreichen, sind attraktive Rebsorten für den Handel und damit auch für die Verbraucher notwendig. Attraktive Rebsorten werden vom Handel so definiert, dass sie sich in Bezug auf Weinstil und Bezeichnung an bestehenden Rebsorten orientieren – zumindest im Einstiegspreisniveau. Im Premiumsegment ist ein neuer und außergewöhnlicher Weinstil möglich, der zusätzlich die Qualität des Sortiments erhöhen könnte. Erfolgreiche Beispiele für solche attraktiven Rebsorten sind Muscaris, Cabernet Blanc, Sauvignon Gris oder Satin Noir. Diese Rebsorten ähneln sowohl in ihrem Namen als auch in ihrem Weinstil den gängigen Rebsorten. Außerdem wünschen sich Händler und Gastronomen eine aktivere Haltung der Weingüter gegenüber diesen Rebsorten und eine Steigerung der Qualität und Quantität der Weine aus Piwi-Rebsorten. Besonders der Großhandel ist aufgrund des Kostendrucks des Marktes auf margensensible Produkte angewiesen. Für die Mehrheit der Einzelhändler sind Piwi-Rebsorten uninteressant, was auch bedeutet, dass sie keine Erfahrung mit diesen innovativen Rebsorten haben. Die Verbrauchernachfrage nach Piwi-Rebsorten ist laut dem Handel zu gering, sodass sich viele Einkäufer nur bedingt mit dem Thema beschäftigen. Außerdem ist der Aufwand für die Beratung der Kunden höher als bei traditionellen Rebsorten. All diese Aspekte führen zu einem mangelnden Interesse der Handelsbetriebe gegenüber Piwi-Rebsorten.

Die Vermarktung pilzwiderstandsfähiger Rebsorten unter dem Schirmbegriff „Piwi" ist für die Verbraucher zu pragmatisch und führt zu einer geringeren Akzeptanz. Die Kunden erwarten eine Geschichte hinter dem Wein, eine Geschichte voller Emotionen. Flächendeckende Werbekampagnen sind nach Ansicht des Handels nicht der entscheidende Schlüssel, um Piwi-Rebsorten in der Gesellschaft zu etablieren. Vielmehr sollten es die Weingüter sein, die aktiv für die Rebsorten werben. Die Anzahl der Weingüter, die aktiv für Piwi werben, ist nach Ansicht des Handels der entscheidende Multiplikator, um resistente Rebsorten langfristig am Markt zu etablieren.

Diskussion

Pilzwiderstandsfähige Rebsorten können im Vergleich zu konventionellen Rebsorten erhebliche ökologische und ökonomische Vorteile für Weinproduzierende ergeben. Insbesondere was den Einsatz von Kupfer betrifft. Allerdings ist diesen neuen Rebsorten der Marktdurchbruch bisher nicht gelungen. In dieser Studie werden daher die Gründe untersucht für den bereits erwähnten mangelnden Erfolg und versucht, die Barrieren sowie die Chancen für die Produktion und den Verkauf von Piwi-Weinen zu verstehen.

Für die befragten Weinbaubetriebe ist die Reduzierung der Pflanzenschutzmaßnahmen der wichtigste Grund für den Anbau von resistenten Rebsorten. Diese Reduktion bewirkt eine Vielzahl von ökologischen, ökonomischen und sozialen Nebeneffekten. Nach einer Studie von Doye et al. (2005) ist insbesondere in Steillagen eine Reduzierung der Arbeitszeit um bis zu ca. 30 % möglich. Aufgrund des fortschreitenden Verfalles von Steilhängen (Vollmer, 2013) wären Piwi-Rebsorten somit eine mögliche Lösung, um diesem Trend entgegenzuwirken und somit zum Erhalt eines weinbaulichen Kulturguts beitragen. Die Kostenreduktion könnte auch die Mehrkosten im biologischen Weinbau kompensieren und somit mehr Betriebe zum biologischen Weinbau bewegen. Neben den ökologischen und ökonomischen Gründen sind mehrere der Befragten der Meinung, dass Piwi-Rebsorten auch für Winzer mit risikoreichen oder „ungünstigen" Lagen attraktiv sind. Problematische Lagen sind z. B. Standorte in der Nähe von Wohngebieten oder Naturschutzgebieten. Der Entscheidungsprozess für eine Sorte wird also weitgehend von den Vorteilen des Anbaus bestimmt, nicht aber von dem Marktpotenzial dieser Rebsorten.

Die bedeutendste Herausforderung beim Anbau von Piwi ist die mangelnde Erfahrung der Winzer. Aus diesem Grund wünschen sich die befragten Winzer einen ständigen Erfahrungsaustausch sowohl zwischen den Winzern als auch zwischen Forschenden und Fachpublikum, wie auch bereits in der Studie von Basler und Pfenninger (2003) festgestellt wurde. Ein Informationsaustausch verringert das Risiko von Fehlentscheidungen und erhöht die Akzeptanz mit resistenten Rebsorten. Dieses Risiko ist zudem auf Probleme zurückzuführen, die Winzer mit der ersten Generation von Piwi-Rebsorten hatten. Die Rebsorte Regent wird hierbei oft erwähnt. Dies schafft eine Imagebarriere, die die Anpassung dieser Innovation blockiert (Ram und Sheth, 1989). Im Gegensatz zu den Kreuzungen der ersten Generation sind die neueren Piwi-Generationen geschmacklich nicht von den klassischen europäischen Rebsorten zu unterscheiden, wie mehrere Interviewpartner bestätigen. Allerdings sind Piwi-Rebsorten immer noch mit Vorurteilen behaftet, die aus den oben erwähnten Erfahrungen mit pilzresistenten Rebsorten aus den ersten Generationen resultieren (Doye et al., 2005). Dies wird von den befragten Winzern insofern bestätigt, als die Anbaufläche der PIWI-Rebsorten der ersten Generation zurückgeht, während die Anbaufläche der neueren Generationen zunimmt.

Der entscheidende Faktor, der die Verbreitung von Piwi-Rebsorten verhindert, ist auf die geringe Verbraucherakzeptanz zurückzuführen. Die Verbraucherakzeptanz wird durch die unbekannten und teilweise ungewöhnlichen Rebsortenbezeichnungen negativ beeinflusst. Rebsorten sind ein wichtiges Verkaufsinstrument im Einzelhandel, bei dem die Flasche im Regal meist der einzige Werbeträger ist. Piwi-Rebsorten können nur mit erhöhtem Aufwand seitens der Weinkellereien oder des Einzelhandels zufriedenstellend vermarktet werden. Dies wird durch die Studie von Pedneault und Provost (2016) bestätigt. Eine Lösung sind hybride Rebsortenbezeichnungen, die Teile von bereits bekannten Rebsorten enthalten. Beispiele wären Cabernet Blanc, Cabernet Cortis oder Souvignier Gris. Dies bedeutet, dass die Rebsortenbezeichnungen für den Verbraucher nicht völlig fremd sind, sodass dadurch das Kaufrisiko verringert werden kann. Nach Meinung der befragten Weinbaubetriebe und Händler sind Marken-Cuvées ein mögliches Instrument zur Marktdurchdringung. Besonders erwähnt werden Weißwein-Cuvées mit dem Charakter von gefälligen Sommerweinen. Die Marke sollte im Vordergrund stehen, damit die Rebsortenbezeichnungsproblematik vermieden werden kann. So ist auch eine gewisse Flexibilität bei der Wahl der Rebsorten gegeben, sodass auf Marktveränderungen oder die Dynamik neuerer Generationen pilzresistenter Sorten reagiert werden kann.

Die geringe Marktnachfrage wird zudem durch einen irrelevanten Bekanntheitsgrad der Rebsorten unterstützt. Dem Kunden sind Piwi-Rebsorten und deren Vorteile, die ein relevantes Verkaufsargument darstellen können, nicht bekannt. Der Vorteil des nachhaltigen Anbaus ist nach Expertenmeinung nur ein sekundärer oder gar tertiärer Faktor bei der Kaufentscheidung. Generell ist die Kommunikation der Vorteile der Piwi-Rebsorten mit einem hohen Beratungsaufwand verbunden, den Händler und Weinproduzierende vermeiden wollen, wie Fechter et al. (2018) und Sloan et al. (2010) erläutern. Mit der anhaltenden Präferenz der Kunden für nachhaltig erzeugte Produkte wird dieser Faktor in Zukunft stärker gewichtet werden, sodass die Lücke zwischen Beratungsaufwand und Risikominimierung durch Nachhaltigkeitsaspekte verringert werden kann. Sloan et al. (2010) empfehlen, einen Schirmbegriff für PIWI-Rebsorten als wirksamen Multiplikator für die Vermarktung resistenter Rebsorten zu entwickeln. Nach unseren Erkenntnissen ist der Begriff „Piwi" als Sammelbegriff für pilzwiderstandsfähige Rebsorten für die Verbraucher generell zu „technisch". Sie assoziieren mit Wein ein natürliches Image, in dem der Einsatz von Fungiziden nur einen begrenzten Platz hat. Alternative Begriffe wie nachhaltige oder innovative Rebsorten suggerieren dem Verbraucher ein fortschrittliches Image, wie die Studie gezeigt hat.

Landesweite Werbekampagnen sind nach Ansicht der Experten aus dem Handel nicht der Schlüssel zur Verbreitung von resistenten Rebsorten. Vielmehr sollten die

Weinbaubetriebe aktiv mit Piwi-Rebsorten werben. Nach Ansicht von Weinproduzierenden und Handelsbetrieben sind Weingüter der entscheidende Multiplikator für die erfolgreiche Etablierung von resistenten Rebsorten auf dem Markt. Mit zunehmender Anzahl von Weingütern, die Piwi-Rebsorten anbauen, steigt auch das Angebot und damit die Marktrelevanz. Entscheidend für die Wahrnehmung ist jedoch die Einstellung der Weinbaubetriebe. Bislang gelten Piwi-Rebsorten meist als Sortimentsergänzungen und werden nicht aktiv beworben. Durch eine offensive Förderung könnte ein substanzieller Ruf für diese Rebsorten aufgebaut werden, der ihre Marktrelevanz langfristig festigt, wie auch Doye et al. (2005) feststellten. Es gibt bereits einige Weingüter, die mit Piwi-Rebsorten sehr erfolgreich sind. Dies sind vor allem Weingüter, die mit viel Leidenschaft und Energie hinter ihren Piwi-Rebsorten stehen. Die Überzeugung der Winzer, ihre Risikobereitschaft und der Wissensaustausch werden langfristig eine flächendeckende Verbreitung von Piwi ermöglichen.

Fazit

Mit der Einführung und Verbreitung von pilzresistenten Rebsorten kann der nachhaltige Weinbau weiter gefördert werden. Neben ökologischen Vorteilen wie geringeren CO_2-Emissionen, weniger Bodenverdichtung und der Förderung der Artenvielfalt können mit diesen Rebsorten auch wirtschaftliche und soziale Ziele verfolgt werden.

Während sich der An- und Ausbau dieser Rebsorten für die befragten Winzer als weitgehend unproblematisch erwies, ist die Vermarktung der entscheidende Bereich, weshalb Piwi-Rebsorten bisher nur als Nischenprodukt fungieren. Die Studie deckt entscheidende Herausforderungen auf, denen sich Weinproduzierende und Wiederverkäufer bei der Vermarktung von resistenten Rebsorten stellen müssen. Aufgrund der noch jungen Geschichte und der geringen Anbaufläche sind diese Rebsorten dem Verbraucher weitestgehend unbekannt, was die Kaufentscheidung negativ beeinflusst. Dies resultiert aus dem erhöhten Kaufrisiko aufgrund der mangelnden Kenntnisse über die Vorteile und den Geschmack dieser Rebsorten. Um das Risiko in Zukunft zu minimieren, ist es entscheidend, den Verbraucher über die Vorteile und den Weinstil dieser Rebsorten aufzuklären. Die Überzeugung und aktive Kommunikation der Winzer, eine Steigerung von Qualität und Quantität sowie das Angebot „attraktiver" Rebsorten können die Sichtbarkeit dieser Rebsorten erhöhen und dadurch entscheidende Faktoren darstellen, um eine zukünftige Etablierung von Piwi-Rebsorten auf dem deutschen Markt zu gewährleisten. Sobald die Winzer das Potenzial für den Verkauf von Piwi-Weinen sehen, sind sie möglicherweise offener für den Anbau dieser Sorten. Die Etablierung eines Schirmbegriffs in Verbindung mit einer Marke könnte die Sichtbarkeit der Rebsorten vereinfachen und damit die Marktdurchdringung beschleunigen.

Dieser Artikel liefert erste Ansätze, um die Kluft zwischen dem Angebot der Weinproduzierenden und der mangelnden Verbrauchernachfrage nach Piwi-Wein zu verringern. Da die vorliegende Studie lediglich die qualitativen Standpunkte von Weinproduzierenden und Wiederverkäufer umfasst, besteht der nächste Schritt darin, die Konsumenten in die Analyse miteinzubeziehen. Dabei sollten die Einstellung der Verbraucher zu Piwi-Rebsorten erfasst sowie andere entscheidende Gründe analysiert werden, warum die Verbraucher dem Kauf von Wein aus resistenten Rebsorten weiterhin zurückhaltend gegenüberstehen.

Zusammenfassung

Lediglich ca. 3 % der Gesamtrebfläche ist in Deutschland mit resistenten Rebsorten bepflanzt, obwohl diese Rebsorten zu Vorteilen für die ganzheitliche Nachhaltigkeitsbilanz beitragen können. In dieser Studie wird daher die Akzeptanz von Weinproduzierenden und Wiederverkäufern gegenüber pilzwiderstandsfähigen Rebsorten untersucht. Die Datenbasis wurde mithilfe halbstrukturierter Interviews mit 48 Weinproduzierenden und 18 Wiederverkäufern erhoben und durch eine Inhaltsanalyse ausgewertet. Die Ergebnisse zeigen, dass die Erzeuger ihre Piwi-Rebsorten und deren Vorteile passiv gegenüber den Kunden kommunizieren. Der Handel sieht sich aufgrund unattraktiver Rebsortennamen, eines höheren Beratungsaufwands und eines erhöhten Risikos bei der Kaufentscheidung mit einer geringen aktiven Nachfrage nach Weinen aus Piwi-Rebsorten konfrontiert. Der aktive Erfahrungsaustausch, die Steigerung der Qualität und Quantität und eine erhöhte Verbraucherakzeptanz können langfristig zur Durchdringung des Marktes führen. Eine erhöhte Verbraucherakzeptanz ist aus der Sicht der Experten möglich, wenn diese Rebsorten und deren Vorteile zielgruppenspezifisch aktiv angeboten und kommuniziert werden.

Literatur

Basler, P. and Pfenninger, H. (2003): Disease-Resistant Cultivars as a Solution for Organic Viticulture, Acta Horticulturae No. 603, pp. 681–685.

Bruwer, J., Chrysochou, P. and Lesschaeve, I. (2017): Consumer involvement and knowledge influence on wine choice cue utilisation, Brit. Food J. Vol. 119 No. 4, pp. 830–844.

Decker, K. (1934): Welche Zuchtziele fordert der deutsche Weinbau? Int. J. Plant Breeding Res. 6 (1934), pp. 162–165.

DeStatis (2020): Landwirtschaftliche Bodennutzung – Rebfläche, 3.1.5, Fachserie 3, Wiesbaden.

Doye, E., Hoffmann, C. and Michl, G. (2005): Etablierung eines Anbausystems pilztoleranter Rebsorten für den ökologischen Weinbau: Zusammenfassender Schlussbericht, Az.:18214.

Fechter, C., Sesselmeier, W. and Zill, L. (2018): Akzeptanz neuer Rebsorten bei den Weinkonsumenten: Teilprojekt im Rahmen des internationalen Verbundprojekts Vitifutur, Freiburg.

Fleuchaus, R. (2018): Bei Piwis ist Vermarktung das A und O. Fachtagung an der Hochschule Heilbronn, Der Badische Winzer, 2018, pp. 19–20.

Fuentes Espinoza, A., Hubert, A., Raineau, Y., Franc, C. and Giraud-Héraud, E. (2018): Resistant grape varieties and market acceptance: an evaluation based on experimental economics, OENO One, Vol. 52 No. 3.

Fuller, K. B., Alston, J. M. and Sambucci, O. S. (2014): The value of powdery mildew resistance in grapes: Evidence from California. Wine Economics and Policy, Vol. 3 No. 2, pp. 90–107.

González-Centeno, M. R., Chira, K., Miramont, C., Escudier, J.-L., Samson, A., Salmon, J.-M., Ojeda, H. and Teissedre, P.-L. (2019): Disease Resistant Bouquet Vine Varieties: Assessment of the Phenolic, Aromatic, and Sensory Potential of Their Wines. Biomolecules, Vol. 9 No. 12.

Hardt, C. and Franzen, K. (2018): Forschungsbedarf aus Sicht der Praxis – Winzer: Wissenstransfer rückwärts, Neustadt/Wstr.

Kauer, R. (2001): Ökoweinbau. Mit Qualität zum Erfolg! Ökologie & Landbau 1/2001 (117), pp. 47–49.

Mayring, P. (2015): Qualitative Content Analysis: Theoretical Background and Procedures. In Bikner-Ahsbahs, A., Knipping, C. and Presmeg, N. (Eds.), Approaches to Qualitative Research in Mathematics Education, Advances in Mathematics Education, Springer Netherlands, Dordrecht, pp. 365–380.

Montaigne, E., Coelho, A. and Khefifi, L. (2016): Economic issues and perspectives on innovation in new resistant grapevine varieties in France. Wine Economics and Policy, Vol. 5 No. 2, pp. 73–77.

Nesselhauf, L. (2018): Wine and innovation. Consumer acceptance of new grape varieties and wine packaging, Dissertation, Faculty of Agricultural Sciences, Georg-August-Universität, Göttingen, 09.2018.

Pedneault, K. and Provost, C. (2016): Fungus resistant grape varieties as a suitable alternative for organic wine production: Benefits, limits, and challenges. Scientia Horticulturae, Vol. 208, pp. 57–77.

Pomarici, E., Amato, M. and Vecchio, R. (2016): Environmentally Friendly Wines: A Consumer Segmentation Study. Agriculture and Agricultural Science Procedia, Vol. 8, pp. 534–541.

Pomarici, E. and Vecchio, R. (2019): Will sustainability shape the future wine market? Wine Economics and Policy, Vol. 8 No. 1, pp. 1–4.

Ram, S. and Sheth, J. N. (1989): Consumer Resistance to Innovations: The Marketing Problem and its solutions. J. Consumer Marketing, Vol. 6 No. 2, pp. 5–14.
Rousseau, J., Chanfreau, S. and Bontemps, É. (2013): Les cépages résistants aux maladies cryptogamiques: Panorama européen, Groupe ICV, Lattes.
Sloan, P., Legrand, W. and Krauss, K. (2010): The integration of fungus tolerant vine cultivars in the organic wine industry: the case of German wine producers. Enometrica Macerata EUM, 2008 No. 2, pp. 37–50.
Strub, L., Stoll, M. and Loose, S. M. (2021): The effects of low-input training systems on viticultural costs on flat terrain and steep slope sites. OENO One, Vol. 55 No. 2, pp. 415–429.
Szolnoki, G. and Hauck, K. (2020): Analysis of German wine consumers' preferences for organic and non-organic wines. Brit. Food J., ahead-of-print.
Szolnoki, G., Herrmann, R. and Hoffmann, D. (2010): Origin, Grape Variety or Packaging? Analyzing the Buying Decision for Wine with a Conjoint Experiment. AAWE Working Paper No. 72.
van der Meer, M. and Lévite, D. (2010): Acceptation des vins de cépages résistants par les consommateurs. Revue Suisse de Viticulture Arboriculture Horticulture, 2010, pp. 147–150.
Vollmer, E. (2013): Entwicklung und Bewertung neuer Pflanzenschutzverfahren für den Weinbau in Steillagen. Dissertation, Justus-Liebig-Universität Gießen, Gießen, 2013.
Willer, H., Schlatter, B., Trávníček, J., Kemper, L., Lernoud, J. (Eds.), (2020): The world of organic agriculture: Statistics and emerging trends 2020. IFOAM – Organics International; Research Institute of Organic Agriculture FiBL, Bonn, Frick, Switzerland, 337 pp.

Raumzeitlich hochauflösende Mikroklimadaten zum Ausbau von digitalem Weinbergmanagement

Von Prof. Dr. Andreas Düker
DLR Rheinpfalz – Weincampus Neustadt
andreas.dueker@dlr.rlp.de

Prof. Dr. Andreas Düker

Im Deutschen Weinbau ist die Anzahl der Weinbergbetriebe rückläufig, während die Durchschnittsbetriebsflächen zunehmen. Die kleinparzellierten Flächen eines Betriebs sind dabei weit in der Landschaft verstreut. Administrativ fällt eine jährliche Prüfung der Schlagkartei mit den jeweiligen Behörden und Kontrollstellen an. Eine händische Aktualisierung erfordert oftmals Tage. Auch aus betrieblicher Perspektive ist es nicht einfach, die Arbeit von mehreren Mitarbeitern zu planen und zu koordinieren. Auch der Ausbringungszeitpunkt der Pflanzenschutzmittel ist sehr bedeutend, da es sich hier oftmals um Kontaktmittel handelt und die Ausbringmenge so gering wie möglich sein soll. Dies erfordert präzise abgestimmte Pflanzenschutz-Kampagnen und eine genaue Aufgabenverteilung der Beteiligten. Weiterhin gestaltet sich auch das Training von Außenbetriebs-Mitarbeitern am Arbeitsplatz durch die stark parzellierten Weinberge schwierig. Regulär werden neue Mitarbeiter in bestehende Teams integriert, bis sie die Weinberge ausreichend kennen, um selbstständig arbeiten zu können. Neue Traktorfahrer müssen im Tandem-Prinzip einem ortskundigen Traktorfahrer folgen und die gleichen Weinberge abarbeiten.

Um diesen Problemstellungen zu begegnen, erarbeiteten Pawel Hener vom Bioweingut Heinz Pfaffmann und der Softwareentwickler Kay Kühne (https://krknet.de) ein digitales System mit Kampagnen-Manager und Echtzeitinformation (Live-Tracking). Die Grundlage für das System bildet auch hierbei eine digitale Schlagkartei. Die Aufgabe der Schlagkartei ist es, bestehende Daten zu bereinigen und automatisiert mit offiziellen Geo-Daten und Informationen aus dem FLOrlp und WeinInformationsPortal des Landes Rheinland-Pfalz zusammenzuführen. Darüber hinaus bietet die Schlagkartei die zentrale Dokumentation aller Maßnahmen direkt am Eintrag des jeweiligen Schlages. Aus den bereinigten Daten können exakte Schlagkarten beliebiger Größe erstellt und gedruckt werden. Dies ermöglicht es, mit Farboptionen und Filtern schnell Karten für spezielle Anwendungsfälle zu generieren und mit in den Weinberg zu nehmen. Das Kernstück des Systems bildet letztlich der Kampagnen-Manager, welcher die intuitive Planung von Kampagnen

Abb. 1: Digitales Management im Weinberg mittels Tablet auf dem Traktor (Foto: Kay Kühne, KRK).

wie Pflanzenschutz-Spritzungen auf Basis der Daten aus der Schlagkartei ermöglicht. Aus dem Zusammenspiel mit Tablets in den Traktoren (Abb. 1) ergibt sich eine Arbeits-Fortschrittsanzeige und Übersicht über alle Arbeitsmittel in Echtzeit während der Durchführung der Kampagne.

Eine extra entwickelte App für alle Android-Geräte, die ohne Zusatzequipment genutzt werden kann, fungiert im Grunde als angereichertes Navigationssystem für den Weinbau. Die Fahrer verfügen so unterwegs über freie Navigation mit genauen Karten und eingezeichneten Schlägen und können sehen, welche Weinberge sie noch fahren müssen, welche bereits erledigt sind und welcher Kollege noch welche Weinberge fahren muss. Die App übermittelt ihre aktuelle Position an den Kampagnen-Manager und erlaubt so eine Echtzeit-Nachverfolgung und dynamische Anweisungen (Abb. 2). Aufwendiges Hantieren mit Papierkarten oder Vorfahren unbekannter Gebiete entfällt komplett.

Zusammengefasst erlaubt das System dynamisches Planen sowie eine klare Übersicht zu jedem Zeitpunkt. Dabei werden gezielt auch die Probleme großer Betriebe in der Koordination vieler Mitarbeiter gelöst. Durch die Optimierung von Wegstrecken werden außerdem Kraftstoffverbrauch und Arbeitszeit für bestimmte Arbeitsgänge nicht unerheblich reduziert: So verzeichnet das Weingut Heinz Pfaffmann seit Einführung des Systems eine Verkürzung der Spritzdauer um 10 bis 15 % sowie die damit einhergehenden Kosteneinsparungen für Maschinennutzung, Kraftstoffverbrauch und Arbeitszeit. Weiterführende Einsparungen, u. a. auch im

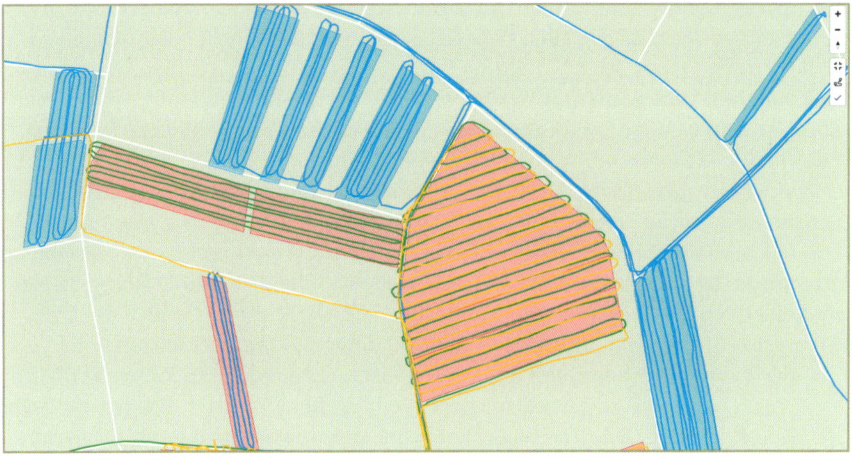

Abb. 2: Digitale Fahrspuren der von den Außendienstmitarbeitern geführten Maschinen (Foto: Kay Kühne, KRK).

Pflanzenschutz, setzten jedoch zunächst die Kenntnis über das jeweilige Mikroklima in den einzelnen Schlägen des Weinguts voraus.

VitiMikroKlim – digitaler Ausbau des Messnetzes der Agrarmeteorologie im Mikroklimabereich

Nach Aussage der Agrarministerkonferenz am 26.09.2019 in Mainz spüren die landwirtschaftlichen Betriebe immer mehr die Folgen des Klimawandels. Durch die Zunahme von Extremwetterereignissen und den daraus resultierenden Schäden an den Kulturpflanzen wird die Wirtschaftskraft der Betriebe deutlich geschmälert. Der Vorsitzende dieser Agrarministerkonferenz, Dr. Volker Wissing, forderte deshalb eine Pflicht, die landwirtschaftlichen Unternehmen in Rheinland-Pfalz bei „ihrem Risiko- und Krisenmanagement“ sowie bei Investitionen zu unterstützen. Die Risiken und Auswirkungen des Klimawandels müssen reduziert werden. Gleichzeitig ist die Anpassungsfähigkeit an den Klimawandel zu stärken. Bezüglich der von der Agrarministerkonferenz benannten Forderungen liefern derzeit genutzte Wetter-Prognosesysteme den rheinland-pfälzischen Winzern jedoch nur unzureichend ortsgenaue Daten, die in schlagspezifische Empfehlungen einfließen könnten.

Es ist den Mitgliedern der operationellen Gruppe (OG) VitiMikroKlim deshalb ein starkes Anliegen, das Weinbaumanagement um den Aspekt des schlagspezifischen Mikroklimas zu ergänzen und künftig zeitlich präziser auf mikroklimaabhängige Schadereignisse und/oder unerwartete Wetterereignisse reagieren zu können. Hierzu haben sich zehn Winzerbetriebe aus ganz Rheinland-Pfalz zusammengeschlossen, um gemeinsam mit dem DLR Rheinpfalz, der RLP AgroScience GmbH, der Technischen Zentralstelle (TZ) Agrarmeteorologie RLP und dem DLR Mosel eine digitale Lösung zum Ausbau des Messnetzes der Agrarmeteorologie RLP zu entwickeln, welche künftig allen Winzern in Rheinland-Pfalz eine dem Klimawandel besser angepasste Bewirtschaftung ihrer Weinbergflächen ermöglichen soll. VitiMikroKlim ist eine Förderung der Entwicklung des ländlichen Raumes durch den „Europäischen Landwirtschaftsfonds für die Entwicklung des ländlichen Raumes" (ELER) – Entwicklungsprogramm „Umweltmaßnahmen, Ländliche Entwicklung, Landwirtschaft, Ernährung" (EULLE) – Europäische Innovationspartnerschaft „Landwirtschaftliche Produktivität und Nachhaltigkeit" (EIP Agri). Zu den Akteuren von VitiMikroKlim zählen Prof. Dr. Andreas Düker (Lead) und Dr. Andreas Kortekamp vom DLR Rheinpfalz, Dr. Matthias Trapp von der RLP AgroScience, Dr. Herwig Köhler vom DLR Rheinhessen-Nahe-Hunsrück, Dr. Matthias Porten vom DLR Mosel, Pawel Hener vom Bioweingut Heinz Pfaffmann, Franziska Minges vom Weingut Marienhof, Alexander Pflüger vom Weingut Pflüger, Gerd Walter Pfaffmann vom Gertrudenhof, Thorsten Krieger vom Weingut Thorsten Krieger, Dr. Peter Crusius vom Weingut Dr. Crusius, Rainer Schneider vom Weingut Stein, Christian Porten vom Weingut Christian Porten, Daniel Regnery vom Weingut Katja und Daniel Regnery und Markus Scholtes vom Weingut Arnold Scholtes.

Die Betriebe der Winzerinnen und Winzer aus Rheinland-Pfalz sind dabei so heterogen aufgestellt wie die im Projekt zu untersuchenden Weinbauflächen. Dies gewährt bereits im Vorfeld ein breites Anwendungsfeld der zu erarbeitenden Technologien. Im Weinanbaugebiet der Pfalz dominieren Flachlagen mit geringer Reliefenergie. Häufig herrscht eine Kaltluftabflussrichtung von West nach Ost vor aufgrund des Einflusses des Pfälzer Waldes als Kaltluftproduzent und des Rheingrabens als lokale Wärmeinsel. Dadurch entstehen öfters Kaltluftseen aufgrund der Mikrotopographie durch die Stauwirkung lokaler Hindernisse. Deshalb dient die Auswahl der Standorte in der Pfalz insbesondere der Erfassung mikroklimatischer Unterschiede innerhalb von Einzelflächen, aber ebenso auch von Flächen in unterschiedlicher Reliefposition. An der Nahe und der Mosel werden insbesondere durch hohe Reliefenergie verursachte mikroklimatische Unterschiede betrachtet. Ziel der OG VitiMikroKlim ist es, durch Nutzung lokaler Sensoren die Abbildung des Mikroklimas zu ermöglichen, welche zum Ausbau des Messnetzes der Agrarmeteorologie RLP im Mikroklimabereich dienen und damit ebenfalls in vorhandene und künftig auch in neu entwickelte Prognosemodelle einfließen können. Letztendlich sollen die Ergebnisse des Projekts über geeignete Infrastrukturen (beispielsweise über das Digitale Agrarportal DAP und die Geobox-Infrastruktur des Landes Rheinland-Pfalz) bereitgestellt werden, wodurch nicht nur Winzer, sondern auch Landwirte sowie Obst- und Gemüsebauern von den Technologien profitieren könnten.

Mustererkennung, Künstliche Intelligenz und raumzeitliche Interpretation von Mikroklimadaten

Die Datenerhebung des Mikroklimas erfolgt mit kostengünstigen und energiesparenden Sensoren. Diese wurden in großer Anzahl in ausgewählten Schlägen der OG-Betriebe verteilt und übertragen die Messwerte per LoRaWAN-Funkprotokoll (Long Range Wide Area Network) verschlüsselt an ein Kommunikationsinterface, das die Messdaten in die Cloud des Dienstleisters „The Things Network“ überträgt. Für weitere Auswertungen werden die Daten in eigene Systeme überführt. LoRaWAN zeichnet sich durch eine hohe Reichweite und geringen Energieverbrauch aus, sodass nur einige wenige Basis-Stationen ausreichen.

Zunächst erfolgt die räumlich hoch aufgelöste Erfassung von Lufttemperatur und Luftfeuchte; vor dem Feldeinsatz werden die Sensoren jeweils mittels der Wetterstationen der Agrar-Meteorologie überprüft und gegebenenfalls angepasst. Zu einem späteren Zeitpunkt kann das Netzwerk dieser Sensoren an ausgewählten Positionen zusätzlich ergänzt werden, um dort auch andere Parameter (beispielsweise Bodentemperatur und -feuchte, Blattnässe, Windgeschwindigkeit und -Richtung) zu erfassen. Die in den Schlägen verteilten Geräte sammeln Daten, die sowohl aus einer gewissen Ungenauigkeit der Sensoren als auch aus den unterschiedlichsten Lagen im Weinberg sowie aus topografischen, die Messwerte beeinflussenden Begebenheiten (Bach, Hecke, etc.) resultieren. Ein paar wenige Sensoren wären nicht ausreichend, um Abweichungen und Ungenauigkeiten zu erfassen und beschreiben zu können beziehungsweise um konstruktionsbedingte Unterschiede auszugleichen. Erst der Einsatz von ausreichend vielen Sensoren im Weinberg, die für den Winzer erschwinglich sein müssen, ermöglicht die Erkennung von Mustern und lässt letztendlich die Entwicklung entsprechender Algorithmen zur Datenauswertung zu (Abb. 3).

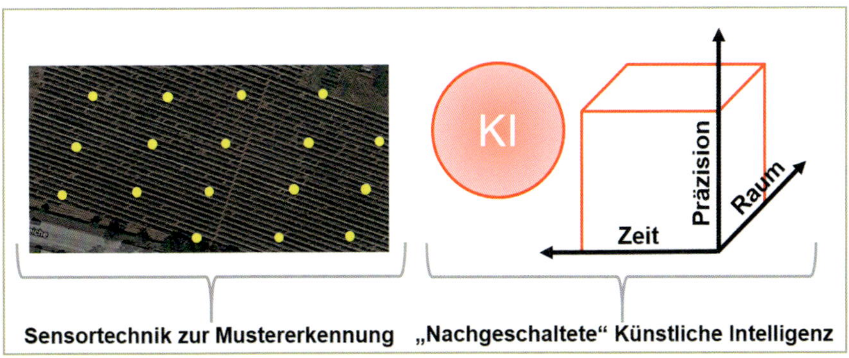

Abb. 3: Zur Mustererkennung von Klimadaten im Weinberg verteilte Sensoren dienen der nachgeschalteten KI als Grundlage zur Entwicklung von Mikroklimamodellen. (Grafik: Prof. Dr. Andreas Düker, DLR Rheinpfalz/Weincampus Neustadt).

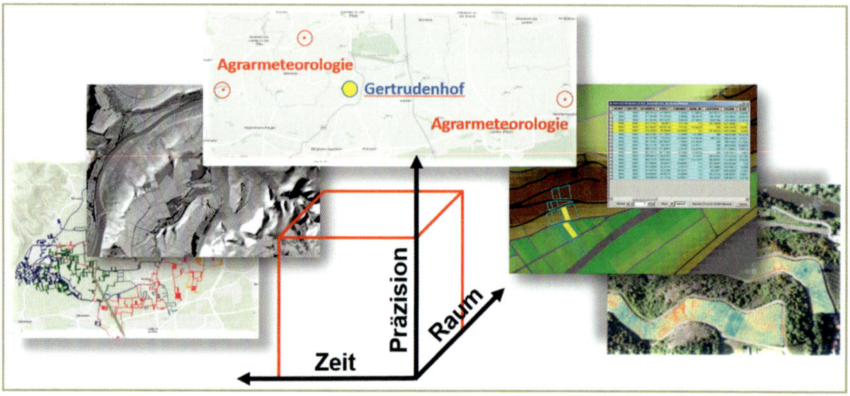

Abb. 4: Exakte Beschreibung des Mikroklimas durch Integration von Geländemodellen, Schlagdaten sowie weinbaulicher und physiologischer Information in die raumzeitliche Interpretation der Temperatur- und Feuchtemuster. (Grafik: Prof. Dr. Andreas Düker, DLR Rheinpfalz/Weincampus Neustadt / Fotos: Kay Kühne, KRK; Matthias Trapp, RLP AgroScience; Fabian Hille, AG Drones).

Mithilfe von Methoden der Geostatistik und des „machine learnings" lassen sich dann die Messergebnisse raumzeitlich interpretieren. Die Integration hochauflösender Geländemodelle, physiologischer und weinbaulicher Untersuchungen und der historischen Schlagdaten sowie die Anpassung der auf Basis der Sensoren generierten raumzeitlichen Muster an höherwertige, in Weinberg-Nähe befindliche Wetterstationen und an das agrarmeteorologische Messnetz erlaubt die Ableitung von Algorithmen, welche das benötigte Mikroklima ausreichend darzustellen vermögen (Abb. 4).

Ebenso wie die Integration von hochauflösenden Geländemodellen und historischen Schlagdaten trägt die Integration von weinbaulichen und physiologischen Untersuchungen zur exakten Beschreibung des Mikroklimas bei. Das Mikroklima eines Weinbergs wird dabei nicht unerheblich durch die Struktur und Physiologie der angepflanzten und bewirtschafteten Reben beeinflusst. Bereits die Ausgangssituation, ob es sich um eine neu angelegte Junganlage oder eine alte Anlage mit langer Standzeit handelt, wirkt sich extrem auf das Mikroklima der jeweiligen Fläche aus. Nicht nur aufgrund der über den Boden ragenden Struktur, die einen Einfluss auf Strahlung und bewegte Luft nimmt, sondern ebenfalls bezüglich der Wasseraufnahmekapazität und der stomatären Verdunstung. Ebenso entscheidend ist die Rebsorte oder die weinbauliche Bewirtschaftung. Eine üppige oder eine lichte Laubwand üben jeweils einen anderen Einfluss auf das zu untersuchende Mikroklima aus. Die Untersuchung der Transpiration lässt nicht nur Rückschlüsse auf die Bodenfeuchtigkeit zu, sondern liefert außerdem wertvolle Daten bezüglich der mikroklimatischen Feuchte.

Chlorophyll- und Carotinoid-Messungen, Messung der PAM-Fluoreszenz sowie das Überfliegen mit multispektralen Kameras geben Rückschlüsse auf den Zustand von Reben, der mit mikroklimatischen Faktoren korreliert und deshalb innerhalb eines von außen homogen wirkenden Schlages stark variieren kann. Die nachgeschaltete künstliche Intelligenz sowie die Anpassung an das agrarmeteorologische Messnetz erübrigen außerdem nach einigen Vegetationsperioden die im Weinberg eingebrachten Temperatur- und Feuchte-Sensoren, welche dann wiederum in anderen Untersuchungsflächen eingesetzt werden können. Die dargestellte Methode nutzt somit die geplante Technik zum digitalen Ausbau des Messnetzes der Agrarmeteorologie RLP im Mikroklima-Bereich, wirkt aber gleichzeitig einer dauerhaften elektronischen Überfrachtung im Weinberg entgegen.

Fazit

Eine feldbasierte Datenerfassung mittels weitvernetzter Sensorik und die sich daraus ableitende Situation vor Ort erlauben somit eine weitreichende Präzisierung des Messnetzes der Agrarmeteorologie RLP und dadurch wiederum die Entwicklung von präziseren, schlagspezifischen Prognosen. Damit wird auch ein bisher ungenutztes Potenzial erschlossen, nicht nur um Bewirtschaftungs- und Logistikprozesse weiter zu optimieren, sondern auch effizienter auf lokale Wetterereignisse zu reagieren und letztendlich, wie vom Vorsitzenden der Agrarministerkonferenz 2019 gefordert, die Risiken und Auswirkungen des Klimawandels zu reduzieren und die Anpassungsfähigkeit an den Klimawandel zu stärken.

Auswirkungen des „sanften" Rebschnittes

Von Dr. Ferdinand Regner, Erich Ferschel, Andreas Rockenbauer und Andreas Endler
HBLA und BA Klosterneuburg, Abteilung Rebenzüchtung, Langenzersdorf
Ferdinand.Regner@weinobst.at

Dr. Ferdinand Regner

Erich Ferschel

Andreas Rockenbauer

Andreas Endler

Der Rebschnitt ist eine alte Kulturtechnik, um den Rebstock in eine gewünschte Form zu bringen, den Wuchs zu steuern und damit Menge und Güte der Ernte festzulegen. Es gilt viele Aspekte beim Schnitt und der Erziehungsform zu berücksichtigen. Ein Faktor, der sich zuletzt doch erheblich geändert hat, ist auch die klimatische Situation. Durch intensive Mechanisierung und mildere Winterbedingungen ist auch die Rebenkrankheit Esca im Vormarsch. Stöcke mit Verletzungen oder großen Schnittwunden können leichter von den dafür verantwortlich gemachten endophytischen Pilzen befallen werden. Um diese Erreger als endogene Pathogene zu verhindern, gibt es einige Vorkehrungen bei der Behandlung von Reben. Vor allem der Verschluss von Wunden bzw. das Vermeiden von großflächiger Wundbildung gehört jedenfalls dazu.

Mit dem sogenannten sanften Rebschnitt wird versucht, möglichst ohne Schnitt ins alte, mehrjährige Rebholz auszukommen. Durch diesen Schnitt – so die Hypothese – kann die Infektionsgefahr gegenüber Endophyten deutlich gesenkt werden. Der sanfte Rebschnitt wurde im vorliegenden Versuch in zwei Versionen umgesetzt. Einerseits wurde ein sanfter Streckerschnitt erprobt, der sehr ähnlich dem heute meistens angewendeten Einbogen- Streckerschnitt ist. Andererseits wurde ein Zapfenschnitt auf altem Kordon verwendet. Der Vergleich dieser drei Varianten ergab, dass der Zapfenschnitt trotz gleicher Augenzahl mehr Triebe am Stock entwickelt. Aber dennoch war der Ertrag geringer als mit den Streckererziehungen. Folglich ist auch die Menge an Trauben pro Trieb geringer. Jedoch die Reife war bei allen drei Varianten ziemlich ähnlich und lässt wenig Spielraum für Qualitätssteigerungen. Tendenziell zeigt der konventionelle Schnitt die geringste Reife und höchsten Säurewerte.

Weine der verschiedenen Schnittmethoden wurden mit unstrukturierter Skala und Rangordnung verkostet. Dabei zeigte sich bei den jungen Weinen eine leicht bessere Beurteilung für die konventionelle Variante. Allerdings bei den gereiften Weinen liegt die Reihenfolge in umgekehrter Reihenfolge vor. Also konnten sich die Weine der sanften Schnittmethoden durch die einjährige Reifung gegenüber der Kontrollvariante steigern. Erst in den späten Standjahren konnte das erste Auftreten von Esca beobachtet werden. Allerdings waren auch die Varianten mit dem sanften Rebschnitt davon betroffen. Das ist im konkreten Fall vielleicht auch der späteren Umstellung der Anlage geschuldet. Tatsächlich war aber das Ausmaß der Esca-Symptom tragenden Stöcke doch erheblich unterschiedlich und die sanften Schnittvarianten zeigten deutlich weniger Befall.

Der Rebschnitt ist vermutlich durch Zufall entstanden. Beruhend auf den Beobachtungen, dass Reben, deren einjähriges Holz stark zurückgefressen wurde, einen intensiveren Austrieb, stärkere Trieb-Dimensionen und größere, aber auch dichtere Trauben bringen. Vor der Einführung des Schnittes wurden die Reben von Haustieren wie Esel oder Ziegen als Futter abgefressen. Schließlich wurde das Ergebnis durch den Schnitt nachvollzogen (Bassermann-Jordan, 1975). Die lange Tradition des Rebschnittes hat sehr viele unterschiedliche Facetten hervorgebracht und wurde an bestimmte Erziehungsformen angepasst. Folglich sind der Stockaufbau und die Kulturform eng verwoben mit dem Schnitt (Decker, 1934).

Die Entwicklung in Österreich erfolgte in mehreren Sprüngen. Der vermutlich markanteste Wechsel erfolgte bei der Umstellung von der niederen Stockkultur zur Lenz-Moser-Hochkultur (Moser, 1966). Während aber noch zu Beginn auch in der Hochkultur vorwiegend ein Zapfenschnitt stattfand, änderte sich das in den späten 70er-Jahren zugunsten des Streckerschnittes. Das Hauptargument war damals die Steigerung der Erträge, weil mehr fruchtbare Augen angeschnitten wurden und weniger basale Knospen zum Einsatz kamen (Ruckenbauer und Traxler, 1983). Im Zuge der Qualitätsoffensive in den späten 80er- und 90er-Jahren wurde der Stockraum verringert, die Stammhöhe abgesenkt und die Augenanzahl beim Schnitt verringert. Damit ergab sich eine geringere Einzelstockbelastung mit höherer Reife der Trauben, aber auch ein besser ausgereiftes Rebholz. Um weitere Qualitätssteigerungen zu erzielen, wurde mit höheren Laubwänden das Blatt-Fruchtverhältnis zugunsten der Laubmasse verändert. Zusätzlich mit einem kurzen Schnitt wurde damit auch der Wuchs angekurbelt (Bauer et al., 2015). Zumindest dort, wo die Wasser- und Nährstoffversorgung ausreichend war, wurde damit ein zu starkes Holzwachstum erzeugt. Die Vitalität in den Weingärten nahm dann auch noch zu, als nur mehr geprüftes und als virusfrei befundenes Material eingesetzt wurde. Die Kombination starker Wuchs und starker Rückschnitt sowie milde Winter und intensivere Mechanisierung schlug sich alsbald in steigenden Fällen von endophytischen Pilz-Problemen nieder. Das Krankheitsbild wird als Esca bezeichnet und hat sich unter den aktuellen Kultur-Bedingungen stark verbreitet (Sauer und Baumann, 2021). Im Zuge der Probleme mit Rebstock-Ausfall in bestehenden Anlagen wurde eine alte Schnitttechnik ausgegraben, die insbesondere verhindert, dass große Wunden im alten Holz entstehen (Simonit und Sirch, 2021). Da dieser sogenannte „sanfte" Rebschnitt eine ziemliche Veränderung in der Bearbeitung und der Physiologie der Rebe bedeutet, sollte abgeklärt werden, welche Veränderungen sich in Hinblick auf Wuchs, Ertrag und Qualität ergeben.

Dabei wurden zwei Varianten des sanften Rebschnittes propagiert. Der einfachere und traditionelle ist der Zapfenschnitt. Dabei sind die Nachteile gegenüber dem Streckerschnitt die geringere Fruchtbarkeit der basalen Augen, die Neigung zur Laubwandverdichtung und eine Anfälligkeit gegenüber Phomopsis (Redl, 1997). Beim Streckerschnitt ist es sicherlich schwieriger, immer den geeigneten Strecker von den dafür vorgesehenen Zapfen zu erhalten. Ohne intensive Laubarbeit ist der sanfte Rebschnitt in Streckerform schwierig bis unmöglich. Wesentlich ist, dass der Wuchs moderat verläuft, aber nicht zu schwach ausfällt. Folglich muss auch der Ertrag an die Leistungsfähigkeit angepasst werden. Jedoch sollte der Rebstock nicht unterfordert werden, weil er dann besonders starke Holzentwicklung zeigt, was wiederum schlecht für den Stockaufbau ist (Ruckenbauer und Traxler, 1983). So erfordert der sanfte Streckerschnitt zusätzlichen Arbeitsaufwand und kann nur von gut eingeschultem Fachpersonal ausgeübt werden.

Versuchsanlage

Der Standort weist einen für das Gebiet typischen Sandstein-Verwitterungsboden mit hohem Tonanteil und mittlerer Sorptionskraft sowie teilweiser Skeletteinlagerung auf. Im verwendeten Quartier ist der Boden seicht und nach 30 cm Tiefe folgt ein sehr skelettreicher Boden. Die bepflanzte Parzelle ist als Südhang mit ca. 40 % Gefälle einzustufen. Die Reihenausrichtung ist Nord-Süd. Die Reben wurden per Spatenpflanzung 2006 gepflanzt und waren demnach zum Zeitpunkt des Versuches zwischen dem neunten und vierzehnten Standjahr. Die einzelnen Abschnitte sind randomisiert und mit Wiederholungen ausgepflanzt. Als Edelsorte war Blauer Burgunder Klon INRA 115 (Galet, 1990) vorhanden. Die Unterlagen Kober 5BB, SO4 und Paulsen 1103 wurden für die Pflanzung verwendet. Der Standraum pro

Abb.1: Sanfter Zapfenschnitt als Prophylaxe gegen Esca.

Stock betrug 3,2 × 1 m, was einer Pflanzdichte von etwa 2800 Stöcken pro Hektar gleichkommt. Das Erziehungssystem entspricht einer mittelhohen Drahtrahmenerziehung, wobei die Stammhöhe bei ca. 70 cm und die Laubwandhöhe bei ca. 130 cm liegen. Im ersten Projektjahr erfolgte nur die Umstellung des Schnittes. Daten wurden erst ab 2016 erhoben. Der normale Rebschnitt erfolgte auf einen Fruchtbogen mit rund zehn Augen. Für die Versuchsfrage wurden alternativ ein Zapfenschnitt (Abb.1) und ein Streckerschnitt ohne große Schnittwunden und mit durchgehender Saftbahn angewandt. Der Weingartenboden wurde über den Winter in jeder zweiten Fahrgasse mit einem Roggen-Wicken-Gemisch begrünt und während der Vegetationszeit der Naturaufwuchs regelmäßig gemulcht. Der Unterstockbereich wurde unter Einsatz von Herbiziden frei von Unkraut gehalten.

Die Laubarbeit beschränkte sich auf Einstricken der Triebe und auf einmaliges Laubschneiden. Insgesamt konnte die Anlage als ausreichend wüchsig eingeschätzt werden. Es erfolgte keine Entblätterung der Traubenzone und keine Traubenreduktion.

Klima

Die Jahres-Durchschnittstemperatur während der Versuchsjahre betrug 11,3 °C bzw. in der Vegetationszeit 16,8 °C. Der Jahresdurchschnitts-Niederschlag der Jahre 2010 bis 2020 betrug 540 mm. Wesentlich für das Weinbauklima vor Ort ist noch die Wind-exponierte Lage im Donautal. Der Pflanzenschutz wurde nach integrierten Richtlinien ausgeführt und es wurden jährlich acht bis neun Applikationen getätigt.

Weinbauliche Beurteilung

Die drei Schnittvarianten waren mit 20 Wiederholungen gepflanzt. Damit konnte ausreichend auf repräsentative Stöcke zurückgegriffen werden. Es wurde die Anzahl von Trieben und Trauben erhoben. Einerseits sollte keine Reduktion im Ertrag erfolgen, um die tatsächlichen Ergebnisse zu erhalten. Andererseits neigte die Anlage zu moderaten Erträgen, sodass ein physiologisches Gleichgewicht erreicht werden konnte. Das Erntegut wurde verwogen und auf den Befall von Botrytis untersucht. Der Most wurde auf Zucker, Säure und pH-Wert analysiert. Zuletzt wurde das Ertragsverhalten und die Reife beurteilt. Die Gesundheitsbonitur war fokussiert auf das Auftreten von Esca und anderen pfropfübertragbaren Krankheiten. Während Esca erst im letzten Versuchsjahr festgestellt werden konnte, wurde die Anlage stark von Phytoplasmen übertragenden Zikaden befallen und damit einige Stöcke mit Stolbur infiziert. Jedoch wurden symptomatische Stöcke aus der Auswertung herausgenommen. Die Vinifikation jeder Schnittvariante erfolgte aus einer Traubenmischung von mehreren Stöcken, um repräsentativ zu sein.

Sensorische Prüfung

Die Weine für den Methodenvergleich wurden nach einem standardisierten Verfahren in identer Weise hergestellt. Es wurde mit Reinzuchthefe überwiegend reduktiv gearbeitet und es wurde eine Maischegärung durchgeführt. Die Gärtemperatur konnte nicht eingestellt werden und nach Gärende wurde der Abstich kühl in Glasballons aufbewahrt. Vor der Verkostung wurde der Wein über Schichtenfilter blank filtriert. Jeder Wein wurde wiederholt vorgelegt und mittels einer unstrukturierten Skala (Weiss und Zenz, 1989) bestimmte Erkennungsmerkmale wie z. B. Fruchtigkeit, Farbe, Extrakt und Gesamteindruck beurteilt. Als zweites Beurteilungsschema wurde eine Rangreihung der Weine vorgenommen. Dabei wurden sechs Weine von den drei Schnittvarianten nach ihrer Gesamtgüte bewertet. Damit können Unterschiede, die zwar wahrnehmbar sind, aber nicht exakt definierbar sind, in die Beurteilung einbezogen werden. Damit aus einem subjektiven Urteil ein annähernd objektives wird, wurden die Verkostungen mittels einer achtköpfigen Kostkommission durchgeführt. Die analytische Weinqualität wurde nur grob erhoben. Die Analyse der Standard-Parameter wie Alkohol, Zucker und Säure wurde mit dem FTIR ausgeführt.

Die Boniturarbeiten wurden in den Jahren 2016 bis 2020 durchgeführt. Die Variante A mit dem konventionellen Streckerschnitt wird verglichen mit den zwei sanften Schnittmethoden Variante B Zapfenschnitt und C Streckerschnitt. Es wurde zwar auf die gleiche Augenanzahl geschnitten aber dennoch zeigte der Zapfenschnitt in fast allen Jahren eine höhere Anzahl an Trieben im Vergleich zu den beiden Strecker-Schnittverfahren (Abb. 2). Die beiden Streckersysteme verhielten sich dabei im Wesentlichen gleich. Ähnlich verhielt sich die Situation mit der Anzahl an Trauben pro Stock. Dabei verringerte sich aber der Unterschied zwischen Zapfen- und Streckerschnitt (Abb. 3).

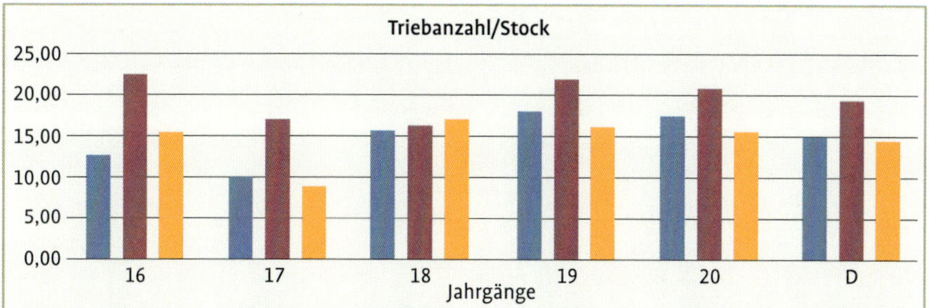

	16	17	18	19	20	D
A	13,08	10,20	15,85	17,65	17,4	14,83
B	22,38	17,11	16,03	21,89	20,6	19,60
C	15,38	9,50	16,81	16,03	15,5	14,64

Abb. 2: Die Variante B (Zapfenschnitt) zeigt in vielen Jahren die stärkste Triebentwicklung (Anzahl an Trieben) pro Stock. Jahrgänge 2016 bis 2020 und (D) Durchschnitt der Jahre.

Diese Verringerung zeigt sich dann auch in der Anzahl der Trauben pro Trieb wieder. Der Zapfenschnitt liegt da deutlich hinter den beiden Streckerschnitt-Varianten. Das bedeutet, dass die Fruchtbarkeit der Knospen abnimmt, wenn der Stock mit dem Zapfenschnitt geschnitten wird (Abb. 4). Dies ist nicht ungewöhnlich und wurde immer wieder als Argument gegen einen Zapfenschnitt angeführt. Obwohl die Anzahl an Trauben beim Zapfenschnitt größer ist, fällt diese Variante beim Ertrag hinter die beiden Strecker-Varianten zurück (Abb. 5). Also sind daher auch die Trauben kleiner und leichter als jene der Strecker-Varianten. Ermittelt wurden auch die Reifedaten, die dann den Unterschied vom Ertrag nicht im selben Ausmaß als Reifzugewinn erkennen lassen. Der Zapfenschnitt liegt bei den

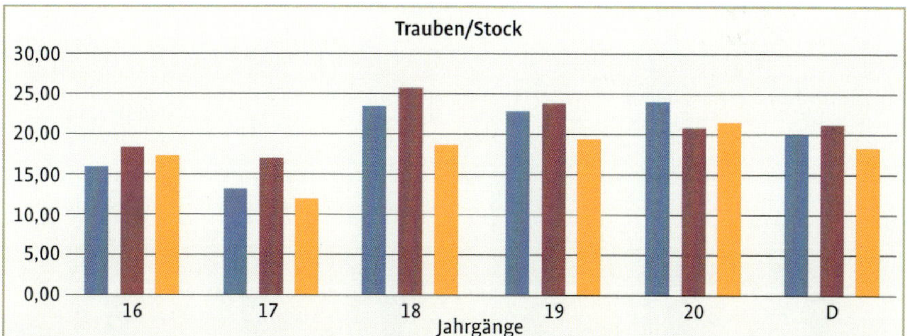

	16	17	18	19	20	D
A	16,15	12,95	23,90	22,8	23,7	19,90
B	18,43	16,78	25,54	23,81	21	21,11
C	17,43	12,13	19,14	19,78	21,6	18,01

Abb. 3: Die Anzahl an Trauben pro Rebstock war beim Zapfenschnitt (Variante B) höher als bei den beiden Streckerschnitt-Methoden. Der konventionelle Schnitt erbrachte mehr Trauben als der sanfte Strecker. Jahrgänge 2016 bis 2020 und (D) Durchschnitt der Jahre.

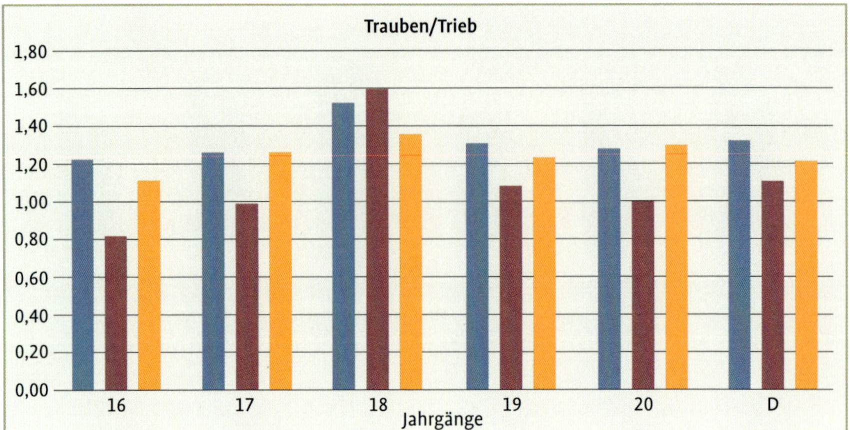

	16	17	18	19	20	D
A	1,24	1,29	1,51	1,29	1,3	1,32
B	0,82	0,98	1,59	1,09	1	1,10
C	1,14	1,27	1,14	1,23	1,3	1,22

Abb. 4: Bei der Anzahl Trauben pro Trieb war der Zapfenschnitt (Variante B) abgesehen von einem Jahrgang (18) immer dem Streckerschnitt unterlegen. Der sanfte Strecker zeigte in der Regel auch weniger Trauben als der herkömmliche Strecker. Jahrgänge 2016 bis 2020 und (D) Durchschnitt der Jahre.

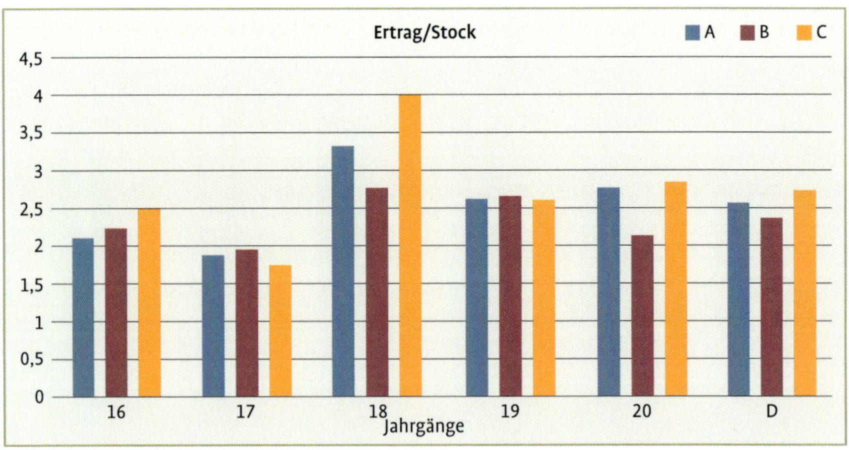

Abb. 5: Der Ertrag pro Stock in kg unterscheidet sich im mehrjährigen Schnitt nur gering. Jeder Einzelwert beruht auf 15 ausgewogenen Stöcken. Jahrgänge 2016 bis 2020 und (D) Durchschnitt der Jahre.

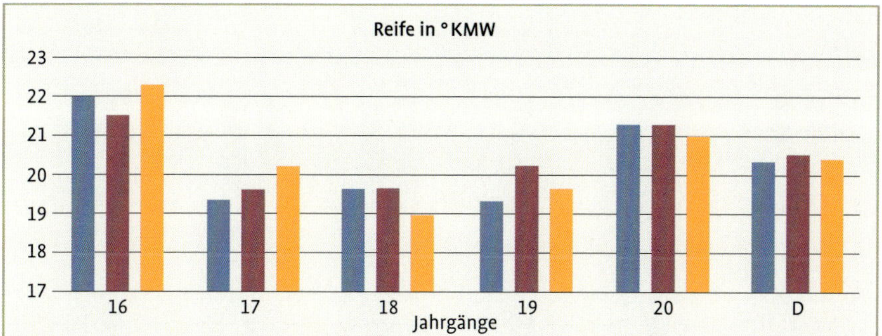

	16	17	18	19	20	D
A	22	19,3	19,75	19,3	21,25	20,32
B	21,5	19,7	19,75	20,2	21,25	20,48
C	22,25	20,2	19	19,7	21	20,43

Abb. 6: Bei der Reife kommt tendenziell der geringere Ertrag des Zapfenschnittes (Variante B) in Form von höherer Dichte zum Vorschein. Generell waren nur geringe Unterschiede vorhanden. Jahrgänge 2016 bis 2020 und (D) Durchschnitt der Jahre.

Mostgradationen vor den beiden Streckerschnitt- Varianten. Ein abgesicherter Unterschied besteht nicht. Die Säure bei der Ernte (Gesamtsäure in g/L) ist beim konventionellen Streckerschnitt über die Jahre gesehen am höchsten (Tab. 1). Auch bei der Säure sind die Werte nicht signifikant zu unterscheiden.

Die Trauben wurden in den Jahren 2016 bis 2020 auch zu Wein verarbeitet. Dabei kam eine Maischegärung im Mikromaßstab zum Einsatz. Die Weine wurden mittels FTIR analysiert (Abb. 6) und kommissionell verkostet. Da sich die Jungweine im Winter nach der Ernte noch unharmonisch zeigten, wurde eine zweite Verkostung nach einem Jahr Flaschenreife durchgeführt. Die Weine wurden bei der gereiften Variante besser beurteilt als bei der Jungwein-Verkostung. Während beim jungen Wein keine nennenswerten Unterschiede in der Gesamtbeurteilung zu Tag traten (Abb. 7), wurden die Unterschiede durch die Flaschenreifung deutlicher. So

Tab. 1: Säuregehalt der Moste in Gesamtsäure g/L für die Jahrgänge von 2016 bis 2020 und im Durchschnitt. Variante A = Kontrolle, B = Zapfenschnitt und C = Sanfter Streckerschnitt.

Jahrgang	A	B	C
2016	7,3	7,1	7,15
2017	5,9	5,6	5,9
2018	4,65	4,7	4,9
2019	5,9	5,8	5,6
2020	8,95	8,55	8,35
Durchschnitt	6,54	6,35	6,38

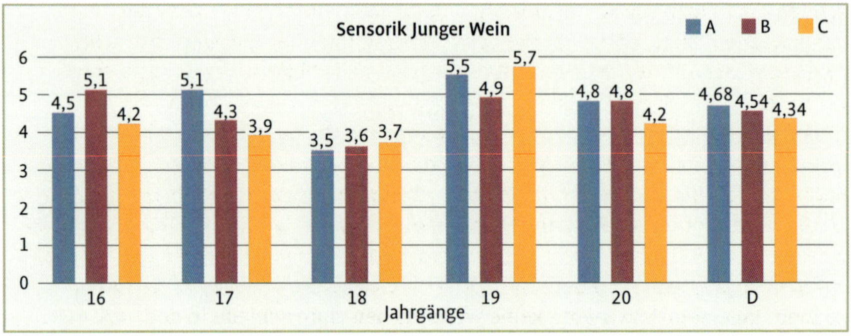

Abb. 7: Sensorik von BB Weinen. Gesamtbeurteilung als Akzeptanz mit unstrukturierter Skala und einem Maximalwert von 10. Die Beurteilung liegt folglich unterdurchschnittlich und unter den Werten von gereiften Weinen (siehe Abb. 7). Jahrgänge 2016 bis 2020 und (D) Durchschnitt der Jahrgänge.

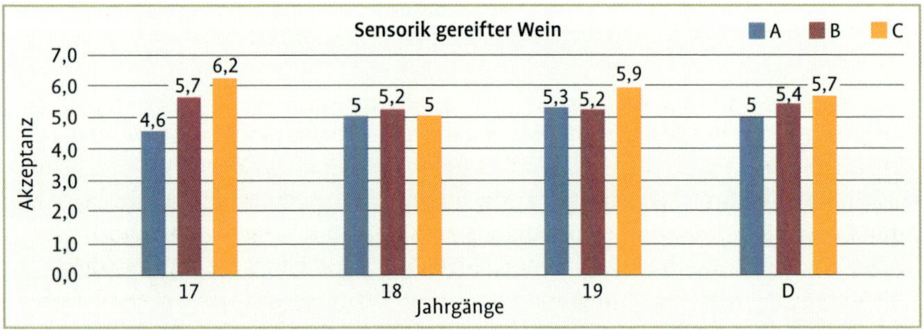

Abb. 8: Sensorik von BB Weinen. Gesamtbeurteilung als Akzeptanz mit unstrukturierter Skala und einem Maximalwert von 10. Die Beurteilung gereifter Weine aus dem sanften Rebschnitt (Variante C) liegt höher als die der Vergleichsproben.

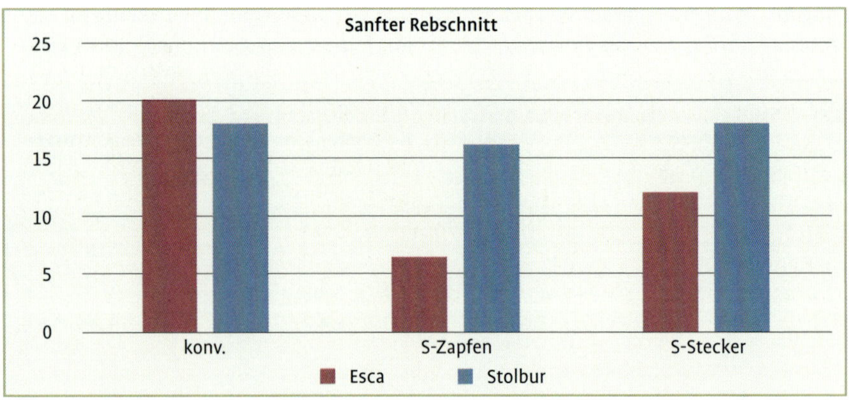

Abb. 9: Auftreten von Esca- und Stolbur-Stöcken in der Versuchsanlage. Stolbur ist annähernd gleich verteilt, während Esca in den sanften Schnittvarianten seltener aufritt.

zeigten die beiden sanften Schnitttechniken einen Vorteil gegenüber dem konventionellen Schnitt (Abb. 8). Die beste Beurteilung über die Jahre betrachtet zeigte der sanfte Streckerschnitt. Allerdings war die Verkostung der gereiften Weine nicht im selben Ausmaß möglich wie die Verkostung der Jungweine.

Die Bonitur auf Gesundheit der Stöcke ergab in den ersten Jahren keine Belastung durch Pathogene. Im Jahr 2018 wurde ausgehend von Wespenbefall eine Botrytis-Infektion festgestellt, die aber in allen drei Varianten gleich auftrat. Ab 2019 traten Stöcke mit Stolbur-Befall auf, die zwar aus der Bewertung genommen wurden, aber 2020 zunahmen. Die gute und warme Lage wirkte scheinbar attraktiv auf die übertragenden Zikaden. Seit 2020 gab es auch erste Esca-Stöcke zu erkennen. Im ersten Jahr waren keine wesentlichen Unterschiede in den Varianten erkennbar. Während der konventionelle Schnitt drei befallene Stöcke ergab, wurden bei den sanften Verfahren jeweils 2 Esca-Stöcke aufgefunden. Im Folgejahr klaffte der Befall mit Esca-Stöcken deutlich auseinander (Abb. 9). Aufgrund dieser Daten kann eine Esca-Abschwächung durch den sanften Rebschnitt bestätigt werden.

Fazit

Der Rebschnitt ist eine wichtige Maßnahme in der Bearbeitung der Rebe und folglich werden Einfluss auf Wuchs, Ertrag, Reife und Qualität möglich. In den letzten Jahren wurde der Arbeitsaufwand beim Rebschnitt durch Maschineneinsatz reduziert. Während sich der Zeitaufwand verringern ließ, hat sich aber durch das massive Auftreten von Esca in älteren Anlagen der Wunsch nach Vermeidungsstrategien ergeben. Die Methode von Simonit und Sirch vermeidet Schnittwunden im mehrjährigen Rebholz. Voraussetzung für das Gelingen dieser Schnitttechnik ist ein moderater Wuchs und eine intensivierte Laubarbeit. In der vorliegenden Arbeit ergaben sich größere Unterschiede vor allem dort, wo auf Zapfenschnitt umgestellt wurde. Da die basalen Knospen eine geringere Fruchtbarkeit haben, wurde weniger Ertrag erzielt. Die Weinqualität wurde durch den sanften Rebschnitt nicht benachteiligt. Die reifen Weine wurden von beiden sanften Varianten besser bewertet als bei der konventionellen Schnitt-Methode. Wir konnten in unserem Versuch kein erhöhtes Aufkommen von Pilzinfektionen erkennen. Der Zapfenschnitt wäre besonders vorteilhaft für einen starken maschinellen Vorschnitt, sodass damit auch eine erhebliche Reduktion an Arbeitszeit erreichbar ist. Was das Auftreten von Esca betrifft, konnte eine eindeutige Unterscheidung der Varianten wahrgenommen werden. Ein Vermeiden eines Befalles mit Esca ist aufgrund der Schnittführung nicht möglich gewesen. Dies könnte aber auch darauf beruhen, dass die Anlage erst zu einem späteren Zeitpunkt auf die spezielle Schnittführung umgestellt wurde.

Literatur

Bassermann-Jordan, F. (1975): Geschichte des Weinbaus, 3. Auflage. Pfälzische Verlagsanstalt GmbH. Neustadt an der Weinstraße. Vol 2:362–416.

Bauer, K., Regner, F. und Friedrich B. (2015): Weinbau, AV Fachbuch, 12. Auflage – Cadmos Verlag

Decker, K. A. (1934): Rebenanerkennung oder zuchtweise Leistungsprüfung. Der Deutsche Weinbau 13:3–5.

Galet, P. (1990): Cépages et Vignobles de France. Tome II L'Ampelographie francaise. 2nd edition. Imprimerie Charles Dehan, Montpellier.

Moser Lenz (1966): Weinbau einmal anders. Österr. Agrarverlag

Redl, H. (1997): Phomopsis – 1996 erstmals auch in Österreich weit verbreitet starkes Auftreten. Der Winzer 4: 17–21.

Ruckenbauer, W. und Traxler, H. (1983): Weinbau heute. Handbuch für Beratung, Schule und Praxis. Graz: L. Stocker Verlag

Sauer, E. und A. Baumann (2021): Schneiden statt Schnippeln, Anmerkungen zum Rebschnitt. Weinbauring Franken e. V. www.lwg.bayern.de/mam/cms06/weinbau/dateien/2_schneiden_statt_schnippeln.pdf Scholz, A. (1983): Der Einfluss von Boden, Unterlage und Klima auf den Ertrag und die Qualität bei Riesling Klon 239Gm. Inaugural Dissertation Rheinische Fr.-Wilhelms Universität Bonn.

Simonit et Sirch https://simonitesirch.de/, www.italianwinechronicle.com/technique-of-simonit-sirch

Weiss, J. and H. Zenz (1989): Reduction of panel variances by a simple two step normalization procedure for graphical line scale. Acta Alimentaria 18:313–323.

In vino veritas? Weinproduktion und Weinfälschung in Russland im ausgehenden 19. und frühen 20. Jahrhundert

Von Prof. Dr. Lutz Häfner
Fakultät für Geschichtswissenschaft, Universität Bielefeld
Lutz.haefner@uni-bielefeld.de

Prof. Dr. Lutz Häfner

„Ich erinnere mich jetzt nicht mehr zuverlässig, wer uns als erster mit der erfreulichen Mitteilung beglückte, dass es in Russland fast überhaupt keinen reinen Wein gibt und dass fast alle Weine, die bei uns in beeindruckender Menge konsumiert werden – alle diese Rieslinge, Lafite, Portweine und Sherrys – sich als nichts anderes erweisen als Produkte ungehemmter und lupenreiner Fälschung. Wer der Pionier dieser sensationellen Entdeckung war, lässt sich nunmehr schwerlich sagen. Wichtig ist das Faktum, dass sie ein unverzügliches Gewitter der Gesellschaft und Presse hervorrief und … noch größerer Weinfälschung“ (L. 1894, 2). Diesen Artikel einer Moskauer wirtschaftsnahen Tageszeitung ergänzte acht Jahre später der Wissenschaftsjournalist L. K. Popov im auflagenstarken, konservativen St. Petersburger *Novoe Vremja* wie folgt: „Die Weinverfälschung hat bekanntlich jetzt ihr Apogäum erreicht. Alle möglichen Fälschungen überschwemmen den Markt und verdrängen das natürliche Produkt. Es scheint, als ob die Zeit angebrochen sei, in der selbst die Winzer begreifen, in welchen Abgrund sie die artifizielle Produktion aller möglichen Mixturen mit wohlklingenden Namen à la Lafite, d'Yquem etc. geführt haben […]“ (Ėl'pe 1902, 2).

Weinfälschungen waren weder ein Phänomen des 19. Jahrhunderts, weil schon die Antike sie kannte, noch ein genuin russländisches Problem (Blauberg 1894, 271; Kanšin 1885, 278). Neu war allerdings, dass sich die Öffentlichkeit des Zarenreichs seit etwa der Mitte der 1860er-Jahre ihrer annahm und intensiv erörterte. Wissenschaftliche Foren und Presse forderten eine Regulierungstätigkeit des Staates, der auf gesetzgeberischem Weg und mit schärferen, strafrechtlichen Bestimmungen Lebensmittelsicherheit, Verbraucherschutz und Volksgesundheit reichsweit garantieren sollte (Archipov 1887, 86–89; Blauberg 1894, XIVf.). Es galt, Wein zu definieren, die zulässigen Kellertechniken und verbotenen Verfahren zu benennen, Grenzwerte und zugleich einen Strafenkatalog zu formulieren, um Verbraucher wie ehrliche Produzenten gleichermaßen zu schützen (RGIA 398/62/8 [razrjad 3]/69ob). Weil der zarische Staat entgegen seinen sonstigen Gepflogenheiten, alles regeln zu wollen, erst im April 1914 ein Weingesetz verabschiedete, waren Fälschern bis dahin keine Grenzen gesetzt, wohl aber denen, die sie bekämpften (DĖV 1911, 651). Der taurische Winzer N. D. Černov (1900, 269) charakterisierte diese Lage pointiert: „Dank der vollen Freiheit der Falsifikation, anders gesagt – ihrer indirekten Erlaubnis – herrscht sie auf dem Weinmarkt."

Der Beitrag setzt sich zum Ziel, Wesen und Wirkungen der Weinfälschung auf die Produzenten, den Handel, die Konsumenten, die Gesellschaft und staatliches Nichthandeln über ein knappes halbes Jahrhundert vor der Februarrevolution 1917 zu beleuchten. In das durch die staatliche Inaktivität geschaffene, ordnungspolitische Vakuum stießen zum einen – so die hier vertretene These – „private" Normierungsinitiativen, die von individuellen, aber auch kollektiven gesellschaftlichen Akteuren wie Naturwissenschaftlern, Juristen, Ärzten, Önologen und auch Winzern ausgingen. Zum andern waren es Organe der lokalen Selbstverwaltung, die auf dem Verordnungswege eine Kontrolle über Lebensmittelproduktion, -handel und -hygiene sowie in Ansätzen auch den Verbraucherschutz zu gewährleisten versuchten.

Die Weinfälschung und ihre Industrie

Schon in den 1850er-Jahren fanden sich Weinhändler, die billige Weine Bessarabiens, des Terek- und Dongebiets als „ausländische" Produkte verkauften (Šachnazarov 1916[2], 3). Im Dongebiet etablierte sich u. a. in Novočerkassk und Rostov eine schnell wachsende Fälscherbranche. Sie war darauf spezialisiert, im Gebiet um Cymljansk auf reichen, kalkhaltigen Böden mit französischen Reben „Champagner" zu produzieren, ohne dabei aber die Verwendung von Kohlensäure und Zucker zu scheuen (Šachnazarov 1916[2], 4).

S. I. Gulišambarov, ein hochrangiger Finanzbeamter, untersuchte zu Beginn der 1890er-Jahre Transport und Vermarktung russländischen Weins. Seine Auswertung der russischen Eisenbahnstatistik ergab, dass alljährlich zwischen 1891 und 1896 80.000–100.000 hl Wein nach Moskau transportiert wurden. Eine Million Moskauer tranken insgesamt gut 26.000 hl Wein, also nicht einmal 3 L pro Kopf und Jahr. Gleichwohl wurden p. a. aus Moskau zwischen 110.000–130.000 hl abtransportiert. 1896 überstieg die aus Moskau abtransportierte Menge die Anlieferungen um 46.683 hl bzw. 63,41 % (Černyšev 1900, 11f.). Die Differenz entfiel, wie die Tageszeitung *Novoe Vremja* süffisant kommentierte, vor allem auf das dreckige Wasser der Moskva und Jauza, das die Fälscher in Fässer pumpten, *„um Sherry zu madeirisieren"* (Kursiv im Orig., LH) (Gulišambarov 1893, 9; Novosel'skij 1901, 1212 [Zitat]; Ėl'pe 1902, 3). Aufgrund seiner Produktionspalette, die international renommierte Rheinweine, Burgunder, Bordeaux vom Château Lafite bis Château d'Yquem, aber auch Champagner, Cognac, Sherry, Portwein oder Madeira umfasste, galt Moskau im Zarenreich als Zentrum der Weinfälschung (RGIA 1278/6/1190/10ob), doch standen St. Petersburg, Warschau, Odessa, Kiev, Nižnij Novgorod oder Jaroslavl' der alten Kapitale bestenfalls graduell nach (Šachnazarov 1916[2], 5).

Die Karikatur „Weinberge in der Umgebung Moskaus" in: Vestnik Vinodelija 8 (1899) 12, S. 744.

Übersetzung von links nach rechts: патока = Sirup, Мадера = Madeira, токай = Tokajer, спирт = Alkohol, марсала = Marsala, глицерин = Glycerin, Мускат Люнел = Muscat de Lunel, дрожжи = Hefe, херес = Sherry, бузинная эссенция = Holunderbeeressenz, винная кислота = Weinsäure, контора – посторонним вход воспрещён = Kontor – Unbefugten ist der Zutritt verboten

Abb. 1: Die Weinberge in der Umgebung Moskaus.

Bemerkenswert ist, wie ausdifferenziert und arbeitsteilig die Verfälschungsbranche organisiert war. Zuerst ist der „Etikettenschwindel" zu nennen, also die nahezu perfekte Imitation von Verpackungen, Banderolen, Etiketten. Während Warschauer Druckereien skrupellos Etiketten führender westlicher Weingüter nachahmten und druckten, verfügten manche Weinabfüller über eine größere Zahl unterschiedlicher Etiketten als Weine (Lavjagin 1899, 325; Gernet 1899, 526). Aber nicht nur Graphiker und Druckereien waren Bestandteil der Verfälschungsbranche: Glasbläsereien stellten die nötigen Flaschen her, andere fertigten Kartonagen, Verpackungen oder die Korken und versahen diese, falls erforderlich, mit Aufdrucken wie „V. C. P." [Veuve Cliquot-Ponsardin] (Kanšin 1885, 280).

Verwendeten die „Weinproduzenten" zunächst vor allem Wasser, Alkohol, Glycerin, Sirup, schwarze Johannisbeeren, Karamellzucker oder Zuckercouleur für Süße,

Dichte, Farbe und Geschmack, erlaubte die naturwissenschaftliche Revolution des 19. Jahrhunderts gerade auch auf dem Gebiet der Chemie immer mehr Raffinesse (Tairov 1902, 67; Blauberg 1894, 270–309). Die Verfahren der Lebensmittellabore, die mehrheitlich von den lokalen Selbstverwaltungsorganen, nicht aber dem zarischen Staat initiiert und finanziert wurden, konkurrierten mit den naturwissenschaftlichen Kenntnissen und Möglichkeiten der Fälscher (Kalustov 1916, 53). Letztere nutzten nicht selten wissenschaftlichen Fortschritt als Erste (CGIA SPb. 513/116/52/21-21ob). Je intensiver aber die Weinanalyse war, desto mehr Fälschungen förderten die Labore zu Tage – eine Konstellation, die der Bonner Emeritus für öffentliches Recht F. Ossenbühl (2000, 10f.) treffend als Paradoxon der gleichzeitigen Vermehrung von Wissen und Nichtwissen charakterisiert hat.

Die Monographie „Rezepte zur Herstellung von Wein, Wodka und Likören auf kaltem Wege mit Hilfe von Essenzen" des Ingenieur-Technologen A. K. Vizental' (1885, 1886), der zugleich eine Drogerie und Chemikalienhandlung besaß, kann als eine Handlungsanleitung zur Fälschung verstanden werden. Sie erschien mit einer Startauflage von 5.000 Exemplaren, ein gutes halbes Jahr später folgte die zweite, deutlich erweiterte mit 3.000 Exemplaren. Vergleichbare weitere Darstellungen folgten (Majer 1888) und zeigen die große Nachfrage.

Während der Kazan'er Professor der Chemie I. I. Kanonnikov (1899, 645) eine antietatistische, marktliberale Position einnahm und den Handel „künstlicher Weine", sofern sie die Gesundheit nicht schädigten, befürwortete, beklagte der sozialdemokratische Gewerkschaftsfunktionär G. V. Cyperovič (1912, 153), dass die Falsifikation eine „Wissenschaft" geworden sei, von der insbesondere die chemische Industrie profitiere, weil sie die künstlichen Süß-, Farb- und Aromastoffe bzw. Konservierungsmittel fertige, die die Fälscher benötigten. Im Zarenreich erlaubte das medizinische Statut den freien Verkauf aller chemischen Substanzen, deren Verzehr keine Gefahren für die Gesundheit mit sich brachte. Damit leistete dieses Statut implizit der Produktverfälschung Vorschub (Bazarov 1900, 671f.): Ganz offen priesen Händler ihre Produkte, die für Lebensmittelfälscher unabdingbar waren. Sie versprachen, beispielsweise für nur 0,15 R. binnen fünf Minuten Wodka in jeden beliebigen Wein oder Likör zu verwandeln. Ein hauptstädtischer Chemiker warb für Essenzen, Extrakte und Ester zur Herstellung von 25 verschiedenen Weinen, darunter auch einen Château Lafite. Allerdings hatte das Angebot seinen Preis: Ein Flakon, dessen Aroma für eine Flasche „Wein" reichte, kostete immerhin 0,25 R. Ein Farbstoffhändler empfahl seine „teinte rouge bordeauxlaise". Der *Vestnik Vinodelija* berichtete 1902 über den Extrakt „Fermentin", den Handelsagenten im bessarabischen Weinbaugebiet bei Akkerman als gesundheitsunbedenkliches Mittel empfahlen, um die Gärung und Säuerung des Weines abzubrechen. Tatsächlich enthielt das Produkt, wie eine lebensmittelchemische Analyse ergab, das akut toxische, karzinogene Formalin (Formaldehyd), das für den Verzehr absolut ungeeignet war (Gozalov 1902, 154). Das eigentliche Skandalon sei, dass die Behörden weder die Werbung für diese Produkte noch deren Produktion überhaupt untersagt hätten, äußerte der Herausgeber des *Vestnik Vinodelija* (Tairov 1894, 4f.).

Die Weinfälschung und ihre Folgen für den Weinbau

Viele Indizien sprechen dafür, dass mit der Ausbreitung der Reblaus im Zarenreich seit 1880, dem Rückgang der Anbaufläche und der Ernteerträge auch in den Produktionsgebieten die Weinfälschung sprunghaft anstieg (Ščičenkov 1928, 5). Dieser verbreitete Betrug erschütterte das Vertrauen des Konsumenten in das Produkt, bedrohte teils sogar seine Gesundheit und brachte den ganzen Erwerbszweig in Misskredit (Archipov 1887, I; Volženinov 1902, 3).

Die Fälschungen ließen sich viel kostengünstiger herstellen als „natürliche" Weine (RGIA 398/62/3 razjad 8/69-69ob) und überschwemmten den Markt. Ehrliche Winzer liefen Gefahr, vom Markt verdrängt zu werden, weil sie für ihre mit höheren Gestehungskosten produzierten und folglich teurer angebotenen Produkte keinen Absatz fanden (Blauberg 1894, 277). Weingroßhändler erhöhten den Druck und diktierten den unmittelbaren Produzenten den Preis. Es handelte sich überwiegend um kleine Winzer, die Weinbau auf einer Fläche von weniger als einem ha, in infrastrukturell kaum erschlossenen, teils fernab von Eisenbahnlinien gelegenen Regionen wie z. B. in Bessarabien an der südwestlichen Peripherie des Reiches ausübten. Wegen der dort herrschenden Landarmut war der Weinbau nicht selten die einzige Einnahmequelle (Anisimov 1911, 493, 502). Da es kaum eine genossenschaftliche Selbstorganisation der Winzer gab, waren sie auf Gedeih und Verderb dem Preisdiktat der Aufkäufer ausgeliefert. Diese sog. *skupščiki* bezeichnete der bekannte Odessaer Chemiker und Önologe V. A. Gernet sogar als „Verleger-Fälscher" (RGIA 398/55/17743a/4ob-5; Gernet 1925, XVI). Sie transportierten den noch jungen Wein entweder in die max. 210 km entfernte, bedeutende Hafenstadt Odessa oder nach Polen und ins Baltikum. Dort wurde er im besten Fall verschnitten, oft aber mit verschiedensten Substanzen, Aroma- und Farbstoffen versehen und gelangte bevorzugt als französischer Wein – nicht selten als erlesenes Spitzengewächs renommierter Weingüter etikettiert – in den Handel im Zarenreich (RGIA 398/55/17443a/33; Blauberg 1894, 292f.). Die Gewinnmarge war beträchtlich.

Weinfälschungen monokausal für die Schwierigkeiten des russländischen Weinbaus im ausgehenden 19. und frühen 20. Jahrhundert verantwortlich zu machen, hieße die deutlich komplexere Realität zu verkennen. Bereits Zeitgenossen monierten, dass kaum auf den Weinbau spezialisierte Bildungseinrichtungen existierten (Blauberg 1894, 226). Dieser Umstand erklärte mangelnde Fachkenntnisse und ein geringes önologisches Entwicklungsniveau. Eine immer wieder angemahnte „rationale Kellerwirtschaft", die sich neuester Techniken und Methoden bediente, stellte eher die Ausnahme als die Regel dar (Blauberg 1894, 225ff.). Allerdings fehlte hierfür das Kapital und weder der Staat noch Banken boten zinsgünstige Kredite an.

Auf dem Wege zu einem russländischen Weingesetz

Seit eine 1887 ins Leben gerufene, interministerielle Kommission Richtlinien gegen die Weinfälschung diskutierte (CIAM 184/5/1479/177ob; Šachnazarov 1916[2], 6f.; abweichend Blauberg 1894, XV), war das Reichsdomänenministerium von der Notwendigkeit eines Weingesetzes überzeugt (RGIA/398/53/17185/19ob).

Es fällt auf, dass zahlreiche Initiativen, die Wein- bzw. Lebensmittelfälschung zu bekämpfen, aus der Gesellschaft kamen. In ihrem 1894 an das Ministerium für Staatsdomänen adressierten Zulassungsantrag der „Russischen Gesellschaft für die gegenseitige Unterstützung der Weinproduzenten und -händler" war im § 1 des Statutenentwurfs von der „Unterstützung mit allen ihr zur Verfügung stehenden Mitteln, die Weinfälschung auszumerzen" die Rede (RGIA 398/58/18348/53). Es handelte sich um eine recht elitäre Interessenvereinigung bedeutender Weingutsbesitzer, Weingroßhändler und auch Hoflieferanten, die – offenbar um ihren Ruf als „ehrbarer Kaufmann" und ihr verantwortungsvolles, gesellschaftliches Engagement für das Gemeinwohl zu unterstreichen – sich gegen die Weinfälschung engagierten (RGIA 398/58/18348/1ob). Allerdings forderte das Ministerium die Antragsteller auf, diesen Passus aus dem Statutenentwurf zu streichen, weil die Aufgabe, Fälschungen zu bekämpfen, der Regierung obliege (RGIA 398/58/18348/54-55). Zwischen Anspruch und Wirklichkeit des zarischen Regierungshandelns lag indes immer wieder eine unüberwindliche Kluft.

V. E. Tairov, Herausgeber des *Vestnik Vinodelija,* des lange Zeit einzigen Weinbaujournals im Zarenreich, und etwa eineinhalb Dutzend gleichgesinnter Juristen, Mediziner, Naturwissenschaftler u. a. der Universität Odessa ergriffen 1898 die Initiative, um einen allgemeinen Lebensmittelgesetzentwurf zu erarbeiten. Sie verfolgten eine Reihe von Zielen, wie 1. den Schutz der Volksgesundheit, 2. die Wahrung der Interessen unterschiedlicher Branchen von Landwirtschaft und Industrie, 3. den Schutz vor allem der materiellen Interessen der Verbraucher, 4. die Befriedigung der Anforderungen des Marktes und 5. die Befreiung des Handels von überflüssigen Hemmnissen und Ärgernissen (Congrès viticole de Montpellier 1911, 590f.). Auch diese gesellschaftlichen Initiativen mündeten nicht in ein Weingesetz.

Zudem blieb umstritten, was unter „reinem" Wein zu verstehen bzw. welche kellertechnischen Verfahren und Praktiken zulässig seien (RGIA 381/46/172/77ob). Zahlreiche Winzerkongresse diskutierten seit dem Ende des 19. Jahrhunderts, welche Verfahren ein Weingesetz legalisieren sollte. Während bei Winzern Bessarabiens und des Dongebiets die Trockenzuckerung verbreitet war, charakterisierte Fürst L. S. Golicyn (1902, 4) sie als Fälschung. Golicyn war einflussreich, verfügte über einen direkten Zugang zum Zaren und war Eigentümer von *Novyj svet,* einem der bedeutendsten Weingüter am Südufer der Krim. Er insinuierte auf dem Moskauer Winzerkongress von 1902, jene Winzer versuchten, mit „Kartoffelschnaps und Zuckerrüben" ihren Weinbau zu retten. Golicyns Überlegungen fanden nach 1907 Eingang in den Weingesetzentwurf, wurden aber von der zweiten Kammer, dem Reichsrat, entschärft: Das Gesetz vom April 1914 erlaubte für Tischweine die Zugabe von max. 6,5 % Zucker oder 10 Vol% Gesamtalkoholgehalt, sofern sie das lokale Komitee für Weinbau und

Kellerwirtschaft in Anbetracht der klimatischen Bedingungen für notwendig erachtete (Otčet O Dejatel'nosti 1914, 22–24; Šachnazarov 1916, 29).

Das russländische Weingesetz vom 24. April 1914

Das Gesetz, das sich an den Weingesetzen anderer europäischer Staaten, besonders des Deutschen Reiches orientierte, umfasste 28 Artikel. Der Erste definierte Wein als ein aus frischen Trauben durch alkoholische Gärung gewonnenes Getränk, der Fünfte benannte detailliert die erlaubten Kellertechniken. Ebenso eindeutig war der Verbotskatalog (Art. 6–10): Eine Zugabe von Wasser, Frucht- oder Traubensaft, Farb-, Duft-, Süß- oder Konservierungsstoffen war untersagt. Zudem durfte „kranker" Wein nicht gehandelt werden (Šachnazarov 1916, 27–32).

Um dem Etikettenschwindel Einhalt zu gebieten, mussten die Herkunftsregionen, die Rebsorte und das Weingut oder der Abfüller angegeben werden. Da eine Mischung russischer und ausländischer Weine untersagt war, unterband das Gesetz eine häufige Form der Kundentäuschung (Šachnazarov 1916, 32).

Die Artikel 18–28 regelten die Kontrolle über die Einhaltung des Weingesetzes. Sie oblag den Komitees für Weinbau und Kellerwirtschaft. Es handelte sich um gemischte Institutionen mit Repräsentanten der orthodoxen Kirche, der Ministerien für Landwirtschaft, Inneres, Finanzen, Reichsdomänen und des Kaiserlichen Hofes, ferner der lokalen Selbstverwaltungsorgane, gelehrter landwirtschaftlicher Gesellschaften, der Winzer und des Weinhandels. Das Gesetz sprach von zehn Komitees, die in den Hauptstädten und allen Weinregionen auf Gebiets-, Gouvernements- und Kreisebene ins Leben gerufen werden sollten, doch waren bis 1916 nur 27 entstanden (Šachnazarov 1916[2], 16f., 26, 34–38; ders. 1916 [1], 211).

Es zeigte sich bald, dass die vorhandenen Labore außerstande waren, die zur Einhaltung des Gesetzes notwendigen Weinanalysen durchzuführen. Die Zentralisierung der wissenschaftlichen Analyse in den Gouvernements- und Kreisstädten, in denen auch ein Weinkomitee angesiedelt war, erwies sich als wenig praktikabel. Der Verwaltungsaufwand war beträchtlich, Proben mussten in Glasbehältern mit der Post versandt werden. Einige gingen zu Bruch oder verloren, bei anderen verzögerten sich Transport und Analyse. Eine Folge war, dass die vom Gesetzgeber vorgeschriebenen Fristen nicht eingehalten wurden und so Verfahren nicht mehr eröffnet werden konnten, obwohl das Produkt zu beanstanden war (RGIA 398/75/393/14; Ščičenkov 1928, 3). Daher plädierten einige Experten für eine Dezentralisierung der Analyse und der Einrichtung zahlreicher Labore nicht nur in den Produktionsgebieten Bessarabien, Cherson und Podolien, sondern auch in den zentralrussischen Konsumptionsgebieten (Žurnaly 1916, LXIV).

Eine weitere Schwachstelle stellten die Agenten der Weinkomitees dar, also jene Personen, die Weinhandel, Weinkeller und Winzer inspizieren und kontrollieren sollten. Diese Personen waren zum einen nicht immer gut geschult, begingen zweitens Formfehler, aufgrund derer ein Verfahren nicht eröffnet werden konnte und ließen teils die notwendigen charakterlichen Qualitäten vermissen, die Voraussetzung waren, um sich nicht korrumpieren zu lassen (RGIA 398/75/393/11; Ščičenkov 1928, 3).

Schluss

Dass gefälschte Produkte den Markt überschwemmten, hatte viele Gründe. Bäuerliche Winzer, die die Masse des Weins im Zarenreich produzierten, bauten lokale Rebsorten an, die zwar ertragreich waren, überwiegend früh reiften, aber eine Widerstandsfähigkeit gegen Frost, Pilzerkrankungen und auch die Reblaus vermissen ließen. Weinbauwissen, Rebschnitt und moderne Reberziehung, rationale Anbaumethoden, intensive Pflege, Technikeinsatz und Innovationsbereitschaft waren wenig verbreitet, der Mangel an ökonomischem und kulturellem Kapitel umfassend (Häfner 2021, 130). Um Frostschäden zu vermeiden, wurde früh geerntet, sodass der Zuckergehalt gering war. Viele Winzer griffen daher zur „Sonne aus dem Sack", was zu Misstrauen Anlass geben konnte. Neben der besseren Lagerfähigkeit spielte hierfür der Geschmack der Konsumentenmasse eine große Rolle. Außerhalb der Weinbauregionen dürfte ihn die orthodoxe Kirche mit ihrem Messwein geprägt haben. Ihr Anforderungskatalog, nämlich rot, süß und schwer mit einem Alkoholgehalt von max. 16 % – ähnlich einem Cahors – glich einer Quadratur des Kreises und begünstigte daher Fälschungen (RGIA 398/74/30247/2-2ob, 6ob). Fälschungen waren ubiquitär. Chemische Analysen von 125 Weinen aus den drei südlichen Kreisen Bendery, Izmail und Akkerman des Gouvernements Bessarabien in den Jahren 1908/9 ergab, dass etwa drei Viertel gefälscht waren. Von dem verbleibenden Viertel wiesen viele Weine einen zu hohen Säuregrad auf, so dass gesundheitliche Schädigungen nicht auszuschließen waren. Nur drei Weinen beschied das Labor, einwandfrei zu sein (Kalustov 1916, 45). Das ökonomische Motiv dürfte zentral für die Weinfälschung gewesen sein: Die Gewinnmarge war beträchtlich und das Risiko, erstens überhaupt entdeckt, zweitens angezeigt und drittens auch verurteilt zu werden, gering.

Vor allem drei Aspekte sind zu nennen, dass die Regierung des Zarenreiches fast drei Jahrzehnte benötigte, ein Weingesetz zu verabschieden: Indolenz, Perfektionsstreben und der Versuch, die Kosten für den Fiskus so gering wie möglich zu halten und diese eher den Winzern, dem Weinhandel oder den Organen der lokalen Selbstverwaltung aufzubürden. Allerdings könnte die Verabschiedung des Weingesetzes, das nach dem Oktoberumsturz 1917 nicht mehr beachtet wurde, auch als ein Privileg für den Weinbau und -handel gedeutet werden, von dem die Lebensmittelbranche insgesamt und damit alle Konsumenten nur träumen konnten.

Literatur

Anisimov, V.I. (1911): Bessarabskaja gubernija. In: Ėnciklopedičeskij slovar' t-va Br. A. i I. Granat i Ko., t. 5: Barnav-Biologija, 7-e izd. St. Petersburg: T-vo Granat i Ko, 479–507.

Archipov, I.P. (1887): O fal'sifikacii vin, St. Petersburg: V. Kiršbaum.

Bazarov, A.I. (1900): Fal'sifikacija pitatel'nych produktov i bor'ba s neju. In: Vestnik Vinodelija 9 (11), 671–678.

Černov, N.D. (1900): Obščestvennoe mnenie o fal'sifikacii vina i pitatel'nych produktov. In: Vestnik Vinodelija 9 (5), 269–272.

Černyšev, S.A. (1900): Fal'sifikacija piščevych veščestv, Char'kov: Pečatnoe delo.

CGIA SPb. [Central'nyj Gosudarstvennyj Istoričeskij Archiv SPb. = Zentrales Historisches Staatsarchiv St. Peterburgs], 513/116/52. Die erste Zahl bezeichnet den Fonds, die zweite das Verzeichnis, die dritte die Akte, die im Text genannte vierte das Blatt. Ein «ob» bedeutet «verso».

CIAM [Central'nyj Istoričeskij Archiv g. Moskvy = Zentrales Historisches Archiv der Stadt Moskau], 184/5/1479.

Congrès viticole de Montpellier. Compte-rendu in-extenso des travaux du congrès, 17–21 Mai 1911 (1911). Montpellier: Coulet et fils.

Cyperovič, G.V. (1912): Fal'sifikacija i surrogat. In: Sovremennyj Mir (7), 147–181.

Dėv [i.e. Tairov, V. E.] (1911): K voprosu o fal'sifikacii vina v Bessarabii. In: Vestnik Vinodelija 20 (11), 648–652.

Ėl'pe (1902): Naučnyja pis'ma: Bol'noe mesto sovremennago proizvodstva. In: Novoe Vremja (9583, 7.11.), 2–3.

Gernet, V.A. (1899): Fal'sifikacija pitatel'nych produktov i bor'ba s neju. In: Vestnik Vinodelija 8 (9), 523–531.

Gernet, V.A. (1925): Vasilij Egorovič Tairov. In: Ders. (Hrsg.), Sbornik, posvjaščennyj V.E. Tairovu v oznamenovanie 40-letija ego dejatel'nosti, č. 1: Sbornik naučnych trudov i statej po vinogradarstvu i vinodeliju. Odessa: Odespoligraf, VIII-XXV.

Golicyn, L.S. (1902): K vinodel'českomu krizisu. (Pis'mo v redakciju). In: Novoe Vremja (9343, 9.3.), 4.

Gozalov, N. (1902): Ėkstrakt „Fermentin". In: Vestnik Vinodelija 11 (3), 154–156.

Gulišambarov, S.I. (1893): Perevozka vinogradnych vin po železnym dorogam v 1890 godu. In: Vestnik Vinodelija 2 (1 u. 2), 3–13; 79–90.

Häfner, L. (2021): Weinbau, Weinhandel und Weinkonsum im Zarenreich vor dem Ersten Weltkrieg. In: Deutsches Weinbau-Jahrbuch 72, 129–136.

Kalustov, B. Ja. (1916): Fal'sifikacija vina v južnoj Bessarabii po dannym chimičeskago analiza. In: A.A. Byčichin (Hrsg.), Trudy Komiteta Vinogradarstva Imperatorskago Obščestva Sel'skogo Chozjajstva Južnoj Rossii, vyp. 5: 1912–1915, Odessa: Slavjanskaja, 1–54.

Kanonnikov, I.I. (1899): Fal'sifikacija pitatel'nych produktov i bor'ba s neju. In: Vestnik Vinodelija 8 (11), 643–648.

Kanšin, D.V. (1885): Ėnciklopedija pitanija, vyp. 1–2, St. Peterburg: V. Obrazov.

Lavjagin, N.M. (1899): Fal'sifikacija pitatel'nych produktov i bor'ba s neju. In: Vestnik Vinodelija 8 (6), 323–326.

Majer, K. (1888): Recepty dlja vydelki iskusstvennych vinogradnych vin vsech stran sveta, ispanskich, portugal'skich, ital'janskich, grečeskich, vengerskich, afrikanskich, aziatskich i drugich. Nastol'naja kniga dlja vinogradarej, vinotorgovcev, skladčikov, potrebitelj i dr. Moskau: F. Ioganson.

Novosel'skij, S.A. (1901): Materialy po voprosu o fal'sifikacii piščevych produktov s priloženiem zakonoproekta. In: Vrač (39, 29.9.), 1212–1213.

Otčet o dejatel'nosti Komiteta po bor'be s fal'sifikaciej piščevych produktov za četvertyj otčetnyj god (s 1 janvarja 1913 g. po 1 janvarja 1914 g.) (1914), St. Petersburg: MVD.

RGIA [Rossijskij Gosudarstvennyj Istoričeskij Archiv = Russländisches Historisches Staatsarchiv] 381/46/172; 398/53/17185; 398/55/17443a; 398/58/18348; 398/62/8 [razjad 3]; 398/74/30247; 398/75/393; 1278/6/1190.

Šachnazarov, A. I. (1916[1]): Instrukcii Komitetam vinogradarstva i vinodelija i ich agentam. In: Vestnik Vinodelija 25 (5–6), 211–218.

Šachnazarov, A. I. (1916[2]): Zakon o vinogradnom vine i ego primenenie. V rabote proveden podrobnyj analiz razrešenija problemy fal'sifikacii vinodel'českoj produkcii putem primenenija „Zakona o vinogradnom vine" 1914 goda, Petrograd: Tipografija učilišča gluchonemych.

Ščičenkov, I. I. (1928): Bor'ba s fal'sifikaciej vina: Posobie i spravočnik dlja agentov nadzora za vinom v Krymu, Simferopol': Krymskoe GIZ.

Tairov, V. E. (1894): Postavščiki fal'sifikatorov. In: Vestnik Vinodelija 3 (1), 3–6.

Vizental', A. K. (1885; 2. Aufl. 1886): Recepty dlja prigotovlenija vin, vodok i likerov cholodnym putem, s pomošč'ju ėssencij, St. Petersburg: Tipografija I. E. Morozova.

Volženinov, A. V. (1902): Glavnyja pričiny neblagoprijatnago položenija russkoj vinodel'českoj promyšlennosti. In: Trudy s"ezda vinogradarej i vinodelov (10–20 fevralja 1902 g.), Moskau: Pečatnja S. P. Jakovleva, 1–8.

Žurnaly zasedanij Komiteta Vinogradarstva Imperatorskago Obščestva sel'skogo chozjajstva južnoj Rossii (1916). In: A. A. Byčichin (Hrsg.), Trudy Komiteta Vinogradarstva Imperatorskago Obščestva Sel'skogo Chozjajstva Južnoj Rossii, vyp. 5: 1912–1915, Odessa: Slavjanskaja, I-CII.

Armenien, ein Land im Zentrum der Rebenvielfalt – Sicherung der wertvollen Ressourcen

Von Dr. Erika Maul[1], Dr. Gagik Melyan[2], Dr. Franco Röckel[1], Prof. Dr. Reinhard Töpfer[1] und Dr. Kristina Margaryan[3,4]
[1]Julius-Kühn-Institut (JKI), Institut für Rebenzüchtung Geilweilerhof, Siebeldingen
[2]Voskehat Educational and Research Center of Enology, Branch of Armenian National Agrarian University, Merdzavan, Armavir Province, Armenia
[3]Research Group of Plant Genetics and Immunology, Institute of Molecular Biology of National Academy of Sciences RA, Yerevan, Armenia
[4]Department of Genetics and Cytology, Yerevan State University, Yerevan, Armenia
erika.maul@julius-kuehn.de

Dr. Erika Maul

Dr. Gagik Melyan

Prof. Dr. Reinhard Töpfer

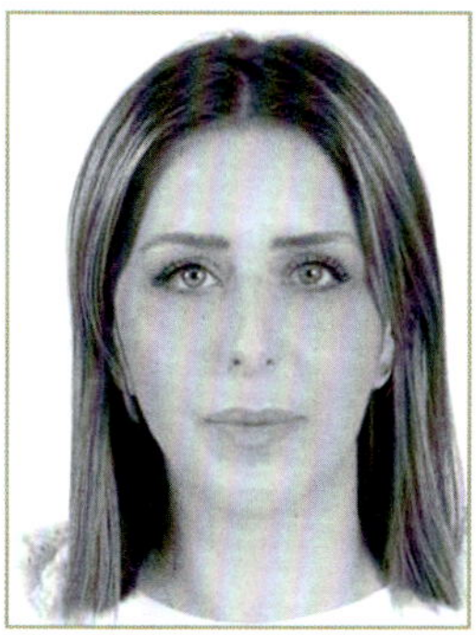

Dr. Kristina Margaryan

Einführung

Laut Vavilov (1930) befindet sich östlich des Fruchtbaren Halbmonds in Transkaukasien das wichtigste Gen- und primäre Domestizierungszentrum der Weinrebe, wo die Wildrebe (*Vitis vinifera* L. subsp. *sylvestris*) in Wäldern reichlich gedeiht und eine große Vielfalt zeigt. Diese Beobachtung scheinen archäologische Funde zu belegen. Auf 8000 Jahre alten Keramikscherben aus Shulaveri-Shomutepe in Georgien (McGovern 2017) und dem 6000 Jahre alten Kelterinventar von Areni in Armenien (Barnard 2011) konnte Tartrat als Beleg für Wein nachgewiesen werden.

Die geographisch konzentrierte Domestikation von Grundnahrungspflanzen in Südostanatolien am nördlichen Rand des Fruchtbaren Halbmonds und der Fund 7000 bis 7400 Jahre alter Weingefäße im Zagrosgebirge, Nordiran (McGovern 2007, McGovern 2017) werfen jedoch die Frage auf, ob das Domestikationszentrum der Rebe weiter gefasst werden müsste.

Armenien liegt inmitten des Domestikationszentrums. Unglückliche Entscheidungen in der Vergangenheit führten zu einer mehrfachen Rodung der dortigen Rebsortimente:

- nach der Auflösung der Sowjetunion am 31. Dezember 1991. Das nationale Sortiment enthielt ca. 850 Rebsorten (Lokalsorten, Neuzüchtungen, *Vitis sylvestris*)
- nach der Beseitigung des nationalen Sortiments wurden drei kleinere Kollektionen mit insgesamt 140 Rebsorten angelegt. Zwei davon wurden 2015 gerodet. Schon ein Jahr später entstand mit finanzieller Unterstützung der FAO das neue

Rebsortiment in Etchmiadzin. Dort stehen heute ca. 400 Akzessionen. Sie sind unter anderem das Resultat des bilateralen Projektes zwischen Armenien und Deutschland, das vom Bundesministerium für Bildung und Forschung vom 1.7.2017 bis zum 31.6.2019 gefördert wurde mit dem Titel: „Erforschung des Züchtungspotentials der armenischen rebengenetischen Ressourcen durch multidisziplinäre Charakterisierung“. Ergebnisse dieses Projekts werden nachfolgend vorgestellt. Ein englischsprachiger Artikel dazu ist vor kurzem in der Zeitschrift Biology erschienen (Margaryan et al. 2021).

Wiederherstellung der Sortenvielfalt im nationalen Rebsortiment

Ab 2016 fanden Sammlungsaktionen in den fünf traditionsreichen armenischen Weinbauregionen Ararat, Aragatsotn/Armavir, Vayots Dzor, Tavush und Syuniq statt, siehe Abbildung 1. Ararat und Aragatsotn/Armavir sind die größten Weinbaugebiete mit mehr als 80 % der produzierten Traubenerzeugnisse.

Von 2016 bis 2019 wurden über 120 Standorte aufgesucht. Weinbergbesitzer und lokal ansässige Mitglieder der Weinindustrie unterstützten das Auffinden von Haupt- und seltenen Lokalsorten. Fehlten Bezeichnungen, bekamen die Fundstücke Standortnamen und Nummern. Insgesamt wurden 492 Reben lokalisiert, Fotos von Blättern und Trauben angefertigt und Blattproben für die genetische Analyse

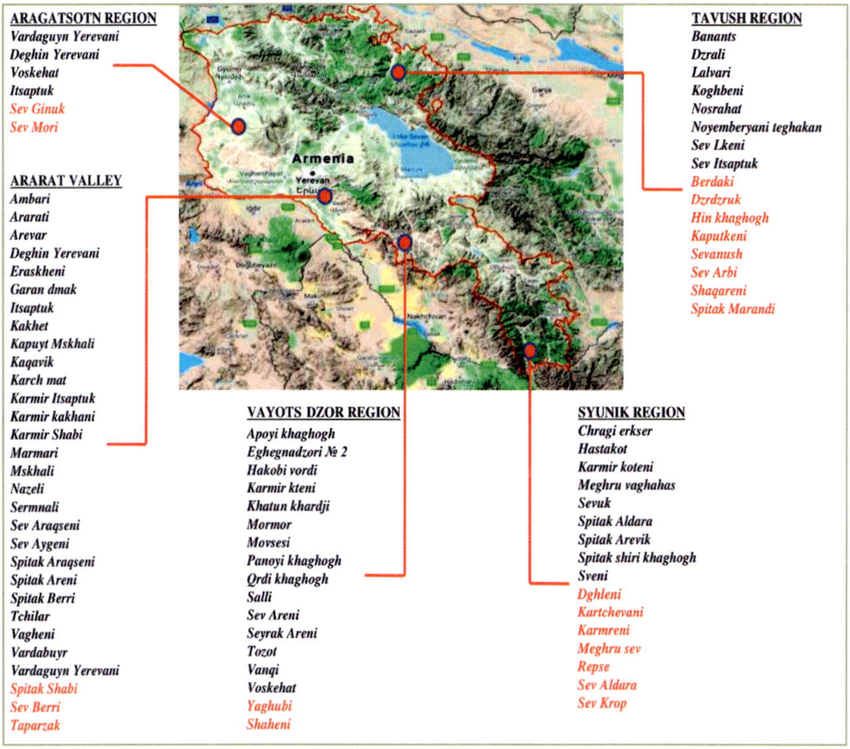

Abb. 1: Die armenischen Weinbaugebiete und ihre wichtigsten Rebsorten. Die Rebsorten in roter Schrift konnten bislang nicht wiedergefunden werden.

Abb. 2: Alter Weinberg in Vahe Keushgeriane, Vayots Dzor 1750 m über NN (Foto: Kristina Margaryan).

genommen. Von einem Großteil der Reben wurde Holz geschnitten und wurzelecht in die nationale Sammlung Etchmiadzin überführt. Ausgerechnet das Pflanzenmaterial in der heiß umkämpften Provinz Berg-Karabach war noch vor dem Krieg für den genetischen Fingerabdruck gesammelt worden, jedoch kein Holz für die Pflanzung in Etchmiadzin. Glücklicherweise waren für die genetische Analyse eine Einaugen-Rute je Rebe an das Julius-Kühn-Institut (JKI), Institut für Rebenzüchtung Geilweilerhof (ZR), geschickt worden. Sie wurden angezogen und so überlebten mehr als 40 Sorten in der Quarantäne-Station des JKI-ZR und werden nach Armenien rücküberführt, sobald sie die Station verlassen haben.

Unter den über 120 aufgesuchten Standorten befanden sich auch Denkmäler, Klöster, Gärten, kleinere Privatsammlungen, aufgegebene und extensiv bewirtschaftete Weinbergflächen, wie in Vayots Dzor (Abb. 2).

Um welche Rebsorten handelt es sich bei den gesammelten Proben?

Das war die spannende Frage. Würde es möglich sein, mit Hilfe des genetischen Fingerabdrucks die Reben zu identifizieren? Auch existierten durch die Beseitigung der armenischen Sortimente kaum noch einheimische, armenischen Rebsorten, die als Lebendreferenzen hätten dienen können. Auch hier half ein glücklicher Umstand weiter. Im Rahmen der COST-Aktion FA1003 (Projektlaufzeit: 2010 – 2014)

Abb. 3: Überprüfung der Sortenidentität mittels Abbildungen und Beschreibungen: Gagik Melyan und Kristina Margaryan in Etchmiadzin, September 2018 (Foto: Erika Maul).

wurden die genetischen Profile von 50 armenischen, 45 aserbaidschanischen und 100 georgischen Sorten analysiert. Die armenischen Rebsorten stammen aus den zu dieser Zeit noch bestehenden Sortimenten.

Von den 492 gesammelten Proben fertigte die armenische Projektpartnerin Kristina Margaryan den genetischen Fingerabdruck an. Dafür wurden 25 Mikrosatellitenmarker analysiert. Um Duplikate zu identifizieren, wurden zunächst die 492 genetischen Profile untereinander verglichen. Übrig blieben 216 verschiedene Fingerabdrücke. Somit befanden sich 271 Duplikate unter den Proben und außerdem noch fünf Mutanten mit vom Ursprungstyp abweichenden Merkmalen.

Abb. 4: Riesentraube eines unbekannten Genotyps (Foto: Erika Maul).

Für die Sortenbestimmung wurden die 216 Einzelprofile mit den über 8000 Sortenprofilen verglichen, die in der Markerdatenbank (SSR-DB) am JKI-ZR enthalten sind. In der SSR-DB befinden sich auch die während der COST-Aktion FA1003 generierten genetischen Fingerabdrücke. Nach dem Identifikationsdurchlauf existierte für 149 Profile ein passendes Pendant. Nun begann die Verifizierungsphase. Um sicher zu sein, sollte die gefundene Identität mit Hilfe von Beschreibungen und Abbildungen aus Ampelographien bestätigt werden (Abb. 3).

Zwei mehrbändige russische Ampelographien von Kartavchenko et al. (1963–1970) und Frolov-Bagreev et al. (1946–1956), die Kaukasus-Ampelographie von Maghradze et al. (2012) und weitere kleinere Werke besaß das JKI-ZR schon. Diese Sammlung osteuropäischer Werke wurde im zweiten Projektjahr durch Schenkungen des armenischen Projektpartners ergänzt: Aslanyan, E. (1947), Poghosyan (1962), Poghosyan (1981), Melyan (2019) und Hovhannisyan (2017). Auch wenn die ersten drei Werke in rein armenischer Sprache verfasst sind, ihr Wert liegt in der Aufzählung der Sorten, die vor 72, 67 und 38 Jahren in Armenien bekannt waren, bzw. gezüchtet wurden. Außerdem sind darin viele Rebsorten durch Schwarzweiß-Fotografien abgelichtet. Dies unterstützt die Identifikation.

Nach sorgfältiger Überprüfung stand das Ergebnis fest: Unter den 149 Sorten befanden sich 71 autochthone armenische Rebsorten (66 plus 5 Mutanten), 49 armenische Neuzüchtungen und 34 eingeführte Rebsorten. Keine Referenzen und keine entsprechenden genetischen Fingerabdrücke existierten von 67 Genotypen, deren Identität somit noch zu klären bleibt. Das Trauben-Prachtexemplar einer unbekannten Rebe ist in Abbildung 4 gezeigt.

Bedeutung der am häufigsten gefundenen Duplikate

Von den 271 Duplikaten gehörten die meisten zu Areni sev (27), gefolgt von Tozot (18), Karmir kakhani (15), Rizamat (10), Apoyi khaghogh (9) und Spitak Arevik (9). Areni sev und Tozot, zwei im armenischen Weinsektor vielbeachtete und geschätzte Rotweinsorten, zeigen wohl aufgrund ihres hohen Alters eine breite Klondiversität. Die Klone mit den unterschiedlichsten Traubenformen und Traubendichten wurden in über 200 Jahre alten Weinbergen der Vayots-Dzor-Region aufgespürt. Die hohe Anzahl Tozot-Klone wird dadurch erklärt, dass die Sorte unter verschiedenen Namen in der Literatur beschrieben und von den Winzern daher auch unterschiedlich genannt wurde. Erst durch das hier beschriebene Projekt stellte sich heraus, dass Gyogyam, Karch Mat, Karmir Khach, Karmir Milagh und Sali ein und dieselbe Rebsorte, also Tozot, darstellen. Apoyi khaghogh war nur in alten Weinbergen präsent. Karmir kakhani und Spitak Arevik sind historische, einheimische Tafeltrauben. Die rotbeerige Tafeltraube Rizamat ist eine Neuzüchtung aus Usbekistan.

Mutanten

Bei den fünf Mutanten handelte es sich um Mormor, eine graubeerige Farbmutante von Sev Areni, der wichtigsten armenischen Rotweinsorte. Marmari (Abb. 5), ist eine Chlorophyll-Schimäre und Kishmish rozovyi eine rotbeerige Form der weißen Tafel- und Rosinentraube Sultanina. Kishmish chernyi teinturier besitzt rotes Fruchtfleisch im Vergleich zum farblosen Fruchtfleisch von Kishmish chernyi. Auch die schwarzbeerige Variante vom gelben Muskateller wurde in einem alten Weinberg gefunden.

Abb. 5: Marmari. Eine Sultanina-Mutante mit dekorativer Panaschüre an Blättern (Winzer Andranik, Artaschat) (Foto: Erika Maul).

Gruppierung der Sorten nach genetischer Ähnlichkeit

Die genetische Ähnlichkeit der untersuchten Sorten wird durch Abbildung 6 deutlich. Autochthone armenische Sorten sind mit roten Punkten versehen, armenische Neuzüchtungen mit blauen, nicht identifizierte Sorten mit gelben, eingeführte Rebsorten erhielten rosa und Neuzüchtungen aus anderen Ländern hellblaue Punkte. Mit Hilfe dieser Darstellung konnten verwandtschaftliche Beziehungen sichtbar gemacht werden. Zum Beispiel sind die meisten armenischen Neuzüchtungen (blaue Punkte) und ihre Elternteile im linken oberen Bereich zu finden und belegen etwa ein Drittel des Kreises. Genotypen mit unbekannter Identität (gelbe Punkte) in der Gruppe der Neuzüchtungen dürften auch als solche gelten. Einheimische Rebsorten sind über die anderen zwei Drittel verteilt. Hier sind teilweise Rückschlüsse

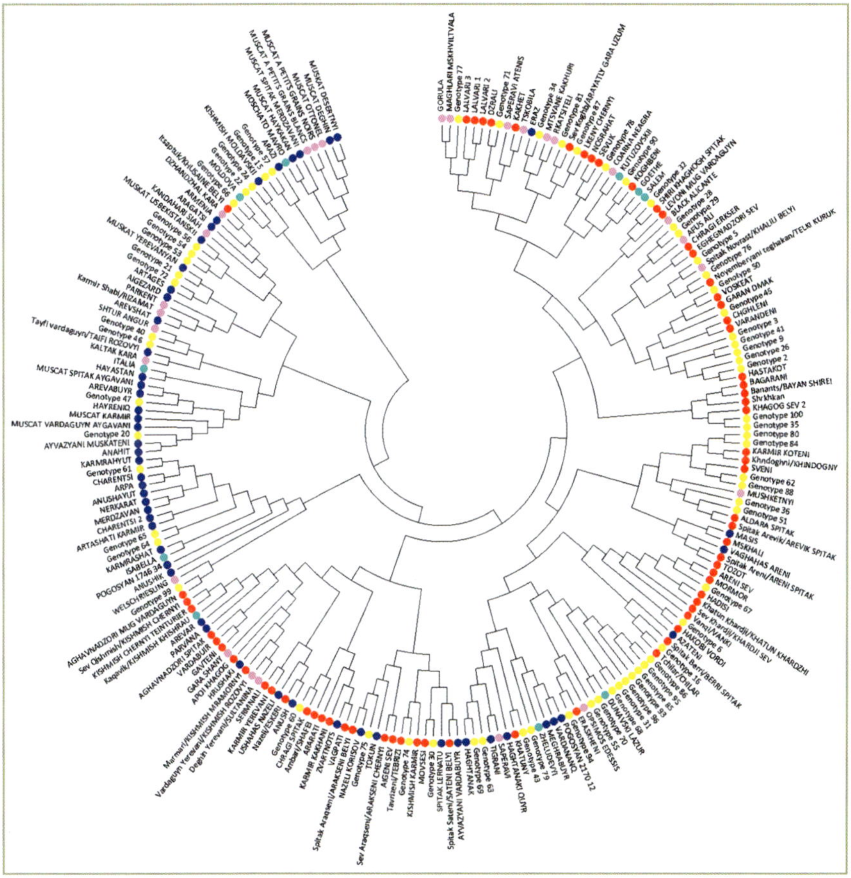

Abb. 6: Dendrogramm, basierend auf den 221 verschiedenen genetischen Fingerabdrücken, die im Rahmen der Studie ermittelt wurden.

möglich, was das Alter oder die geographische Zuordnung der nicht identifizierten Rebsorten betrifft. Ganz rechts oben stehen die ersten sechs rosa Punkte für Rebsorten aus Georgien, die in der Tavush-Region im Nordosten Armeniens gefunden wurden. Bei den zwei Genotypen 71 und 77 könnte es sich also auch um georgische oder zumindest um alte Sorten dieses Gebiets handeln. Weitere Hypothesen zum Ursprung konnten formuliert werden, beispielsweise, wenn unbekannte Genotypen mit bekannten Rebsorten eine Elternteil-Kind-Beziehung aufwiesen, wie Genotyp 87 mit Lkeni chernyi (rechte Seite, 18. und 19. Punkt), die ebenfalls in der Tavush-Region aufgesammelt wurden.

Klärung von verwandtschaftlichen Beziehungen

Mittels Abstammungsanalyse sollten Beziehungen zwischen einheimischen Rebsorten aufgedeckt und die Identität der armenischen Neuzüchtungen durch die Bestätigung der vom Züchter angegebenen Abstammung nachgewiesen werden. Die verwendete Cervus-Software ermittelte eine vollständige Abstammung für 63 Nachkommen. Darunter befanden sich allein 53 Neuzüchtungen. Davon konnten für 25 die von den Züchtern genannten Kreuzungseltern bestätigt, bei sieben entweder der Vater oder die Mutter zurückgewiesen und neue Elternteile gefunden werden und bei vier Neuzüchtungen wurden komplett neue Kreuzungseltern identifiziert. In der nachfolgenden Tabelle 1 sind historische armenische Rebsorten aufgeführt, von denen beide Elternteile bestimmt werden konnten. Auch hier sind zwei unbekannte Genotypen (16 und 60) beteiligt, bei denen es sich um alte Reben handeln muss, da ihre Nachkommen Berri Spitak, Chilar und Chragi Spitak in den alten Ampelographien beschrieben sind. In der letzten Spalte sind LOD-Werte angegeben, die aussagen, ob ein gegebenes Kreuzungspaar wahrscheinlich ist. In unserer Analyse bestätigen LOD-Werte über 30 die gefundenen Trios.

Einen weiteren Aspekt lieferte die Abstammungsanalyse. Sie förderte die Bedeutung von alten Rebsorten zutage, die heute nur vereinzelt in Weinbergen anzutreffen sind. So wurde im Rahmen der Sammlungsreisen nur eine einzige Hadisi-Pflanze am Hadis-Berg auf 1650 m über NN gefunden. Der Farmer kannte ihren Namen nicht, er glaubte, sie sei der Sämling einer Kulturrebe und von Vögeln gebracht worden. Ihre Identität konnte mittels zwei vorhandenen Fingerabdrücke in der SSR-DB bestimmt werden. Nun stellte sich heraus, dass das Unikat oder die Seltenheit Hadisi ein wichtiges Elternteil ist. Sie ist an den Trios Berri Spitak, Chilar und Khatun Khardzhi beteiligt (siehe Tabelle 1). Chilar wird als sehr alte Rebsorte beschrieben.

Mit der Cervus-Software wurden auch Elternteil-Kind-Beziehungen ermittelt. Diese werden als Duos bezeichnet, da nicht zu klären ist, welche Sorte der Nachkomme und welche das Elternteil darstellt. Vom historischen Hadisi existierten gleich vier Elternteil-Kind-Beziehungen, nämlich mit dem legendären Areni Sev, Garan Dmak, Voskehat und Genotyp 67.

Tab. 1: Liste der Trios, d.h. Mutter und Vater der Nachkommen sind identifiziert.

Nachkommen		Elternteil 1		Elternteil 2		
VIVC Leitname	VIVC Kennnummer	VIVC Leitname	VIVC Kennnummer	VIVC Leitname	VIVC Kennnummer	LOD score
AIGENI SEV	149	ARAKSENI CHERNYI	530	ARARATI	553	36,09
ARENI SPITAK	577	ARENI SEV	576	TOZOT	12600	52,54
BERRI SPITAK	1192	HADISI	65	GENOTYP 16		46,36
CHILAR	2558	HADISI	65	GENOTYP 16		53,95
CHRAGI SPITAK	27096	CHRAGI ERKSER	2622	GENOTYP 60		42,91
ESKERI [1)]	3960	BLANC D'IRAN	24179	SULTANINA	12051	36,96
GORA CHIRINE FAUX [1)]	41934	HRUSHAKI	10412	SULTANINA	12051	34,86
KHATUN KHARDZHI	6168	HADISI	65	VANKI	25977	40,59
KARMIR YEREVANI	12896	AREVIK SPITAK	583	SULTANINA	12051	38,58
GENOTYP 81		ARAYATLY GARA UZUM	21888	RKATSITELI	10116	45,02

1) Bestätigung einer früheren Publikation von Lacombe et al. 2013

Vorhaben: Gesicherte Erhaltung im nationalen Rebsortiment durch Pfropfung

Ein Großteil der Sammlungsmuster wurde im nationalen Sortiment Etchmiadzin mit acht bis zehn Reben wurzelecht gepflanzt. Dies könnte erneut die mühsam zusammengetragene Vielfalt bedrohen. Von der Reblaus, die im 19. Jahrhundert in Europa eingeschleppt wurde, war Armenien bis vor wenigen Jahren verschont geblieben. Im Ararat-Tal verursacht sie mittlerweile große Schäden. In einem neuen deutsch-armenischen Projekt, das 2022 starten soll und drei Jahre läuft, ist die Pfropfung des Sortiments auf reblausfeste Unterlagen vorgesehen.

Aufbau der armenischen Vitis-Datenbank (www.vitis.am/eng)

Im Rahmen des Projekts entstand ein ansprechender und nutzerfreundlicher Sortenkatalog. Er wurde im April 2019 freigeschaltet. Die Datenbank beinhaltet 167 Rebsorten. Über „Database search" gelangt man zu den Sorten, die mit Passportdaten, dem Mikrosatellitenprofil und Merkmalsdaten ausgestattet sind. Von vielen Sorten sind Fotos vorhanden. Diese Datenbank wird als Aushängeschild der armenischen, rebengenetischen Ressourcen wahrgenommen. Sie soll helfen, die Unterstützung der politischen Entscheidungsträger in Armenien zu sichern, insbesondere die Erhaltung der Rebsammlung in Etchmiadzin.

Zusammenfassung und Schlussfolgerungen

Die Suche nach Rebsorten in traditionellen armenischen Weinbaugebieten gab Einblick in die enorme, dort vorherrschende genetische Vielfalt. Die Kombination von nuklearen Mikrosatellitenmarkern und Ampelographie erwies sich als geeignet, um die Identität von 71 autochthonen, armenischen Rebsorten, 49 armenischen Neuzüchtungen und 34 eingeführten Rebsorten zu bestimmen. Ihre korrekte Bezeichnung ist Voraussetzung für die weinbauliche Nutzung und das Management in Genbanken. Synonym-, Homonym- und Fehlbezeichnungen konnten geklärt werden.

Weiterhin sind Anstrengungen nötig, zum Beispiel, um die 67 Genotypen zu identifizieren, die aufgrund fehlender genetischer Profile in SSR-Datenbanken oder fehlender Namen nicht identifiziert werden konnten. Dazu sind bibliographische Studien und die Zusammenarbeit mit anderen Genbanken nötig, auch um verloren gegangenes Material zurückzuführen. Die Suche nach historischen Rebsorten wird fortgesetzt.

Zahlreiche genetische Beziehungen ersten Grades zwischen bedeutenden autochthonen Sorten wurden aufgedeckt. Manche Exemplare wie Hadisi, von der nur eine Pflanze gefunden wurde, jedoch mit Beziehungen zu mehreren Sorten, erwiesen sich als Relikte aus früheren Zeiten, in denen sie eine größere Verbreitung hatten. Dadurch konnten spontan Kinder entstehen, analog zur Rolle des Weißen Heunisch als Genspender in früheren Jahrhunderten in Europa. Die große Zahl der Neuzüchtungen spiegelt die enorme Züchtungsaktivität in Armenien wider und die Tatsache, dass die Weinbauern offen dafür waren und damit experimentierten. Züchterangaben zu Kreuzungseltern konnten bestätigt, revidiert oder ergänzt werden.

Die vorliegende Studie ist die erste repräsentative und umfassende Analyse der armenischen Rebenvielfalt. Im nationalen Rebsortiment Etchmiadzin steht das Sammlungsmaterial zurzeit noch unveredelt. Aufgrund der Ankunft der Reblaus im Ararat-Tal ist das Pfropfen auf Unterlagen dringend erforderlich

Die armenischen Rebsorten sind in der Armenischen Vitis-Datenbank (www.vitis.am) und im Vitis Internationalen Sortenkatalog (www.vitis.de) dokumentiert.

Danksagung

Diese Studie wurde durch das MES-BMBF-Projekt „Erforschung des Züchtungspotentials der armenischen rebengenetischen Ressourcen durch multidisziplinäre Charakterisierung“ (Förderkennzeichen: BFDF17034) gefördert. Aufenthalte von Kristina Margaryan wurden durch die COST Action CA 17111 INTEGRAPE und teilweise vom DAAD-57552334-Projekt gedeckt. Wir möchten der „Vine and Wine Foundation of Armenia“ (VWFA) für ihren Beitrag zu den Exkursionen danken.

Literatur

Aslanyan, E., Araratyan, A., Gulqanyan, V., Grdzelyan, G., Takhtadjyan, A., Tumanyan, M., Malkhasyan, M., Sargsyan, V. (1947): Ampelografia Armyanskoy SSR. Izdadelstvo Academia Nauk Armjanskoi SSR, Yerevan.

Barnard, H., Dooley, A., Areshian, G., Gasparian, B., Faull, K. F. (2011): Chemical evidence for wine production around 4000 BCE in the Late Chalcolithic Near Eastern Highlands. J. Archaeolog. Sci. 38, 977–984.

Frolov-Bagreev, A. M., Negrul, A. M., Blagonravov, P. P. (1946–1956): Ampelogafiya SSSR I–VI (Ampelography of SSSR I–VI). Pishchepromizdat, Moskau.

Hovhannisyan, N. A., Yesayan, A. A., Bobokhyan, A. A., Dallakyan, M. V., Hobosyan, S. G., Gasparyan, B. Z. (2017): Armenian Vine and Wine. Deutsche Gesellschaft für Internationale Zusammenarbeit (GIZ) GmbH, Yerevan.

Kartavchenko, P. K. und Blagonravov, P. P. (1963–1970): Ampelogafiya SSSR I–III (Ampelography of SSSR I–III; Pishchepromizdat: Moscow, Russia.

Maghradze, D., Rustioni, L., Turok, J., Scienza, A., Failla, O. (2012): Caucasus and Northern Black Sea Region Ampelography. Vitis Special Issue. Maierdruck, Lingenfeld.

Margaryan, K., Melyan, G., Röckel, F., Töpfer, R., Maul, E. (2021): Genetic diversity of Armenian grapevine (Vitis vinifera L.) germplasm: molecular characterization and parentage analysis. Biology 10 (12, Art. 1279) 22 pp.

McGovern, P. E. (2003): Ancient Wine: The Search for the Origins of Viniculture; Princeton University Press: Princeton, NJ, USA.

McGovern, P., Jalabadze, M., Batiuk, S., Callahan, M. P., Smith, K. E., Hall, G. R., et al. (2017): Early Neolithic wine of Georgia in the South Caucasus. Proc. Natl. Acad. Sci. 114, 48) E10309–E10318.

Melyan, G., Safaryan, D., Nersisyan, A. (2019): Ampelography. Copyright Edition. Food and Agriculture Organization of the United Nations. Yerevan.

Poghosyan, S. H., Khachatryan, S. S., Sargsyan, V. V., Muradyan, S.M (1962): Ampelografia Armyanskoy SSR. Armyanskoe Gosudarstvennoe Selkokhozyastvennoe Izdatelstvo, Yerevan.

Poghosyan, S. H. (1981): Haykakan Sovetakan Sotsialistakan Respublikai Ampelografiya III (Ampelography of the Armenian Soviet Socialist Republic III). Hayastan: Yerevan.

Vavilov, N. I. (1930): Wild progenitors of the fruit trees of Turkestan and the Caucasus and the problem of the origin of fruit trees. Proceedings of the International Horticultural Congress, London.

Nachhaltige deutsche Weinprofilierung im Export? Befragungsergebnisse für drei Exportdestinationen

Von Prof. Dr. Marc Dreßler und Christine Freund
Hochschule für Wirtschaft und Gesellschaft Ludwigshafen / DLR Rheinpfalz
Marc.dressler@hwg-lu.de

Prof. Dr. Marc Dreßler

Christine Freund

Der Weltweinhandel hat enorm zugenommen, sodass mehr als ein Drittel des weltweit produzierten Weins Grenzen überschreitet (OIV 2021). Deutscher Wein konnte von steigender Exportfreudigkeit in den letzten beiden Dekaden hingegen nicht profitieren, die Exportmenge ist massiv gesunken. Den deutschen Weinerzeugern wird zwar eine hohe Leistungsfähigkeit im Export attestiert, die auf Destinationsmärkte angepasste Angebotsgestaltung hingegen wird als ausbaufähig eingestuft (Dressler 2015). Diese empirisch gestützten Erkenntnisse hat eine aktuelle Befragung motiviert, Angebotskonzepte für die wesentlichen Exportdestinationen im Kontext von Nachhaltigkeit zu testen.

Forschungsansatz: Nachhaltigkeit zur Steigerung der Attraktivität auch im Export

Nachhaltigkeit bestimmt zunehmend die Weinwelt, konsum- und produktionsseitig. In einigen Exportdestinationen für deutschen Wein wird Nachhaltigkeit absehbar zur Markteintrittsbarriere (z.B. Schweden) und besonders bei jüngeren Konsumenten im Ausland beeinflusst dies auch das Kaufverhalten. Angesichts der konzertierten Nachhaltigkeitskommunikation der internationalen Weinproduzenten, insbesondere Neuseeland, Chile und Südafrika, droht deutschen Anbietern ein

Positionierungsdefizit. Nachhaltigkeit ist zudem produktionsseitig gefordert, denn die Ziele zur Erreichung des europäischen Green Deals für die Weinproduktion sind hochgesteckt und erfordern weitreichende Anpassungsstrategien. Unter anderem verspricht ein verstärkter Anbau von pilzwiderstandsfähigen Rebsorten (Piwi) Lösungspotenzial. Im Rahmen des Forschungsprojekts Vitifit, das das Ziel hat, kupferhaltige Pflanzenschutzmittel im Ökoweinbau zu reduzieren, werden auch die Marktchancen von neuen Sorten in Verbindung mit Nachhaltigkeitseffekten hinterfragt und die Fragestellung motiviert, ob über Innovation, Nachhaltigkeit und die Vermarktung von Piwi-Weinen die Exportchancen deutscher Weinproduzenten gesteigert werden können. In der Folge würde sowohl ein Beitrag zur Erreichung der gesellschaftlichen und politischen Transformationsziele geleistet als auch die Exporterfolge gesteigert.

Im Folgenden werden die Ergebnisse einer Expertenbefragung zu Exportchancen für deutschen Wein durch innovative Konzeptgestaltungen auf der Basis von Nachhaltigkeitsaspekten und pilzwiderstandsfähigen Rebsorten (Piwi) wiedergegeben. Die Befragung erlaubt für drei der Hauptexportmärkte für deutschen Wein länderspezifische strategische Einblicke. Die Einsichten können Impulse für deutsche Weinerzeuger zur Wahrnehmung strategischer Wachstumschancen durch neue Rebsorten sowie weitergehende Konzeptkomponenten für diese Destinationen im Export geben.

Export als strategische Wachstumsoption

Export beschreibt eine wirtschaftliche Aktivität von Unternehmen, bei der Waren oder Leistungen über nationale Grenzen hinweg abgesetzt werden. Als strategische Option eröffnet Export Absatz- und Gewinnsteigerungspotenzial und besonders bei stagnierenden Heimatmärkten kann Export einen Beitrag zur Risikodiversifikation leisten (Zou & Cavusgil 2002). Die Welt erlebt einen massiven Umbruch, der durch die Corona-Pandemie, den fortschreitenden Klimawandel und die Eskalation internationaler Konflikte nur beispielhaft aufgezeigt, aber in voller Dramatik erkennbar wird. Grundlegendes scheint zunehmend in Frage gestellt. Trotz aller Zäsuren nährt globaler Handel die Weltwirtschaft. Dies zeigt sich auch in der Abhängigkeit von internationalen Lieferketten, da Güter trotz bestehender Nachfrage nicht geliefert werden können, wie aktuell nicht nur in der Automobilbranche leidlich erfahren werden muss. Auch der Weinmarkt steht in einem Spannungsfeld aus politischen, gesellschaftlichen und ökonomischen Umweltfaktoren, das mit den aktuellen und zukünftig zu erwartenden Veränderungen herausfordernder wird.

Export ist besonders bei landwirtschaftlichen Gütern relevant. Sie machen mehr als ein Fünftel des Welthandels aus. Die Globalisierung von Nahrungsmitteln wird durch dramatische Folgen des Kriegs in der Ukraine erkennbar, denn als Folge der kriegsbedingten Produktions- und Transportausfälle wird eine weltweite Hungersnot prognostiziert. Neben klassisch für Export ausschlaggebenden Produktionskostenvorteilen fördern bei Nahrungsmitteln und vor allem auch Wein Vegetationsvoraussetzungen und landestypische Produktcharakteristika eine internationale

Nachfrage. Der „Terroir"-Gedanke belegt, dass einzigartige Weine nur in bestimmten lokalen Gegebenheiten produziert werden können. Weinproduktion bedingt zudem klimatische Anforderungen, die nicht in allen Ländern gegeben sind, sodass Import oftmals die einzige Möglichkeit zur Sättigung von Nachfrage nach Wein sein kann. 40 % der globalen Weinproduktion werden exportiert. Dies entspricht einem Warenwert von über 30 Mrd. Euro (OIV 2021). Wachstumsmärkte für Wein profitieren von Bevölkerungswachstum und einer Steigerung der Intensität des Weinkonsums durch wachsenden Wohlstand. Die Globalisierung wirkt sich auch auf die Produkte und internationale Weinstile aus und kann Markenbildung fördern. Neue Absatzpotenziale, bei einer globalen Verschiebung der Nachfrage, sind das Resultat.

Für deutsche Weinproduzenten bietet Export die Chance, neue Märkte und Verbraucher zu erreichen, von Wachstumsmärkten zu profitieren und lokalem Wettbewerb zu entgehen. Die statistisch gemeldeten Exportergebnisse von über 3,8 Millionen Hektolitern (DWI 2021) bestehen allerdings zu nahezu 75 % aus Reimporten, da sich Deutschland zu einer Drehscheibe im Weinhandel entwickelt hat (Scheuermann 2012). Der Export deutscher Weine ist trotz massiv steigendem, grenzüberschreitenden Weinhandel in den letzten zwei Dekaden von einem Volumen von über zwei auf aktuell circa eine Million Hektoliter geschrumpft. Steigende Preise der Nettoexporte gelten als Indiz für Qualitätswahrnehmung deutscher Weine im Ausland. Sicherlich ist der Marktanteil deutscher Weine auf dem norwegischen Weißweinmarkt ein Erfolg und ein Indiz für die erfolgreichen Anstrengungen, ein wertiges Erzeugerprofil für deutsche Weine zu fundieren.

Das Exportgeschäft ist für deutsche Weinproduzenten gleichzeitig Chance und Herausforderung. USA, die Niederlande, Großbritannien, Norwegen und China sind die Hauptexportdestinationen. Deutsche Direktvermarkter haben angesichts der geringen Konzentration auf der Anbieterseite (BMEL 2020) im globalen Wettbewerb Nachteile. Große, global agierende Weinkonzerne (z. B. Constellation Brands, Gallo, Concha y Toro …) verfügen über globale Vertriebsnetze, Exporterfahrung, internationale Marktkenntnis und Zugang zu Finanzmärkten. Die Lieferfähigkeit auch großer Weinmengen sichert eine gute Verhandlungsposition gegenüber dem Handel. Die Gewinnung von Marktpotenzial in wachsenden Weinkonsummärkten setzt ein attraktives, passendes Angebot für die Konsumenten in den Zielmärkten voraus. In einer vorausgehenden Befragung zu den Erfolgsfaktoren im Weinexport und der Leistungsfähigkeit der deutschen Anbieter hat sich gezeigt, dass die Experten mit deutschen Produzenten gerne zusammenarbeiten, die Qualität geschätzt wird und eine gute Marktkenntnis vorhanden ist. Mangelnde Anpassung des Angebots auf die Zielmärkte und Zielgruppen in den Exportländern wird jedoch als verbesserungswürdig wahrgenommen. Diese empirischen Einsichten haben die hier dargelegte Studie motiviert, bei der zielmarktkonforme Angebotsgestaltung im Export deutscher Weine unter Rückgriff auf Innovation und Nachhaltigkeit hinterfragt wurde.

Befragungsdesign zur nachhaltigen Angebotsgestaltung für deutsche Weinerzeuger

Konsumenten in Weinexportdestinationen entscheiden angesichts des gewonnenen Images der Produktionsländer (Corsi et al. 2011) den „Country-Image-Effekt“ (Martin & Eroglu 1993). Diese sind durch die agierenden Anbieter und wahrnehmbare Angebote sowie Länderstereotypen geprägt. Innovation wird zunehmend zum Erfolgsfaktor (Maurel 2009). Um zu erfahren, wie gewinnende Konzepte aussehen, welche Rolle Nachhaltigkeit hierbei einnimmt und welche Angebotskonzepte für deutsche Weinerzeuger erfolgversprechend sind, wurden Experten in den maßgeblichen Exportdestinationen deutschen Weins zu möglichen Angebotskonzepten befragt. Da Innovation und Nachhaltigkeit verstärkt die Einkaufsentscheidungen auch im internationalen Handel bestimmen, wurden Optionen der Angebotsgestaltung, basierend auf diesen Kernhebeln für deutsche Weinerzeuger für die drei dominanten Exportdestinationen, hinterfragt, wobei pilzwiderstandsfähige Rebsorten (Piwi) einen Konzeptbestandteil bildeten. Kern der Umfrage war eine Bewertung von vier verschiedenen Konzepten zur Positionierung eines deutschen Piwi-Weinangebots in Zielmärkten als Kombination aus Innovation und Nachhaltigkeit, durch die eine mögliche, nachhaltige Entwicklung des Country-Image-Effekts und hiermit verbundene Exportchancen abgefragt wurde (Tab. 1).

Befragt wurden mehr als 100 Experten (vorwiegend Importeure, Händler und Multiplikatoren) in den maßgeblichen Absatzmärkten Großbritannien, USA, Niederlande, Dänemark, Schweden und China. Für die Evaluation der Konzeptansätze in der Umfrage wurde den Befragten zunächst eine Wort- und Bildwelt vorgestellt. Anschließend wurde für jedes Konzept nach einer Einschätzung zu geeigneten Verpackungen, Weinstilistik, zusätzlicher Attribute und einem passenden Preisniveau

Tab. 1: Getestete Konzeptansätze für Piwi-Weinexporte.

Konzeptansatz	Merkmale	Schlüsselwörter
1. Nachhaltigkeit	Herausstellen der ökologischen Vorteile von Piwi-Rebsorten und eines damit verbundenen nachhaltigen Weinbaus. Die Bildwelten sind geprägt von Naturmotiven.	Nachhaltigkeit, Klimaschutz, Natur, umweltfreundlich
2. „Made in Germany“	Deutschland gilt als Standort für Technologie und Forschung. Neue Rebsorten bieten Zukunftsorientierung und Innovation im Sinne von „Made in Germany“ für die Weinbranche.	Verlässlichkeit, Präzision, Vertrauen, Technik
3. Stereotypen	Analog zur erfolgreichen französischen Weinmarke „Arrogant Frog“ spielt das Konzept mit deutschen Stereotypen.	Lederhosen, Gartenzwerge, deutscher Humor, kühles Klima
4. Lifestyle	Der Wein soll einfach sein, Spaß machen und auf eine urbane Zielgruppe zugeschnitten sein. Lebensgefühl als Vermarktungsbasis statt Produktzentrismus, Herkunft, Rebsorte oder weinbezogenen Begriffen.	Spaß, Freiheit, Design, „easy-drinking“

gefragt. Die Ergebnisse der Umfrage liefern Ansätze für die Gestaltung marktgerechter Angebote in Bezug auf geeignete Geschmacksprofile, Verpackungsalternativen, Nachhaltigkeitsmehrwerte und Kommunikation.

Ausgangssituation „deutscher Wein" und Konzeptpräferenzen

Die Befragten attestieren deutschem Wein vor allem positive Produkteigenschaften, wobei ein guter Geschmack, Weinqualität und attraktive Preise betont werden. Mit deutschem Wein wird eine Traditionsorientierung verbunden, was im Sinne des Qualitätssiegels „Made in Germany" prägend wirkt. Hinsichtlich des Zusatznutzens

Tab. 2: Konzeptattraktivität für Piwi-Weinexport (alle Länder, Mittelwerte).

Konzepte	Nachhaltigkeit	Made in Germany	Stereotypen	Lifestyle
Kaufwahrscheinlichkeit/Attraktivität (1 bis 7 (Höchstwert))	5, 8	5,4	3,8	4,7

Tab. 3: Konzepttest Nachhaltigkeit nach Exportdestination: Relevanz ausgewählter Konzeptelemente sowie Preisniveau (Mehrfachnennungen möglich).

	Gesamt	GB	NL	USA
Verpackung				
"normale" Flasche	18 %	16 %	19 %	50 %
Leichtglasflasche	63 %	74 %	69 %	45 %
Bag-in-Box (BiB)	11 %	11 %	6 %	–
Produktprofil				
Alkoholfrei/-reduziert: Reduzierter Alkoholgehalt und Brennwert, fruchtig, halbtrocken	16 %	29 %	11 %	25 %
Leichter Wein: Frisch-fruchtig, Alkoholwert gering bis mittel, mit leichter Restsüße	42 %	33 %	21 %	33 %
Körperreich: Vollmundig mit mittlerem Alkoholgehalt, reifen Aromen, evtl. mit Holz, Speisebegleiter	34 %	33 %	16 %	17 %
Naturstil: Orange, Natural Wine oder PetNat mit reduziertem Schwefelgehalt	41 %	43 %	42 %	67 %
Schäumend: Perl- oder Schaumwein	8 %	10 %	–	8 %
Preisniveau				
Preiseinstieg	14 %	19 %	5 %	17 %
Mittlerer Preis	68 %	71 %	58 %	67 %
Premium	44 %	38 %	47 %	58 %
Hochpreissegment	15 %	14 %	21 %	25 %

Tab. 4: Konzepttest Nachhaltigkeit nach Exportdestination: Informationen auf Etikett (Skala 1–5, 5: sehr bedeutend, Mittelwerte).

Etikettenangaben	Gesamt	Großbritannien	Niederlande	USA
Anbaugebiet	3,5	3,6	3,6	3,3
Rebsorte	3,3	3,5	3,3	3,0
Bio-Zertifizierung	4,2	4,1	4,1	4,2
Nachhaltigkeitssiegel	4,3	4,3	4,3	4,4

als kommunizierbare Attribute wie Innovation, Nachhaltigkeit und dem Image eines modernen Lebensstils werden die deutschen Weine hingegen weniger positiv bewertet. Ein vermuteter Positionierungsnachteil gegenüber Produzenten aus anderen Weinmärkten wird bestätigt. Die Befragung identifiziert jedoch die Chance, mit neu positionierten Angeboten die veränderte Nachfrage der Märkte zu bedienen.

Über alle Länderexperten hinweg zeigt ein Piwi-Weinkonzept hohe Erfolgswahrscheinlichkeit, denn aus der Auswahl von Konzeptansätzen wird das der Nachhaltigkeit eindeutig präferiert (Tab. 2). Auf den Plätzen folgen „Made in Germany", dann Lifestyle. Der Ansatz, deutsche Stereotypen aufzugreifen und mit Humor oder Übertreibung im Marketing zu verbinden, belegt bei den Befragten abgeschlagen den letzten Platz. Diese Rückmeldungen unterstützen die der Befragung zugrunde liegende Hypothese, dass ein nachhaltigkeitskonzentriertes Weinkonzept hohe Marktaktualität erfährt und in Verbindung mit umweltschonenden Rebsorten Nachhaltigkeit als überzeugendes und verständliches Angebot kommuniziert werden kann. Die Detailelemente illustrieren, dass ein auf Nachhaltigkeit und Innovation basierendes Exportkonzept für deutsche Weine passfähig ist und der Piwi-Ansatz stimmig und überzeugend sein könnte.

Im Folgenden werden die Einsichten für das Piwi-Weinexportkonzept im Sinne von Nachhaltigkeit nach Ländern aufgezeigt (Tab. 3). Diese liefern mögliche Ansatzpunkte für die Exportmärkte Großbritannien, USA und Niederlande.

Die Befragungseinsichten zu den drei Ländern werden mit einer Marktsynopse verbunden und die Rückmeldung zur preislichen Positionierung aufgezeigt (Tab. 4).

Einsichten und Anregungen zum Markt Großbritannien

Deutscher Wein in Großbritannien – historisch einer der wichtigsten Exportmärkte für deutschen Wein – leidet seit längerem an massivem Marktanteilsverlust, der durch den Brexit befeuert wurde. In der Folge ist der rückläufige Weinexport in Wert und Menge weiter eingebrochen und der Durchschnittspreis der deutschen Weinexporte mit weniger als 2 €/l gering (DWI 2022). Verstärkt durch die Pandemie finden in Großbritannien immer weniger junge Konsumenten den Zugang zum genussvollen Weinkonsum, es fehlt eine nachwachsende Zielgruppe (Wine Intelligence 2022b). Somit bleibt der britische Markt für den deutschen Weinexport fordernd und deutsche Qualitätsweine verlieren weiter Marktanteil im preisaggressiven britischen Markt.

In diesem schwierigen Marktumfeld eröffnet die Befragung Ansatzpunkte zur verbesserten Positionierung des deutschen Weins auf Basis von Piwis, auch durch eine Ansprache jüngerer Konsumenten. Diese können durch innovative und zielgruppengerechte Produkte besser erreicht werden. In Großbritannien sind entalkoholisierte bzw. alkoholreduzierte (und somit kalorienarme) Weine ein wachsendes Marktsegment. Entsprechend haben die Länderexperten dem Konzeptansatz „Lifestyle" eine hohe Marktchance zugeschrieben, da dieser den Markttrend aufgreift und sich überzeugend im Markt platzieren lässt. Das Konzept wird dabei tendenziell im mittleren Preissegment angesiedelt und von drei Vierteln der Befragten mit einer Leichtglasflasche in Verbindung gebracht, außerdem ist eine Bio-Zertifizierung überdurchschnittlich relevant. Das Konzept „Nachhaltigkeit" wird ähnlich vielversprechend beurteilt, mit höherer preislicher Einordnung. Die Befragung spricht für Marktpotenzial durch „Naturweine", also Orange Wine oder PetNat. Beide Ansätze könnten im britischen Markt die Möglichkeit bieten, eine Zielgruppe zu adressieren, die für einen bewussten Lebensstil steht. Innovative Weinstile mit ökologischem Zusatznutzen, der durch Piwis oder Leichtglasflaschen erfahrbar wird, werden zum Schlüssel für Exporterfolg. Der Ansatz verspricht zudem, von einer erhöhten Zahlungsbereitschaft zu profitieren.

Auffallend war in den Umfrageergebnissen, dass die Konzepte „Made in Germany" und „Stereotypen" – beide eng mit dem Image Deutschlands verknüpft – im britischen Markt eine unterdurchschnittliche Akzeptanz aufweisen. Ein moderner und gewinnender Absatz über Piwis, Nachhaltigkeit und geringe Alkoholwerte wird empfohlen. Unabhängig von einer möglichen Positionierung sind bei preisaggressiven Märkten wie Großbritannien die betrieblichen Vorteile von Piwis relevant, wie Kosteneinsparung durch reduzierten Pflanzenschutz. Ein Hebel, um langfristig auch im Preiseinstiegssegment die Rentabilität zu steigern.

Einsichten und Anregungen zum Markt USA

Die USA sind der wichtigste Exportmarkt für deutsche Weine und der größte Verbrauchermarkt der Welt. Der Weinmarkt ist allerdings sehr dynamisch und die deutschen Exporte stehen in den letzten beiden Jahren erheblich unter Druck. Vor allem Strafzölle auf europäische Weine und Konsumveränderungen während der Corona-Pandemie haben die deutschen Weinexporte in die Vereinigten Staaten um 19 % im Wert und 6 % in der Menge einbrechen lassen (DWI 2022). Deutsche Weine machen im US-Weinmarkt lediglich einen Mengenanteil von 1 % aus. Auch für die USA wird diskutiert, ob ein für viele Industrienationen erwarteter Trend, dass der Weinkonsum in den nächsten Jahren leicht zurückgeht, greift. Hierbei wird vor allem auf einen reduzierten Alkoholkonsum der nachwachsenden Zielgruppe verwiesen (Joseph 2022). Dabei bietet die Zielgruppe der unter 40-Jährigen Perspektiven. Diese erwartet jedoch „Premiumisierung" im Angebot (Wine Intelligence 2022a). Zudem bieten „Natural Wines", die im US-amerikanischen Markt als gesünder, umweltschonender und geschmacklich attraktiv wahrgenommen werden, Vermarktungspotenzial. Alternative Verpackungen, vor allem Dosen und kleine Flaschen („1 Portion") sind in dieser Zielgruppe ebenso von zunehmender Relevanz, wenn auch aktuell noch auf geringem Niveau. In der Umfrage kristallisierten sich durch die Rückläufe der amerikanischen Experten vor allem zwei geeignete Positionierungen für deutsche Piwi-Weine heraus, die diese Markttransformation bestens abdecken. Das Konzept der Nachhaltigkeit wird von den US-Experten als vielversprechender Vermarktungsansatz eingestuft und von Befragten mit einem „Natural style" in Verbindung gebracht, dem hohes Marktpotenzial zugesprochen wird. Ein Nachhaltigkeitssiegel wird aus Sicht der Experten für den Markt empfohlen, der Umweltnutzen von leichteren Flaschen oder Bag-in-Box wird weniger ausgeprägt als Konzeptelement gefordert. Die Experten sehen bei einem nachhaltigkeitsbasierten Angebot die Möglichkeit, über ansprechende Konzepte eine hochwertige Vermarktung zu realisieren, mehrheitlich im Premium- und Hochpreissegment. Für jüngere Zielgruppen wird ein „Lifestyle"-Produkt als geeignet für Piwis angesehen. Bemerkenswert ist, dass 60 % der Befragten ein „Free-of"-Produkt als Weinstilistik begrüßen, d. h. einen alkoholreduzierten, fruchtigen und restsüßen Wein, abgefüllt in einer Dose oder kleinen Flasche, mit einer preislichen Positionierung im Einstiegssegment. Die verbesserte Umweltbilanz ist dabei eher ein untergeordneter Zusatznutzen für den amerikanischen Markt, bietet aber für die Produktionsseite die Chance, betriebsinterne Vorteile der Piwis wie Kostenreduktion und moderne Geschmacksprofile der Rebsorten auszuspielen. Das Konzept „Made in Germany" erweist sich überraschend als geeignet für das Premium-Segment, hierbei wird aber auf die Relevanz der Rebsorten-Nennung verwiesen, was bei den (noch) unbekannten Rebsorten zu berücksichtigen ist.

Einsichten und Anregungen zum Markt Niederlande

Auch wenn der Absatz deutscher Weine in den Niederlanden laut Statistik rückläufig ist, so ist das Nachbarland mit einem Volumen von über 100.000 Hektolitern an zweiter Stelle der Exportländer hinter den USA (DWI 2022). Der Durchschnittspreis von 2 €/l ist hierbei weit unter dem Durchschnitt. Entsprechend der Entwicklung in anderen Ländern sind auch die Niederlande durch nachlassenden Konsum charakterisiert, wobei eine „Premiumisierung" zu verzeichnen ist. Weine in der Preiskategorie über 5 € im Lebensmitteleinzelhandel gehören nicht mehr, wie noch vor einigen Jahren berichtet, zur Ausnahme (Wine Intelligence 2021b). Experten konstatieren einen nachhaltigen Trend, der bereits vor der Pandemie offensichtlich war und anhält. Für niederländische Konsumenten ist ein geringerer Alkoholgehalt des Weins zunehmend ein Kriterium für die Kaufentscheidung, besonders in der Zielgruppe der unter 35-Jährigen. Aktuelle Marktdaten bestätigen ein steigendes Interesse an Bioweinen, nachhaltig produzierten bzw. umweltfreundlichen Weinen, jedoch weniger ausgeprägt als in anderen europäischen Ländern (Wine Intelligence 2021a). Für die Positionierung und Verbraucherakzeptanz von Piwis im niederländischen Markt spricht jedoch, dass das Land selbst Weinbau betreibt, aktuell auf einer Fläche von 200–300 Hektar, bei dem die neuen Rebsorten dominieren. Da diese Produkte im Inland konsumiert werden, steigert es die Bekanntheit der Rebsorten und schürt auch das Interesse. Unter involvierten niederländischen Verbrauchern sind daher die Rebsorten teilweise bekannt, Importeure können daran anknüpfen.

Die niederländischen Befragten kommunizieren hinsichtlich der alternativen Konzeptansätze wenig Präferenz. Alle vorgestellten Konzepte werden im Ländervergleich als höherpreisig positionierbar beurteilt. Offensichtlich könnte eine nachvollziehbare Konzeptionalisierung von Angeboten deren Wertigkeitswahrnehmung steigern. Naturweine werden in Verbindung mit allen Konzepten als attraktiv eingeschätzt, was als Wegbereiter für Piwis geeignet scheint. Für die Niederlande sehen die Experten in Abweichung zu den anderen Ländern bei einem Konzeptansatz unter Rückgriff auf „Made in Germany" die Möglichkeit, dies auch als Premium-Ansatz anzunehmen und dies aber auch mit Leichtglas zu verbinden. Leichtglasflaschen steigern über alle Konzeptansätze hinweg nach Ansicht der Befragten die Marktattraktivität der Angebotskonzepte. Weinabsatz in Verbindung mit „Nachhaltigkeit", insbesondere als Naturwein, wird ebenfalls Premium- bis Hochpreisniveau zugesprochen und hohe Kaufwahrscheinlichkeit prognostiziert. Bei den Lifestyle-Ansätzen wird auch Bag-in-Box-Verpackung verortet, was den skandinavischen Marktpräferenzen entspricht.

Auch wenn sich aus den Befragungsergebnissen der Niederlande kein favorisiertes Konzept zur Positionierung von Piwis ableiten lässt, sprechen die Rückläufe der Befragten Länderexperten zu möglichen Exportkonzepten dafür, dass „Nachhaltigkeit" bei niederländischen Weinkonsumenten das Kaufinteresse erhöht und eine höhere preisliche Positionierung erlaubt. Piwis können daher ein wichtiger Baustein in einem ganzheitlichen und transparenten Angebotskonzept zur erhöhten Penetration und einer begleitenden Steigerung der Wertigkeit des Angebots bei der Marktbearbeitung der Niederlande bilden.

Zusammenfassung und Ausblick

Die dargelegte Exportbefragung offenbart, dass Nachhaltigkeit bei der Importentscheidung auch für deutsche Weine einen hohen Stellenwert einnimmt. Die Nachhaltigkeitsaspekte werden sogar gegenüber dem Preisniveau priorisiert. Bei der Wahrnehmung der Leistung werden deutsche Weine jedoch gerade bei den Nachhaltigkeitsfaktoren als weniger leistungsfähig eingeschätzt: Deutsche Weine erfüllen in puncto Nachhaltigkeit die Erwartungen der Exportmärkte (noch) nicht. Piwis als Kern einer nachhaltigen und modernen Marktpositionierung eröffnen Perspektive für deutschen Wein, im Export Marktanteile zu gewinnen. Produzenten können über landesspezifische und zielkundenorientierte Konzeptgestaltung ihren Markterfolg erhöhen.

Danksagung

Die Erhebungen wurden im Rahmen des Verbundprojekts Vitifit (Förderprogramm des BMEL, betreut durch den Projektträger BLE) realisiert. Wir bedanken uns zudem beim DWI für Unterstützung und Einsichten in die Länderreports.

Literatur

BMEL (2020): Ertragslage Garten- und Weinbau. Bundesministerium für Ernährung und Landwirtschaft, Bonn.

Corsi, et. al. (2011): Competition between and competition within: the strategic positioning of competing countries in key export markets. 6th AWBR international conference.

Dressler, M. (2015): Erfolgsfaktoren im Weinexport und Leistungswahrnehmung deutscher Anbieter, 146–158. In: Deutsches Weinbaujahrbuch 2015, Herausgeber Schultz & Stoll. Ulmer, Stuttgart.

DWI (2021): Deutscher Wein Statistik 2020/2021, 1–40, Mainz.

DWI (2022): Deutscher Wein Statistik 2021/2022, 1–40, Mainz.

Joseph, R. (2022): Younger US Consumers Turn to Red Wine – and Non-Alc. Meininger's Wine Business International.

Martin & Eroglu (1993): Measuring a multi-dimensional construct: country image. J. Business Res. 28: 191–210.

Maurel, C. (2009): Determinants of export performance in French wine SMEs. Int. J. Wine Business Res. 21: 118–142.

OIV (2021): State of the vitivinicultural world in 2020, OIV Press Conference.

Scheuermann, M. (2012): Deutschland als Weindrehscheibe Europas, The drink tank.

Wine intelligence (2021a): Global SOLA: Opportunities for sustainbale and organic wine.

Wine intelligence (2021b): Netherlands returns to the new normal, https://www.wineintelligence.com/netherlands-returns-to-the-new-normal/.

Wine Intelligence (2022a): United States Wine Landscapes 2022.

Wine intelligence (2022b): Wine Trends UK.

Zou & Cavusgil (2002): The GMS: a broad conceptualization of global marketing strategy and its effect on firm performance. J. Marketing 66: 40–56.

Sonnenbrandschäden an Trauben – Entstehung, Schadbild und Vermeidung

Von Dr. Matthias Friedel, M.Sc. Kai Müller und Prof. Dr. Manfred Stoll
Institut für allgemeinen und ökologischen Weinbau,
Hochschule Geisenheim University,
Matthias.friedel@hs-gm.de

Dr. Matthias Friedel

M.Sc. Kai Müller

Prof. Dr. Manfred Stoll

Einleitung

Sonnenbrandschäden an Trauben stellen ein häufiger wiederkehrendes Phänomen vor allem in heißen Weinbauregionen dar. Aber auch in Weinbaugebieten mit gemäßigtem oder mediterranem Klima tritt Sonnenbrand im Zuge des Klimawandels vermehrt auf und wird zunehmend zum Problem. In Australien sind jährliche Ernteeinbußen von 5–15 % durch Sonnenbrand, gepaart mit Qualitätseinbußen beim Lesegut, dokumentiert (Gambetta et al., 2019). Nach einer Hitzewelle in Südaustralien traten in einigen Anbaugebieten sogar Ernteverluste bis über 25 % auf (Webb et al., 2010). Im Jahr 2019 führte Sonnenbrand in ganz Europa zu schweren Schäden – besonders bei falsch terminierten Kulturmaßnahmen und sensiblen Rebsorten.

Da im Zuge des Klimawandels Wetterextreme wie lang anhaltende Trockenheit und Hitzewellen zunehmen werden (Meehl und Tebaldi, 2004), ist von einer zunehmenden wirtschaftlichen Bedeutung des Sonnenbrandes für den europäischen Weinbau auszugehen. Die Effekte von Wassermangel und Hitze können sich hierbei gegenseitig verstärken, da durch einen schwächeren Wuchs eine höhere Anzahl von Trauben der Sonnenstrahlung ausgesetzt ist und so das Schadpotenzial des

Sonnenbrandes steigt. Die Weinbaubetriebe sind oft nur unzureichend auf die steigenden Sonnenbrandrisiken vorbereitet, da dem Thema in den vergangenen Jahren nur geringe wissenschaftliche Beachtung geschenkt wurde. In der Praxis werden daher Laubarbeiten oft ohne die Berücksichtigung von Witterung, Traubenentwicklung oder Sortenanfälligkeit durchgeführt und somit große Schäden riskiert.

Schadbild

Im Zuge unserer Recherchen zum Thema zeigte sich immer deutlicher, dass es weltweit große Unterschiede in der Beschreibung des Sonnenbrand-Schadbildes gibt: Während in Europa Sonnenbrand immer mit einem Einschrumpfen und Absterben von Beeren assoziiert wird (Sonnenbrandnekrose; engl. sunburn necrosis, SN), rechnen die meisten Länder der „Neuen Welt" auch Verbräunungen der Beerenhaut (engl. sunburn browning, SB) ohne nekrotische Schädigungen des Gewebes zu den Sonnenbrandschäden. SB tritt in Mitteleuropa verhältnismäßig selten auf und wird, im Gegensatz zu den Weinbauregionen der südlichen Hemisphäre, nicht mit Qualitätsverlusten assoziiert. Beim Anbau von Tafeltrauben führt SB zu Ertragsverlusten, Vermarktungsproblemen und Schwierigkeiten im Export (Hosseinabad und Khadivi, 2019).

Bei der Entstehung von SN tritt zunächst eine Bräunung oder Rötung der Beerenhaut auf, gefolgt von einem zügigen Einsinken betroffener Stellen der Beerenoberfläche oder dem Welken der ganzen Beere. Hierbei sind auch subepidermale Zellen

Abb. 1: Sonnenbrandnekrosen und eingetrocknete Beeren bei der sehr anfälligen Sorte Bacchus. Abbildung: Schmid, HGU.

von den Nekrosen betroffen. Während Bondada und Keller (2012) berichten, dass hierbei das Stielgerüst der Trauben intakt bleibt, wird bei anfälligen Sorten wie Riesling oft auch ein Absterben von Teilen des Stielgerüsts beobachtet, was zu beträchtlichen Ertragsverlusten führen kann (Abb. 1; Gambetta et al., 2021).

SB tritt hauptsächlich nach Veraison auf. Die Epidermis der Beeren färbt sich dabei auf der sonnenexponierten Seite der Beere bräunlich und wird dünn und brüchig. Die Schäden reichen aber nicht weiter in das Beerenfleisch hinein. Obwohl nach einiger Zeit auch bei von SB betroffenen Beeren ein Rückgang des Gewichtes festgestellt werden kann, sind die Ertragsverluste im Vergleich zu SN vernachlässigbar.

Entstehung

Sonnenbrand an Früchten scheint durch oxidativen Stress verursacht zu werden (Muñoz und Munné-Bosch, 2018). Dieser wird durch eine Kombination von Faktoren ausgelöst. Hierzu zählen in erster Linie die Temperatur der Beerenoberfläche und die Sonneneinstrahlung (Hulands et al., 2014). Da vor allem SN auch ohne die Einwirkung von UV-Strahlung (Kolb et al., 2004) bzw. generell von Licht induziert werden kann, scheint zumindest für dieses Phänomen der Hitzestress die entscheidende Rolle zu spielen. Ohne Lichteinwirkung werden die Beerentemperaturen, welche das Auftreten von Sonnenbrand auslösen, jedoch nicht erreicht. Sonnenstrahlung kann weiße Trauben um mehr als 10 °C und rote um mehr als 15 °C über die Lufttemperatur erwärmen (Spayd et al., 2002; Stoll und Jones, 2007). Die Messung der Oberflächentemperatur sonnenexponierter Rieslingtrauben mittels Thermographie zeigte, dass einzelne Beeren an einem Hitzetag im August bei 35 °C Umgebungstemperatur Beerenoberflächentemperaturen von 50 °C erreichen können (Abb. 2), ohne dabei zu verbrennen (Müller 2021 unpublished).

Es ist noch nicht klar, ob das Licht bei der Entstehung von SB oder SN an Trauben außer seiner erwärmenden Funktion eine weitere Rolle spielen kann. Für andere Früchte (Äpfel, Tomaten) ist ein photooxidativer Sonnenbrand beschrieben, bei dem die Pigmente der Epidermis durch Sonneneinstrahlung zerstört werden. Obwohl gelegentlich von reduzierten Anthocyangehalten in hitzegeschädigten Trauben berichtet wird (Zschokke, 1930; Krasnow et al., 2010), fehlen bisher hinlängliche Beweise für das Auftreten von photooxidativem Sonnenbrand an Trauben.

Neben Hitze und Licht können eine Anzahl weiterer Faktoren das Sonnenbrandrisiko beeinflussen. Hier ist zunächst die Windgeschwindigkeit zu nennen. Da die Temperatur sonnenexponierter Beeren über der Umgebungstemperatur liegt, geben diese Wärme an ihre Umgebung ab. Die Geschwindigkeit der Abgabe wird dabei maßgeblich von der Windgeschwindigkeit bestimmt. Bei einem Beerendurchmesser von 1,75 cm kann eine Erhöhung der Windgeschwindigkeit von 0,5 auf 2,0 m s^{-1} die Temperatur am heißesten Punkt der Beere um mehr als 5 °C senken. So tritt durch Wind eine konvektive Kühlung auf, welche die Beerentemperatur in kurzer Zeit unter die Grenztemperatur für das Auftreten von Schadsymptomen senken kann. Trockenstress, eine hohe Luftfeuchte und UV-Strahlung scheinen das

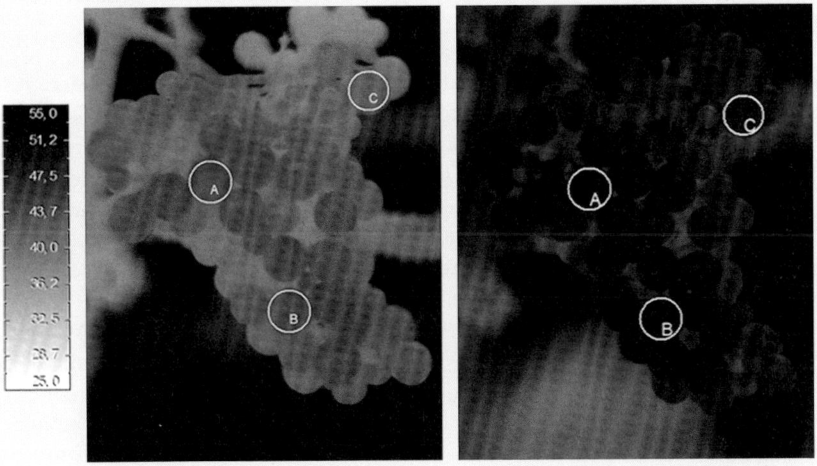

Beerenoberflächentemperaturen am 07.08.2020, **14:00 Uhr**

Beere	Temperatur
A	44,45 °C
B	44,69 °C
C	42,21 °C
Umgebung	33,7 °C

Beerenoberflächentemperaturen am 07.08.2020, **16:00 Uhr**

Beere	Temperatur
A	49,33 °C
B	50,04 °C
C	46,19 °C
Umgebung	35,0 °C

Abb. 2: Thermogramm der Beerentemperaturen auf der Westseite einer Nord-Süd orientierten Zeile bei voller Sonnenexposition. Bei 35 °C Lufttemperatur stieg die Temperatur einzelner Beeren auf bis zu 50 °C. Bild: Müller, HGU.

Sonnenbrandrisiko zu erhöhen (Gambetta et al., 2021), allerdings liegen hier bisher noch zu wenige Versuchsdaten vor, um abschließende Aussagen treffen zu können.

Anfälligkeit

Die Anfälligkeit der Trauben für Hitzeschäden variiert im Laufe der Beerenentwicklung und von Sorte zu Sorte. Zur Anfälligkeit während der Beerenentwicklung liegen unterschiedliche Angaben aus der Literatur vor. Guot et al. (2019 a,b) zeigten, dass zur Erbsengröße bereits deutliche Schäden bei Beerentemperaturen um 44,8 °C auftraten, während nach Veraison mindestens 50 °C nötig waren, um Schäden zu induzieren. Müller-Thurgau (1883) konnte bereits zeigen, dass vor Veraison Schäden bei deutlich niedrigeren Temperaturen (43 °C) auftraten als nach Veraison (55 °C). Während einer Hitzewelle in Australien schienen dagegen die größten Schäden in Weinbergen aufzutreten, in denen sich die Trauben im Stadium der Veraison befanden (Webb et al., 2010). Im Gegensatz dazu traten während der Hitzewelle Anfang Juli 2019 in Deutschland so gut wie keine Sonnenbrandschäden auf, während andere europäische Regionen, in welchen die Beerenentwicklung weiter fortgeschritten war, bei ähnlichen Lufttemperaturen schwere Sonnenbrandschäden erlitten.

Zusammenfassend ergibt sich in etwa folgendes Bild: Die Beeren sind in der frühen Beerenentwicklung weitestgehend immun gegen Hitzeschäden – dies mag auch ihrer geringen Größe geschuldet sein, die eine Erhitzung deutlich über Umgebungstemperatur unmöglich macht. Während des Beerenwachstums werden die Beeren dann anfällig gegen Sonnenbrand. Dies geschieht aufgrund der raschen Ausdehnung der Beerenoberfläche während Phase 1 des Beerenwachstums recht schnell. Die Anfälligkeit gegen Sonnenbrand scheint zur Phase 2 der Beerenentwicklung ein Maximum zu erreichen und zur Reifephase abzunehmen. Eigene Versuche deuten darauf hin, dass die Grenztemperatur für die Entstehung von Sonnenbrand von Erbsengröße bis zur Reifephase stetig zunimmt. Da die höchsten Temperaturen in unseren Breitengraden in der Regel kurz vor Veraison ihr Maximum erreichen, ist in dieser Zeit mit den schwersten Schäden zu rechnen.

Auch hinsichtlich der Anfälligkeit einzelner Sorten sind teilweise widersprüchliche Angaben zu finden. Die Hitze-Anfälligkeit einer Rebsorte wird durch ihre metabolische Anpassungsfähigkeit an Stresszustände geprägt. An Äpfeln konnte gezeigt werden, dass Sorten mit höheren Anthocyan- und Carotinoid-Gehalten eine höhere Toleranz gegen oxidativen Stress aufwiesen – sie konnten ihr Chlorophyll besser vor Ausbleichung durch Licht schützen. Eine wichtige Rolle wird auch der Abundanz und der Geschwindigkeit der Synthese von Hitzeschockproteinen zugeschrieben. Die Synthese der kleinen und mittleren Hitzeschockproteine (smHSPs) kann bei Hitzestress in Früchten um einen Faktor 2000 ansteigen und macht dann bis zu 1 % des Proteins der Rebe aus (Ritenour et al., 2001). Hitzeschock-Proteine und verwandte Proteine wie VvBAP1 scheinen in thermotoleranten Sorten stärker exprimiert zu werden (Ye et al., 2020). VvBAP1 scheint hierbei die Resistenz der Rebe gegen Hitzestimuli zu verstärken und hitzebedingten Zelltod deutlich zu verlangsamen. Leider liegen zur Rolle der Hitzeschockproteine bei der Thermotoleranz einzelner Rebsorten bisher keinerlei Ergebnisse vor.

Die Morphologie der Beerenhaut scheint hingegen nicht zur Hitzetoleranz beizutragen: Epidermis, Kutikula und Hypodermis der extrem anfälligen Sorte Bacchus unterscheiden sich morphologisch nicht wesentlich von eher hitzetoleranten Sorten (Alleweldt et al., 1981).

Die Farbe der Trauben spielt scheinbar keine wichtige Rolle bei der Thermotoleranz einzelner Sorten: Während rote Sorten durch die Anthocyane besser gegen Strahlung geschützt sind, wandeln diese Farbstoffe die Strahlungsenergie in Wärmeenergie um und sorgen so für eine stärkere Erhitzung der Trauben. Eine Auswertung eines Datensatzes aus Portugal (Abb. 3) zu Sonnenbrandschäden an 185 Rebsorten nach einer Hitzewelle, aus Silvestre et al. (2019) zeigte etwas höhere Schäden an den roten Sorten (n=83) als an den weißen (n=102). In einer australischen Feldstudie wurden nach einer Hitzewelle keine Unterschiede zwischen den Schäden an roten und weißen Rebsorten festgestellt (Webb et al., 2009). Von den roten Sorten scheinen Nebbiolo, Trollinger, Syrah, Rotberger und Spätburgunder, von den weißen Riesling, Viognier und Alvarinho sowie Bacchus

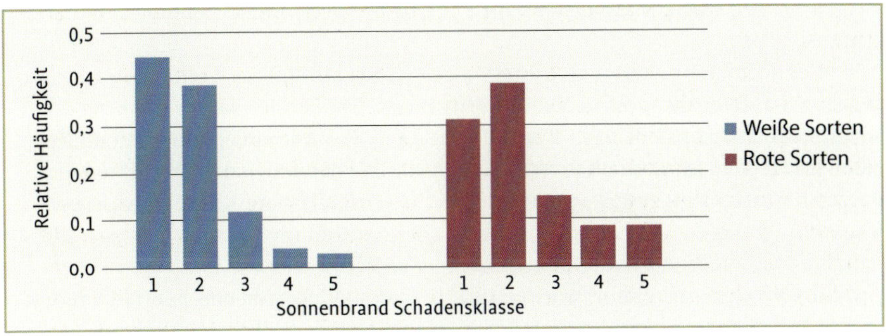

Abb. 3: Sonnenbrandschäden nach einer Hitzewelle (eingeteilt in Klasse 1: kein Schaden bis Klasse 5: schwerer Sonnenbrandschaden) an 185 weißen und roten Sorten, Portugal, 2018; Daten aus Silvestre et al., 2019.

besonders anfällig für Sonnenbrand zu sein. Grenache, Sauvignon Blanc und verschiedene Muskatsorten scheinen dagegen eine recht hohe Hitzetoleranz zu besitzen (Webb et al., 2009; Rustioni et al., 2015; Silvestre et al., 2019, Schmid, persönliche Kommunikation).

Anpassungsmöglichkeiten der Beeren

Die Traube besitzt eine Vielzahl verschiedener Mechanismen, um sich an Umweltstress wie Hitze und hohe Sonneneinstrahlung anzupassen und eine dauerhafte Schädigung zu vermeiden. Diese Anpassungsmechanismen umfassen eine physiologische und eine morphologische Adaption. Zur physiologischen Anpassung gehört die Einlagerung photoprotektiver Stoffe in die Beerenhaut (Flavonoide, Carotinoide, Tocopherol, Glutathion) und Kutikula (hauptsächlich Flavonoide) sowie die Synthese von antioxidativ wirkenden Enzymen und Hitzeschockproteinen. Die morphologische Anpassung besteht in der Ausbildung einer dickeren Beerenhaut und Kutikula (Verdenal et al., 2019). Diese können auch gleichzeitig größere Mengen der antioxidativ wirkenden Substanzen speichern. Die Anpassung der Trauben erfolgt dabei graduell über einen längeren Zeitraum und folgt dabei den klimatischen Bedingungen. Treten jedoch klimatische Anomalien auf, beispielsweise längere Kälteperioden mit relativ geringer Sonneneinstrahlung in den Sommermonaten, kann eine bereits erfolgte Anpassung an Hitze auch wieder verloren gehen. Speziell nach solchen Kälteperioden scheint das Sonnenbrandrisiko besonders ausgeprägt zu sein (Zschokke, 1930). Müller (2017) beobachtete durch einen Vergleich der Jahrgänge 2015 und 2016, dass bei annähernd gleichen meteorologischen Bedingungen und zum selben Entwicklungsstadium der Trauben im Jahr 2016 teils starke Sonnenbrandschäden auftraten, während die Trauben in 2015 keine Schäden aufwiesen. Dies führte er auf eine Adaption an heiße Bedingungen zurück, da die Anzahl heißer Tage (> 30 °C) im Sommer 2015 (22 Tage) wesentlich höher war als im Vergleichszeitraum 2016 (drei heiße Tage).

Sonnenbrand und Qualität des Lesegutes

In heißen Klimaten werden sowohl SB als auch SN als klarer Qualitätsmangel des Lesegutes aufgefasst, welche den Marktwert der Trauben um bis zu 50 % verringern. Unserer Ansicht nach hängt dies jedoch eher mit einem generellen Effekt einer Hitzeschädigung der Trauben zusammen, für die der Sonnenbrand nur ein Indiz ist. Stark hitzegeschädigte Trauben weisen eine höhere Konzentration von farblosen Phenolen, aber weniger Aromastoffe, Säuren und Anthocyane auf. Dies hängt jedoch nicht mit dem Sonnenbrand an sich zusammen.

Tritt SN vor Veraison auf, trocknen die betroffenen Beeren ein. Hierbei handelt es sich lediglich um einen Ertragsverlust, die Qualität des Lesegutes scheint unter mitteleuropäischen Bedingungen nicht unter SN zu leiden. Da die eingetrockneten Beeren sehr hydrophob sind, werden während eines Pressvorgangs keine Inhaltsstoffe aus ihnen extrahiert. Für Maischegärungen ergeben sich jedoch potenzielle Qualitätsrisiken. Eine Maschinenlese mit Traubenvollernter scheint hier bei vielen Sorten geeignet, um den Anteil verbrannter Beeren im Lesegut zu reduzieren, da diese am Stielgerüst verbleiben. Eine Extraktion der eingetrockneten Beeren in Wein-Modelllösung zeigte jedoch, dass diese vor allem Mineralstoffe und Säuren und lediglich vernachlässigbare Mengen an Phenolen enthalten.

Tritt SB oder SN nach Veraison auf, scheinen sich die Inhaltsstoffe der Beeren durch die langsame Eintrocknung aufzukonzentrieren, während der Säuregehalt, wahrscheinlich durch erhöhte Respiration, abnimmt (Bondada et al., 2017). Auch hier scheint jedoch der Ertragsverlust schwerer zu wiegen als der Qualitätsverlust.

Präventive Maßnahmen und aktiver Schutz

Um den steigenden Temperaturen zu begegnen, hat der Winzer eine Vielzahl von Möglichkeiten, das Sonnenbrandrisiko in seinen Weinbergen zu vermindern. Eine Analyse der australischen Hitzewelle von 2009 konnte dies bestätigen: In sehr heißen Gebieten, in denen die Bewirtschaftung an heiße Bedingungen angepasst ist, traten während der Hitzewelle lediglich geringe Schäden auf. In den australischen „cool climates“ waren die Effekte der Hitzewelle jedoch verheerend (Webb et al., 2010). Die Autoren führen dies auf die in den jeweiligen Regionen vorherrschende Reihenorientierung, das Erziehungssystem und die Kulturmaßnahmen zurück. Die Reihenorientierung beeinflusst das Sonnenbrandrisiko über die Beerentemperatur. In einem Vergleich dreier Reihenorientierungen (N–S, O–W, NO–SW) konnten wir zeigen, dass die stärksten Sonnenbrandschäden an der Westseite Nord–Süd orientierter Reihen auftraten (Abb. 4). Hier wurden korrespondierend auch die höchsten Beerentemperaturen gemessen (Friedel et al., 2013). Dies deckt sich exakt mit den Ergebnissen der Studie von Webb et al. (2010).

Erziehungssysteme, die eine stärkere Beschattung der Traubenzone mit sich bringen, verringern das Auftreten von Sonnenbrand ebenfalls deutlich. Historisch haben sich in den meisten heißen Weinbauregionen Erziehungssysteme entwickelt, welche, meist durch hängende Triebe, eine gewisse Beschattung der Traubenzone

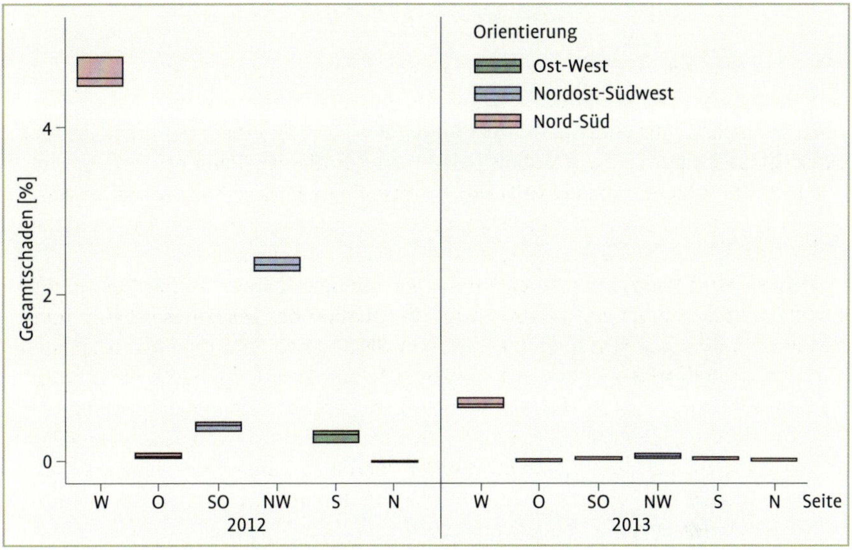

Abb. 4: Einfluss der Reihenorientierung und der Laubwandseite auf den Sonnenbrandschaden. Daten erhoben am 22.08.2012 und am 10.09.2013, n = 3. Im Jahr 2013 waren lediglich sehr geringe Schäden auf der Westseite der Nord-Süd gezeilten Variante sichtbar.

ermöglichen (z. B. Gobelet, California Sprawl etc.). In diesen Systemen traten, im Vergleich zum Spalier, deutlich geringere Sonnenbrandschäden auf (Webb et al., 2010).

Auch die Terminierung der Kulturmaßnahmen spielt eine wichtige Rolle: So treten Sonnenbrandschäden nach einer Entblätterung der Traubenzone selten auf, wenn der Maßnahme eine Periode ohne Temperaturextreme folgt, in welcher sich die Trauben an das neue Mikroklima anpassen können. Generell sind bei früh entblätterten Trauben (kurz nach der Blüte) deutlich geringere Sonnenbrandschäden als bei spät entblätterten Trauben zu erwarten (Abb. 5), da die Anpassung hier bereits in den frühen Stadien der Beerenentwicklung stattfindet (Verdenal et al., 2019).

Häufig werden in der Praxis auch Schäden beobachtet, wenn ein sehr eng gefasster Laubschnitt während einer Hitzeperiode durchgeführt wird und die Trauben zusätzlicher Sonneneinstrahlung ausgesetzt sind. Neben den weinbaulichen Faktoren kann durch eine geeignete Sortenwahl das Sonnenbrandrisiko reduziert werden. Bei der Neuanlage von Weinbergen sind dementsprechend Reihenorientierung und -abstand, Sortenwahl, Erziehungssystem und Standort für die Sonnenbrandgefährdung relevant. In bestehenden Weinbergen ist vor allem auf die Kulturführung (Laubwandhöhe, Zeitpunkt, Position und Intensität von Entblätterungsmaßnahmen und Laubschnitt) sowie den Wasserhaushalt der Reben zu achten. Eine ausreichende Wüchsigkeit und damit einhergehend eine bessere Abschattung

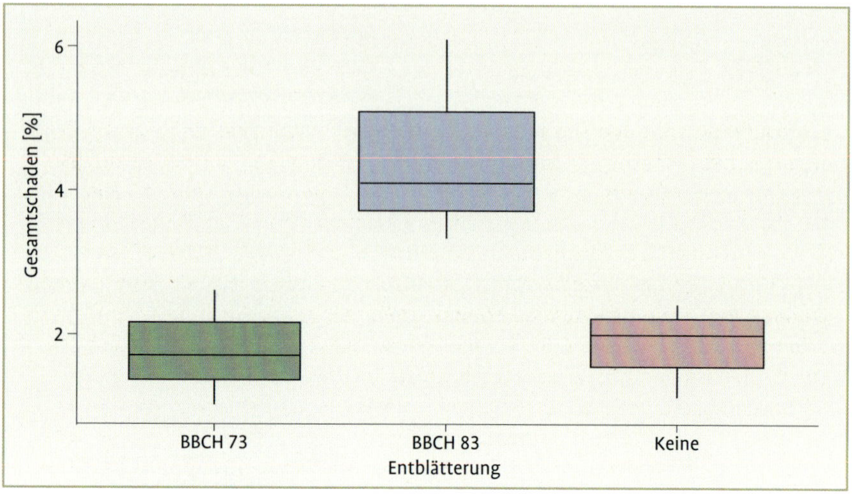

Abb. 5: Sonnenbrandschäden in Abhängigkeit des Entblätterungszeitpunktes. Rüdesheimer Magdalenenkreuz, 22.08.2012, n = 4.

der Traubenzone ist ebenfalls von Vorteil, um das Mikroklima der Laubwand aktiv gestalten zu können.

Neben diesen meist lang- und mittelfristig zu planenden Maßnahmen existiert eine Reihe weiterer, kurzfristiger Maßnahmen, die geeignet sind, der Entstehung von Sonnenbrand vorzubeugen. Die wohl effizienteste Maßnahme scheint die Anbringung von Netzen in der Traubenzone zu sein. Hier gibt es bezüglich der Beschaffenheit der Netze eine große Vielfalt von Produkten am Markt. Kommerziell erhältliche Netze transmittieren zwischen 20–70 % des einfallenden Lichts. So kann die Oberflächentemperatur von Früchten um bis zu 7 °C gesenkt werden. In manchen Fällen wurde eine Ertragssteigerung um bis zu 25 % durch die Verwendung von Netzen in der Traubenzone erreicht (Oliveira et al., 2014; Lobos et al., 2015; Olivares-Soto et al., 2020). Neben dem Sonnenbrand schützen Netze die Trauben effektiv gegen Vogel-, Insekten- oder Wildfraß und können die Traubenqualität in heißen Klimaten positiv beeinflussen.

Auch die Applikation von Kaolin in die Traubenzone kann die Sonnendbrandintensität vermindern, steht aber der – deutlich aufwendigeren – Anbringung von Netzen in ihrer Effektivität etwas nach (Brillante et al., 2016). Kaolin soll zudem bei der Vorbeugung gegen den Kirschessigfliegenbefall helfen (Daniel et. al, 2018). Evaporative Kühlung ist ein effizientes Mittel, um die Temperatur der Traubenzone zu reduzieren, ohne dabei die Einstrahlung zu vermindern. Neben Überkopfberegnungsanlagen können hier auch Mikrosprinkler zum Einsatz kommen, die besonders wassersparend arbeiten und die Beerentemperatur um bis zu 12 °C senken (Greenspan, 2009).

Zusammenfassung

Unter dem Terminus Sonnenbrand werden verschiedene Phänomene zusammengefasst, bei Reben hauptsächlich die Verbräunung (SB) und die Nekrose (SN). Sonnenbrand wird in erster Linie durch hohe Beerentemperaturen verursacht, sein Auftreten steht jedoch in starkem Zusammenhang mit der Sorte und der Physiologie der Beerenentwicklung. Plötzliche Wetteränderungen von feucht-kühl zu trocken-heiß sowie eine plötzliche Lichtexposition der Trauben durch ungünstig angesetzte Kulturmaßnahmen führen auch in Deutschland oft zu beträchtlichen Ertragsausfällen durch dieses Phänomen. Im Zuge des Klimawandels ist mit einem weiter steigenden Sonnenbrandrisiko zu rechnen. In gemäßigten Klimazonen stellen SB und SN jedoch kein signifikantes Qualitätsproblem dar. Um Sonnenbrandschäden zu vermeiden, stehen dem Winzer eine Reihe langfristiger Anpassungs- und kurzfristiger Präventionsmaßnahmen zu Verfügung, welche die Reihenorientierung, das Erziehungssystem, die Anpassung der Laubarbeiten, die Anbringung von Netzen oder die Applikation von Kaolin umfassen.

Literatur

Alleweldt, G., M. Engel und H. Gebbing (1981): Histologische Untersuchungen an Weinbeeren. Vitis 20: 1–7.

Bondada, B.R. and M. Keller (2012): Not all shrivels are created equal-morpho-anatomical and compositional characteristics differ among different shrivel types that develop during ripening of grape (*Vitis vinifera L.*) berries. Am. J. Plant Sci. 3(07): 879.

Bondada, B.R., M. Ford and Xie, Z. (2017): Compositional and Structural Aspects of Sunburn in Grape Berries. Proceedings of the 20th Giesco (407), 5.–10. November, Mendoza, Argentina.

Brillante, L., N. Belfiore, F. Gaiotti, L. Lovat, L. Sansone, S. Poni and D. Tomasi (2016): Comparing Kaolin and Pinolene to Improve Sustainable Grapevine Production during Drought. PLoS ONE 11(6): e0156631-e0156631.

Daniel, C., Cahenzli, F., und Stöckli, S. (2018): Mit Kaolin gegen die Kirschessigfliege im Weinbau. FiBL-Nr. 1073, Ausgabe Schweiz.

Friedel, M., M. Stoll, C.D. Patz und H. Dietrich (2013): Zeilenorientierung im Weinbau. Schweizer Zeitschrift für Obst- und Weinbau (20): 6–9.

Gambetta, J., B. Holzapfel and L. Schmidtke (2019): What is the best time to remove leaves to minimise sunburn. Grapegrower & Winemaker (661): 28–30.

Gambetta, J.M., B.P. Holzapfel, M. Stoll and M. Friedel (2021): Sunburn in Grapes: A Review. Frontiers Plant Sci. 11(2123).

Greenspan, M.D. (2009): Investigating Low-Volume Approaches to Vineyard Cooling. Wine Business Monthly (1): 127–130.

Gouot, J.C., J.P. Smith, B.P. Holzapfel and C. Barril (2019): Grape berry flavonoid responses to high bunch temperatures post véraison: Effect of intensity and duration of exposure. Molecules 24(23): 4341.

Gouot, J.C., J.P. Smith, B.P. Holzapfel and C. Barril (2019): Impact of short temperature exposure of Vitis vinifera L. cv. Shiraz grapevine bunches on berry development, primary metabolism and tannin accumulation. Environment. Experiment. Bot. 168: 103866.

Hosseinabad, A. and A. Khadivi (2019): Foliar application of kaolin reduces the incidence of sunburn in 'Thompson Seedless' grapevine. Eur. J. Hortic. Sci 84(3): 171–176.

Hulands, S., D. Greer and J. Harper (2014): The interactive effects of temperature and light intensity on Vitis vinifera cv.'Semillon'grapevines. II. Berry ripening and susceptibility to sunburn at harvest. Eur. J. Hortic. Sci 79: 1–7.

Kolb, C., M. Riederer und E. E. Pfündel (2004): Sonnenbrand bei Weinbeeren. Erhöhte UV-Strahlung: Folgen und Maßnahmen. München, Verlag Dr. Friedrich Pfeil. 27: 111–116.

Krasnow, M., M. A. Matthews, R. J. Smith, J. Benz, E. Weber and K. A. Shackel (2010): Distinctive symptoms differentiate four common types of berry shrivel disorder in grape. California Agriculture 64(3): 155–159.

Lobos, G., C. Acevedo-Opazo, A. Guajardo-Monero, H. Valdés-Gómez, J. Taylor and F. Laurie (2015): Effects of Kaolin-based particle film and fruit zone netting on Cabernet-Sauvignon grapevine physiology and fruit quality. J. Internat. Sci. Vigne Vin 49: 137–144.

Meehl, G. A. and C. Tebaldi (2004): More intense, more frequent, and longer lasting heat waves in the 21st century. Science 305(5686): 994–997.

Müller, E. (2017): Sonnenbrand an Trauben: Problem aus heiterem Himmel. Das deutsche Weinmagazin(11): 20–23.

Müller-Thurgau, H. (1883): Über Beschädigung von Trauben durch Sonnenbrand. Der Weinbau 9(35): 143–145.

Muñoz, P. and S. Munné-Bosch (2018): Photo-Oxidative Stress during Leaf, Flower and Fruit Development. Plant Physiology 176(2): 1004–1014.

Olivares-Soto, H., R. M. Bastías, A. Calderón-Orellana and M. D. López (2020): Sunburn control by nets differentially affects the antioxidant properties of fruit peel in 'Gala' and 'Fuji' apples. Horticulture, Environment, and Biotechnology 241–254.

Oliveira, M., J. Teles, P. Barbosa, F. Olazabal and J. Queiroz (2014): Shading of the fruit zone to reduce grape yield and quality losses caused by sunburn. OENO One 48(3).

Ritenour, M. A., S. Kochhar, L. E. Schrader, T.-P. Hsu and M. S. Ku (2001): Characterization of heat shock protein expression in apple peel under field and laboratory conditions. J. Am. Soc. Horticultural Sci. 126(5): 564–570.

Rustioni, L., C. Milani, S. Parisi and O. Failla (2015): Chlorophyll role in berry sunburn symptoms studied in different grape (Vitis vinifera L.) cultivars. Scientia Horticulturae 185: 145–150.

Silvestre, J., M. Damásio, R. Egipto, J. Cunha, J. Brazão, J. Eiras-Dias et al. (2019): Tolerance to sunburn: A variable to consider in the context of climate change. 21st GiESCO International Meeting, Thessaloniki.

Spayd, S. E., J. M. Tarara, D. L. Mee and J. C. Ferguson (2002): Separation of sunlight and temperature effects on the composition of Vitis vinifera cv. Merlot berries. Am. J. Enology and Viticulture 53(3): 171–182.

Stoll, M. and H. G. Jones (2007): Thermal imaging as a viable tool for monitoring plant stress. OENO One 41(2): 77–84.

Verdenal, T., V. Zufferey, A. Dienes-Nagy, G. Bourdin, K. Gindro, O. Viret and J.-L. Spring (2019): Timing and Intensity of Grapevine Defoliation: An Extensive Overview on Five Cultivars in Switzerland. Am. J. Enology and Viticulture 70(4): 427–434.

Webb, L., A. Watt, T. Hill, J. Whiting, F. Wigg, G. Dunn, S. Needs and S. Barlow (2009): Extreme heat: managing grapevine response based on vineyard observations from the 2009 heatwave across South-Eastern Australia, University of Melbourne.

Webb, L., J. Whiting, A. Watt, T. Hill, F. Wigg, G. Dunn, S. Needs and E. W. R. Barlow (2010): Managing Grapevines through Severe Heat: A Survey of Growers after the 2009 Summer Heatwave in South-Eastern Australia. J. Wine Res. 21(2–3): 147–165.

Ye, Q., J. Yu, Z. Zhang, L. Hou and X. Liu (2020): VvBAP1, a Grape C2 Domain Protein, Plays a Positive Regulatory Role Under Heat Stress. Frontiers Plant Sci. 11:544374.

Zschokke, A. (1930). Sonnenbrand-, Hitzetod- und Austrocknungsschäden an Reben. Die Gartenbauwissenschaft 4: 196–232.

Eine betriebswirtschaftliche Betrachtung der Weinpreisbildung

Von Prof. Dr. Daniel Deimling
Fakultät International Business, Hochschule Heilbronn
daniel.deimling@hs-heilbronn.de

Prof. Dr. Daniel Deimling

Adam Smith und Karl Marx hatten nicht viel gemein, in einem Punkt waren sie sich jedoch einig: Der Wert einer Ware wird bestimmt durch die eingesetzte Arbeitskraft. Dies ist der Kern der sogenannten „Arbeitswerttheorie“, die bis heute eine wichtige Rolle in den Wirtschaftswissenschaften spielt (vgl. Deimling 2010). Ein Schreiner kauft Holz, Schrauben und Leim, fertigt daraus einen Tisch und verkauft ihn für einen höheren Preis als ihn der Wareneinsatz gekostet hat. Die Frage, wie, wo und warum in diesem Prozess ein Mehrwert entsteht, beantwortet die Arbeitswerttheorie mit der im Tisch vergegenständlichten Arbeitskraft des Schreiners (vgl. Smith 1776/1974; Marx 1867/2008). Nun wird die Frage nach dem Mehrwert dadurch verkompliziert, dass es zwei verschiedene Wertformen gibt: den Gebrauchswert und den Tauschwert. Der Gebrauchswert ist der Produktnutzen, der durch die eingesetzte menschliche Arbeitskraft entsteht (hier geht es um Qualität). Der Tauschwert ist der Marktpreis, der mit einem Gut erzielt werden kann (hier geht es um Quantität). Die Gebrauchswerte der Waren bilden die stofflichen Träger des Tauschwerts. Eine höhere Qualität der Arbeit führt zu einem höheren Gebrauchswert der Ware. In einem von Rationalität geprägten Markt mit transparenten und messbaren Gütekriterien führt ein höherer Gebrauchswert zu einem höheren Tauschwert (vgl. Deimling 2018). Beides finden wir im Weinmarkt nicht vor – der Markt ist nicht durch Rationalität gekennzeichnet und die Qualität eines Weines nur in einem sehr begrenzten Ausmaß operationalisierbar.

Es gibt wenige wissenschaftliche Auseinandersetzungen mit der Frage, wie sich der Wert eines Weines bemisst. Was es durchaus gibt, sind Untersuchungen zu einzelnen Preisbildungsfaktoren respektive der Preisbereitschaft der Weinkunden in Abhängigkeit bestimmter Parameter wie Zertifizierungen oder Prämierungen (vgl. stellvertretend Rössel und Beckert 2012; Schäufele et al. 2016). An Grundlagenforschung zum Thema mangelt es allerdings. Insbesondere im höheren Preissegment kann man den Weinmarkt mit dem Kunstmarkt vergleichen, der deutlich besser erforscht ist (vgl. bspw. Beckert und Rössel 2004; Ursprung und Wiermann

2010; Driesch 2013). Das Zustandekommen des marktwirtschaftlichen Tausches, die Strukturen des Tausches sowie die Preisbildung werden auf diesem Markt nicht auf die Nutzenerwartungen ökonomisch rational handelnder Akteure zurückgeführt, sondern auf kulturelle Rahmenbedingungen, in die die Akteure eingebettet sind (vgl. Beckert und Rössel 2004). Dies gilt auch für den Weinmarkt.

Zunächst stellt sich die Frage, was der Gebrauchswert eines Weines ist. Die Marketingforschung (vgl. bspw. Meffert et al. 2019) unterscheidet hinsichtlich des Gebrauchswertes zwischen Grundnutzen und Zusatznutzen. Der Grundnutzen ergibt sich aus den technisch-funktionalen Eigenschaften eines Produktes, der Zusatznutzen beschreibt darüber hinausgehende Eigenschaften wie Ästhetik (Erbauungsnutzen) und soziale Wirkung (Geltungsnutzen). Jedes Produkt ist demnach ein Bündel von Eigenschaften, das dem Nachfrager einen Nutzen stiftet (vgl. Deimling 2021). Bei jedem Getränk ist der Grundnutzen die „Flüssigkeitsaufnahme" oder das „Durststillen". Ganz offensichtlich unterscheidet sich Wein aber von Bier, Wasser oder Limonade und dieser Unterschied liegt im Zusatznutzen begründet. Wein ist nicht einfach nur ein Getränk, sondern ein alkoholisches Getränk und darüber hinaus je nach Betrachtungsweise ein Genussmittel, ein Rauschmittel, ein kulinarisches Kulturgut, eine Kunstform oder alles zusammen.

Man kann Wein primär aufgrund seiner Ästhetik oder primär aufgrund seiner Wirkung trinken. Der Gebrauchswert einer Flasche Wein kann darin liegen, ein feines Mahl zu begleiten und durch die Begleitung synergetisch den lukullischen Genuss zu vergrößern. Der Gebrauchswert einer Flasche Wein kann darin liegen, durch Genuss zu entspannen oder in einen Zustand der Transzendenz oder des Rausches zu gelangen. Es gibt Weine, die zur Reflexion anregen und eine Geschichte erzählen. So schreiben es zumindest Vertreter der Fachpresse (vgl. stellvertretend Züllig 2008) – bei Wasser hört man solche Beschreibungen höchst selten. Der Gebrauchswert von Wein ist in hohem Maße subjektiv, was auch damit zusammenhängt, dass die Ästhetik (der Erbauungsnutzen) beim Erzeugnis Wein eine zentrale Nutzenkategorie ist. Das trifft auch für alle „Güter" des Kunstmarktes zu – der Nutzen eines Bildes oder einer Statue hängt ebenfalls eng mit der subjektiven Ästhetik zusammen. Es geht beim Wein wie bei der Kunst um Schönheit (vgl. Hummel 2017).

Als Verbraucher interessieren wir uns genuin für die Gebrauchswerte der Dinge, als Unternehmer für die Tauschwerte (vgl. Deimling 2021). Wodurch wird nun der Tauschwert eines Weines beeinflusst oder definiert? Die Preisuntergrenze wird wie bei jedem Produkt durch die Gesamtkosten bestimmt. Auf dem Weinmarkt gibt es aufgrund der Marktstruktur (viele kleine Familienunternehmen ohne professionelle Controlling- und Finanzabteilungen) zahlreiche Unternehmen, die weder eine detaillierte Kostenträger- oder Kostenstellenrechnung noch eine detaillierte Deckungsbeitragsrechnung haben. Die Preise werden ohne genaue Kenntnis der Kosten pro Flasche festgesetzt – am Ende des Jahres muss die schwarze Null stehen. So lange das gut geht, ist dagegen nichts einzuwenden. Bei der Weinpreisbildung oberhalb der Preisuntergrenze spielen eine Reihe von Faktoren eine Rolle. Aus Marketingsicht sind das neben der Fehlerfreiheit des Produktes unter anderem folgende Faktoren: die Einzigartigkeit bzw. das Alleinstellungsmerkmal (USP), das Storytelling, das Image, die Marke, die Person(en) hinter der Marke, die künstliche Verknappung respektive Begrenztheit, die Weinkritiker und deren Erwartungen sowie das Ermessen des Winzers in Abhängigkeit von der Zahlungsbereitschaft der potenziellen Zielgruppe. In der Weinwirtschaft wird die Idee der „Kultur" zunehmend dafür genutzt, um Alleinstellungsmerkmale zu bilden (vgl. Harvey 2002). Das Ziel ist, in der Wahrnehmung der Konsumenten Einzigartigkeit und Authentizität herzustellen, die nicht reproduzierbar ist, um die sogenannten „Monopolrenten" abzuschöpfen. Monopolrente ist ein Begriff aus der Ökonomik, der beschreibt, dass ein Anbieter durch einen Monopolstatus oder ein Alleinstellungsmerkmal höhere Preise festlegen kann als es der Wettbewerb unter Konkurrenzbedingungen zuließe.

Insbesondere Harvey (2002) hat den Zusammenhang von (Wein-)Kultur und Monopolrenten untersucht. Die Suche nach Monopolrenten beinhaltet das Aufspüren von Kriterien für Besonderheit, Einzigartigkeit und Originalität. So wird in der Weinwirtschaft beispielsweise mit der Einzigartigkeit des Zusammenspiels von Boden, Mikroklima, Klima, Rebsorte und kulturellen Traditionen die Unverwechselbarkeit des Produkts erklärt, auf der die Monopolrente basiert (vgl. ebd.). So kann bereits die Herkunft eines Weines aus einer bestimmten Region zu einer Monopolrente führen. Das bekannteste Beispiel hierfür ist die Champagne. Die Herkunftsbezeichnung führt dazu, dass die Erzeugnisse aufgrund ihrer Singularität nicht im direkten Wettbewerb mit anderen Schaumweinen stehen und die Preise daher unabhängig von einem wie auch immer gearteten Gleichgewichtspreis festgelegt werden können.

Ist es nicht die Region oder das Anbaugebiet, das die Monopolrenten für die Produzenten sicherstellt, sind es kleinteiligere Bezeichnungen. Das bedeutendste Vorbild ist hierbei die burgundische Klassifizierung mit den regionalen und kommunalen Appellationen sowie den Premier-Crus- und den Grand-Crus-Lagen. Der vom Bundeskabinett beschlossene Entwurf eines Zehnten Gesetzes zur Änderung des Weingesetzes (vgl. Deutscher Bundestag 2020, o. V.) zielt nach diesem Vorbild ebenfalls auf eine Stärkung der Herkunftsbedeutung „kleinerer und größerer geografischer Einheiten" (ebd.) ab. Lässt sich das Alleinstellungsmerkmal nicht erfolgreich mit der Region begründen, sind es Gemeinden oder Weinberge, die Einzigartigkeit und Unverwechselbarkeit garantieren. Eine Weinbergslage ist nicht imitierbar und dient dem Winzer als USP. Ist bereits die „geschützte Ursprungsbezeichnung" aus marketingtheoretischer Sicht nichts anderes als die Erzeugung eines Alleinstellungsmerkmals, sind es die kleineren geografischen Einheiten (in Deutschland bis dato Bereiche, Großlagen, Einzellagen und Katasterlagen) umso mehr. Große Legenden ranken sich um Weinberge und Lagen wie beispielsweise die Mönche des Benediktiner- und des Zisterzienserordens laut Überlieferung bereits im 10. Jahrhundert damit begannen, mittels akribischer Beobachtungen und Aufzeichnungen die Lagen im Burgund präzise voneinander abzugrenzen und einzustufen. Da sich das Burgund „durch eine außerordentlich große Vielfalt ganz unterschiedlicher Bodenverhältnisse, die sich auf sehr kleiner Fläche abwechseln" (Reinbold 2020) auszeichnet, so die Erzählung, erforschten die Mönche

„systematisch“, welche Reben auf welchen Böden in welcher Hanghöhe am besten gedeihen. Dieses Erbe resultierte später in der bis heute gültigen Klassifizierung und prägt, so kann man lesen, den burgundischen Weinbau noch heute:

> *„Festhalten lässt sich, den Winzern und Weinmachern im Burgund geht es um die Typizität ihrer Lagen, um den Charakter der kleinsten Rebfläche. Dies ist das große Ideal des Weinbaus im Burgund“ (ebd.).*

In der Marketingtheorie hat sich für solche Erzählungen der Begriff „Storytelling“ etabliert. Durch die Erzählung der systematisch und akribisch den Boden erforschenden Mönche wird jede Parzelle und jede Herkunft einzigartig. Das Storytelling lädt das Produkt kulturell und emotional auf, es verändert die subjektive Wahrnehmung der Verbraucher und legt die Basis für eine höhere Preisbereitschaft. Es geht bei diesen Erzählungen von Kultur um nichts anderes als Vermarktungsargumente. Wer dieses Argument für eine Insinuation hält, muss nur die ersten zwei Sätze des Entwurfes eines Zehnten Gesetzes zur Änderung des Weingesetzes lesen:

> *„Deutscher Wein verliert im internationalen Vergleich seit Jahren kontinuierlich Marktanteile. Auch der tendenziell rückläufige Verbrauch im Inland führt zu sinkenden Erlösen. Um die wirtschaftliche Perspektive der Erzeuger im Wettbewerb und bei abnehmenden mengenmäßigen Absätzen zu stärken, sollen in Verbindung mit Maßnahmen zur Marktstabilisierung Möglichkeiten zur Absatzsteigerung und Wertschöpfung geschaffen und ausgebaut werden“ (Deutscher Bundestag 2020, o.V).*

Die geplante Gesetzesänderung ist im Kern eine Marketingmaßnahme bzw. die Grundlage einer Marketingstrategie, die die Aussicht auf Monopolrenten verbessern soll. Der Verband deutscher Prädikatsweingüter (VDP) verfolgt diese „Herkunfts-Strategie“ mit seiner Klassifikation schon länger. „Herkunft ist alles“ überschreibt der VDP seine Doktrin.

> *„Der Schlüssel für die Einzigartigkeit von VDP.Weinen ist ihre Herkunft. Es sind die Böden, das Licht und der Schatten, der Wind, die Hitze oder Kühle, die Weine außergewöhnlich machen, ihnen Persönlichkeit und Charakter geben können. Die Winzer im VDP analysieren diese Gegebenheiten genau, ziehen dazu auch alte Lagenkarten zu Rate, suchen nach den jeweils passenden Rebsorten und bewerten auf dieser Grundlage die Weinberge. Unsere VDP.Klassifikation basiert dabei auf einer klaren Philosophie: Je enger die Herkunft, desto höher die Qualität“ (VDP 2020, o. V.).*

Wie die Mönche im Burgund „analysieren“ heute die Winzer im VDP „genau“ die Gegebenheiten und ziehen hierbei sogar „alte Lagenkarten zu Rate“. Wofür so eine „alte Lagenkarte“ eigentlich gut ist und was der Winzer mit seiner alten Lagenkarte genau macht, erfährt der Weinkonsument nicht. Der Verbraucher soll damit Tradition, Sorgfalt, Verwurzelung, Ursprung, Rückbesinnung und Authentizität assoziieren – alles Motive, die das Marketing vor Jahren für sich entdeckt hat. „Je enger die Herkunft, desto höher die Qualität“ (s. o.) ist die kulturelle Erzählung, die im Mittelpunkt steht und insbesondere für die „Großen Lagen“ die Monopolrenten sichert. Dass diese Erzählung bei genauerer Betrachtung weder logisch noch haltbar ist, ist auch dem Bundesverband der Deutschen Weinkellereien und des Weinfachhandels aufgefallen. Sehr erhellend ist folgende Passage aus der Stellungnahme des Bundesverbandes zum oben genannten Gesetzesentwurf, der die Herkunft in den Mittelpunkt stellt:

> *„Zum Abschluss möchten wir nochmals deutlich darauf hinweisen, dass die Behauptung, eine engere Herkunft garantiere eine höhere Qualität, als Automatismus schlicht unzutreffend ist. Es mag ein höheres „Qualitätsversprechen" vorliegen, mehr aber auch nicht" (Rotthaus 2020).*

Sowohl die Preise als auch die Monopolansprüche im Weinbau sind Folge eines gesellschaftlichkulturellen Diskurses, von Erzählungen und Legenden. Sie sind die Folge von kulturellgeschichtlichen Qualitätsbehauptungen, nicht von objektiv überprüfbaren Qualitätskriterien. Es sind, wie der Bundesverband der Deutschen Weinkellereien und des Weinfachhandels richtig schreibt, Versprechen (vgl. ebd.). Diese Versprechen und Qualitätsbehauptungen verändern, wenn sie erfolgreich sind, den Preis sowie das subjektive Erleben des Produktnutzens. Eine Studie von Schmidt et al. (2017) vom Center for Economics and Neuroscience der Universität Bonn belegt, dass der gleiche Wein den Probanden besser schmeckt, wenn er mit einem höheren Preis ausgezeichnet ist. Das Phänomen, dass identische Produkte durch verschiedene Preise unterschiedlich wahrgenommen werden, wird als „Marketing-Plazebo-Effekt" bezeichnet (vgl. ebd.). Durch die Erwartungen der Verbraucher entstehen in der subjektiven Wahrnehmung die einem Wein zugeschriebenen Eigenschaften (vgl. ebd.). Die Erwartungen (die im wahrsten Sinne des Wortes zu einer selbsterfüllenden Prophezeiung werden) werden wiederum von Geschichten und Erzählungen beeinflusst. Wenn der Weinkonsument eine Flasche Riesling vom Kiedricher Gräfenberg vor sich stehen hat und Folgendes über die Lage Gräfenberg liest, verändert das sein subjektives Geschmacksempfinden:

> *„Aus der berühmten Spitzenlage Kiedricher Gräfenberg kommen mineralische, komplexe Rieslinge. Der steinige Boden ist mittel- und tiefgründig und zusätzlich mit Lösslehmen durchsetzt. Phylite bilden den hohen Gesteinsanteil" (Keller 2009).*

Die Erzählung, dass der hohe Gesteinsanteil des Bodens zu einem komplexen Wein führt, lässt Geschmackserwartungen entstehen, die das subjektive Weinerlebnis prägen. In den letzten Jahrzehnten hat sich in der Weinwirtschaft zunehmend der Begriff des Terroirs als einem Zusammenspiel von Boden, Klima, Mikroklima und Rebsorte etabliert. Jeder Winzer, der den Begriff Terroir verwendet, beansprucht Einzigartigkeit und Qualität für seine Weine (vgl. Harvey 2002). Unbewusst bedient sich der Winzer hierbei des Storytellings: Über den Bernkasteler Doctor, den Wiltinger Scharzhofberg oder den Kiedricher Gräfenberg werden Geschichten vom Terroir erzählt, die hohe Monopolrenten garantieren. Hinzu kommen die Erzählungen des jeweiligen Produzenten über Familientradition, Verwurzelung und Handwerk, über das Verbinden von Tradition und Moderne, über die besondere Bewirtschaftung der Weinberge, über Mengenreduzierung, Selektion und Jahrgangsschwankungen, aus denen Preisunterschiede zwischen Produzenten und Jahrgängen resultieren. Einige Winzer sprechen mittlerweile auch über das Terroir ihres Kellers, das nicht reproduziert werden kann (zum Thema Kellerterroir vgl. auch Holzmann 2017). All diese Erzählungen spiegeln sich im Erfolgsfall in einem höheren Preis wider, der wiederum das subjektive Geschmacksempfinden verändert (Marketing-Plazebo-Effekt).

In einem rationalen Markt mit messbaren Qualitätskriterien stünden alle Weine, die weltweit produziert werden, im direkten Wettbewerb. Das ist unter anderem deshalb nicht der Fall, weil es – ähnlich wie in der Kunst – keine oder kaum operationalisierbare Qualitätskriterien für Wein gibt. Es gibt Fehltöne, die analytisch nachweisbar sind, es gibt Geschmacksprofile, die chemisch analysierbar sind, es gibt Mostgewichte und Extraktgehalte. Alles andere entzieht sich der analytisch-operationalisierbaren Sphäre. Kriterien wie die Sortentypizität oder die Eignung des Holzfasseinsatzes für einen Wein, die bei der sensorischen Qualitätsweinprüfung eine Rolle spielen, sind nicht nur subjektiv, sondern auch stark durch den Zeitgeist geprägt. Die Qualitätsbewertung ist, wie Rössel und Beckert in ihrer lesenswerten Studie „Quality Classifications in Competition – Price Formation in the German Wine Market" schreiben, ein sozialer Prozess. Auf die Frage, ob Weinkenner, die über ein gewisses Maß an Expertenwissen über Wein verfügen, zwischen Weinen hoher und niedriger Qualität unterscheiden können, antworten Rössel und Beckert in imposanter Klarheit: "The empirical evidence contradicts this assumption in very fundamental ways." (Die empirischen Beweise widersprechen dieser Annahme in sehr grundlegender Weise.) Rössel und Beckert werten unter anderem Studien von Lehrer (1975), Lawless (1984), Gawel (1997), Solomon (1997), Brochet (2001), Brochet und Dubordieu (2001), Morrot, Brochet und Dubordieu (2001), Sauvageot, Urdapilleta und Peyron (2006), Cicchetti (2007), WEIL (2007), Hodgson (2008), Hodgson (2009), Gokcekus und Nottebaum (2011) aus und kommen zu einem eindeutigen Ergebnis: Selbst Fachleute können in Blindverkostungen weder die Weinqualität noch die Weinherkunft zuverlässig bestimmen. Weniger als 30 % der Weinexperten zeigen bei Blindbewertungen ein Maß an Treffsicherheit und Konsistenz, das von einem Experten erwartet werden würde (vgl. Hodgson 2009 Rössel und Beckert 2012).

Und selbst bei den Weinbeschreibungen gibt es keine Konsistenz: Bei der Auswertung der Verkostungsnotizen renommierter Weinkritiker konnten bei identischen Weinen keine Übereinstimmungen gefunden werden (vgl. Hodgson 2009). Vereinfacht ausgedrückt: Wenn die Weinkritiker nicht wissen, was sie trinken, schmeckt der Wein jedem anders, jeder riecht und schmeckt andere Aromen, jeder bewertet Qualität und Herkunft unterschiedlich. Die Qualität des Weines ist also rein subjektiv. Darüber hinaus variierten die Geschmacksbeschreibungen zwischen Experten stärker als zwischen verschiedenen Weinen (vgl. Sauvageot, Urdapilleta und Peyron 2006). Diese empirischen Ergebnisse zeigen, dass selbst Weinexperten in ihren Beurteilungen keine einheitliche Qualitätsskala aufweisen. Das Hauptkriterium zur Beschreibung des Geschmacks ist die Farbe des Weins (vgl. Brochet und Dubordieu 2001; Morrot, Brochet und Dubordieu 2001; Sauvageot, Urdapilleta und Peyron 2006). Bei einem hellroten Wein werden hellrote Früchte gerochen und geschmeckt, bei einem dunkelroten Wein dunkelrote Früchte. Sehen die Verkoster die Farbe nicht, schmecken sie auch diese Aromen nicht mehr.

Bei der berühmt gewordenen Blindverkostung, die heute als „Weinjury von Paris“ bekannt ist, konnten die elf Juroren – neben Steven Spurrier zehn der wichtigsten Weinexperten Frankreichs – die kalifornischen Weine nicht von den französischen unterscheiden. Im Jahre 2004 wiederholte sich das beim „Berlin Tasting“, als sich 36 „der angesehensten Weinexperten Europas“ (The Berlin Tasting 2004, o. V.) in Berlin trafen, um Weine aus Chile und Frankreich blind zu probieren und die chilenischen Weine für französische hielten (vgl. Spurrier 2004). Was wie seltene Betriebsunfälle aussieht, ist in Wirklichkeit der Normalbetrieb. Es ist interessant, dass das kulturelle Konstrukt „Terroir“ eine solche Vermarktungs-Relevanz erlangt hat, obwohl es – empirisch belegt – nicht schmeckbar ist. Eine Studie von Morrot et al. (2002) mit Önologie-Studenten aus Bordeaux zeigte, dass die Mehrzahl der Studierenden, wenn sie die Farbe des Weines nicht sahen, geschmacklich noch nicht einmal Weißwein von Rotwein unterscheiden konnte. Was all diese Ergebnisse über das Herausschmecken von Terroir und Qualität sagt, dürfte offensichtlich sein. Wir können ausschließen, dass der Weinpreis irgendetwas mit einer wie auch immer gearteten objektiven Qualität zu tun hat. Wenn der Weinkunde nicht weiß, was er im Glas hat, ist, empirisch belegt, keine seriöse Qualitätseinschätzung möglich. Die empirischen Ergebnisse, die in vielen experimentellen Studien bestätigt wurden, zeigen, dass Verbraucher nicht in der Lage sind, zwischen verschiedenen Qualitätsstufen von Wein zu unterscheiden (vgl. Pecotich und Ward 2010).

Eine Studie von Schäufele, Hermann und Szolnoki (2016), die für sich in Anspruch nimmt, die Frage zu beantworten, ob Weine mit höherer Qualität höhere Preise erzielen, zeigt ungewollt das Dilemma, in dem die Forschung im Bereich der Weinpreisbildung steckt. Die Studie beantwortet keineswegs die Frage, ob höhere Qualitäten höhere Preise erzielen, sondern lediglich die Frage, ob die Auszeichnung mit Gold extra, Gold, Silber oder Bronze bei der DLG-Bundesweinprämierung zu einer höheren Zahlungsbereitschaft führt. [1] Das der Studie zugrundeliegende Missverständnis liegt darin begründet, dass die Autoren die DLG-Bundesweinprämierung zum konstituierenden Qualitätskriterium ihrer Studie machen. Das Dilemma, das hier deutlich wird, ist Folgendes: Entweder werden einer Studie irgendwelche Qualitätskriterien für Wein zugrunde gelegt, die niemals objektiv und allgemeingültig sein können, oder es ist keine Forschung zum Zusammenhang zwischen Weinpreis und -qualität möglich. Der Ursprung der intransparenten Preisbildung auf dem Weinmarkt liegt genau darin begründet.

Wenn es nicht eine überprüfbare, objektive Weinqualität ist, die den Tauschwert von Wein bestimmt, kann es nur die subjektive Qualität sein. Die Bewertung der subjektiven Weinqualität ist zum einen bestimmt durch die Informationen, die der Weinkonsument über den Wein hat. Zu diesen Informationen gehören Anbaugebiet, Produzent, Rebsorte, Alkoholgehalt, Art der Vinifizierung und Ähnliches. Die wichtigsten Informationen können dem Etikett respektive der Flaschenausstattung entnommen werden. Zum anderen wird die subjektive Qualität von Wein in einem

1 Zudem gehen die Autoren darauf ein, welche Rolle die Prädikatsstufe, die Herkunftsregion, die Rebsorte, die Weinart, der Weinstil und der Süßegrad bei der Kaufentscheidung spielen.

sozialen Prozess bestimmt oder, wie eingangs formuliert: durch kulturelle Rahmenbedingungen, in die die Akteure eingebettet sind. Zu diesen kulturellen Rahmenbedingungen zählen die Klassifizierungssysteme ebenso wie die Einschätzung der Weinkritiker. Dazu zählen aber auch die Geschichten über Weinberge und Weingüter, über Terroir, über große Jahrgänge, über Unverwechselbarkeit und Authentizität, über Tradition und Handwerk, über große Lagen und alte Lagenkarten. Die Verbraucher bewerten die Weine unbewusst nach ihren symbolischen Eigenschaften – hieraus ergibt sich ihre Preisbereitschaft. Schafft es ein Erzeuger, den Wein symbolisch aufzuladen und ihm ein unverwechselbares Image angedeihen zu lassen, kommt der oben genannte Geltungsnutzen ins Spiel. Der Käufer einer Flasche Château Pétrus oder einer Flasche Dom Pérignon kauft den Wein respektive Schaumwein auch immer aufgrund der sozialen Wirkung, die davon ausgeht. Die Preisbereitschaft kommt zustande durch das Storytelling, das den Wein einzigartig macht. Der Preis beeinflusst einerseits den Erbauungsnutzen, also das subjektive Empfinden und die wahrgenommene Ästhetik des Weins, und andererseits den Geltungsnutzen, also die soziale Wirkung, die vom Kauf, Besitz und Konsum des Weins ausgeht.

Das Ziel des vorliegenden Beitrags war, zu erhellen und in ökonomischen Kategorien begreiflich zu machen, was auf dem Weinmarkt aus betriebswirtschaftlicher und marketingtheoretischer Sicht stattfindet und wie die Zahlungsbereitschaft der Weinkonsumenten determiniert wird. Es bleibt ansonsten alles undurchsichtig und man sieht nur, dass eine Flasche Romanée-Conti mehrere Tausend Euro kostet, während ein Spätburgunder aus Baden schon für fünf Euro zu haben ist. Grundlagenforschung dient dazu, die Dinge zu durchdringen und auf ihren abstrakten Kern herunterzubrechen. Anschließend kann man das Mosaik zusammensetzen und überlegen, wie man die einzelnen Komponenten optimieren kann.

Literatur

Beckert, J. und Rössel, J. (2004): Kunst und Preise – Reputation als Mechanismus der Reduktion von Ungewissheit am Kunstmarkt. Kölner Zeitschrift für Soziologie und Sozialpsychologie, Ausgabe 56, S. 32–50. https://doi.org/10.1007/s11577-004-0002-7.

Beckert, J. and Rössel, J. (2012): Quality Classifications in Competition – Price Formation in the German Wine Market, https://www.mpifg.de/pu/mpifg_dp/dp12-3.pdf.

Brochet, F. (2001): Chemical Object Representation in the Field of Consciousness. Application presented for the grand prix of the Académie Amorim following work carried out towards a doctorate from the Faculty of Oenology. General Oenology Laboratory, Talence Cedex, France.

Brochet, F. and Dubordieu, D. (2001): Wine Descriptive Language Support Cognitive Specifity of Chemical Senses. Brain and Language 77, 187–196.

Cicchetti, D. (2007): Assessing the Reliability of Blind Wine Tasting: Differentiating Levels of Clinical and Statistical Meaningfulness. J. Wine Economics 2, 196–202.

Deimling, D. (2010): Erklärungen zur aktuellen Weltwirtschaftskrise. In: Hahne, Ulf (Hrsg.), Globale Krise – Regionale Nachhaltigkeit. Detmold: Rohn Verlag; 29–50.

Deimling, D. (2018): Betriebswirtschaftslehre – Eine Polemik. Augsburg: Edition Rainer Hamp

Deimling, D. (2021): Irrational – aber es funktioniert. OXI: Wirtschaft anders denken, Ausgabe 06/2021.

Deutscher Bundestag (2020): o.V., Entwurf eines Zehnten Gesetzes zur Änderung des Weingesetzes, https://dip21.bundestag.de/dip21/btd/19/237/1923749.pdf.

Driesch, M. W. (2013): Kunst und ökonomische Theorie. Düsseldorf: Maxlin Verlag

Gawel, R. (1997): The Use of Language by Trained and Untrained Experienced Wine Tasters. J. Sensory Studies 12, 267–284.

Gokcekus, O., Nottebaum, D. (2011): The Buyer's Dilemma – Whose Rating Should a Wine Drinker Pay Attention to? AWWE Working Paper No. 91. New York: American Association of Wine Economists (AWWE).

Harvey, D. (2002): The Art of Rent: Globalization, Monopoly and the Commodification of Culture. Socialist Register 38: 93–110.

Hodgson, R. T. (2008): An Examination of Judge Reliability at a Major U. S. Wine Competition. J. Wine Economics 3, 105–113.

Hodgson, R. T. (2009): How Expert Are 'Expert' Wine Judges? J. Wine Economics 4, 233–241.

Holzmann, D. (2017): Fakten zur Spontangärung, https://docplayer.org/43088642-Fakten-zur-spontangaerung.html.

Hummel, H. (2017): Terroir Squad #6 – Hummel, https://terroirsquad.co.

Keller, P. (2009): Wein-Keller Terroir, https://www.nzz.ch/weinkeller_terroir-1.3349815.

Lawless, H. T. (1984): Flavor Description of White Wines by Expert and Nonexpert Wine Consumers. J. Food Sci. 49, 120–123.

Lehrer, A. (1975): Talking About Wine. Language 51, 901–923.

Marx, K. (2008): Das Kapital, Erster Band, MEW 23, 39. Auflage, Berlin: Karl Dietz Verlag.

Meffert, H., Burmann, C., Kirchgeorg, M. und Eisenbeiß, M. (2019): Marketing – Grundlagen marktorientierter Unternehmensführung Konzepte – Instrumente – Praxisbeispiele. Wiesbaden: Springe Gabler

Morrot, GIL, Brochet, F. und Dubordieu, D. (2001): The Color of Odors. Brain and Language 79, 309–320.

Reinbold, S. (2020): Ein Mythos: die Weinregion Burgund, https://www.weinfreunde.de/magazin/weinwissen/ein-mythos-die-weinregion-burgund/.

Pecotich, A., Ward, S. (2010): Taste Testing of Wine by Experts and Novice Consumers in the Presence of Variations in Quality, Brand and Country of Origin Cues. AWWE Working Paper 66, New York: American Association of Wine Economists (AWWE).

Rotthaus, P. (2020): Stellungnahme des Bundesverbandes der Deutschen Weinkellereien und des Weinfachhandels e.V. zum Entwurf eines Zehnten Gesetzes zur Änderung des Weingesetzes, https://www.bmel.de/SharedDocs/Downloads/DE/Glaeserne-Gesetze/Stellungnahmen/weingbdww.pdf;jsessionid=7009EF00E0BD0388240B048684B97361.live831?__blob=publicationFile&v=4.

Sauvageot, F., Urdapilleta, I., Peyron, D. (2006): Within and between Variations of Text Elicited from Nine Wine Experts. Food Quality and Preference 17, 429–444.

Schäufele I., Herrmann, R., Szolnoki, G. (2016): Erzielen Weine mit höherer Qualität höhere Preise? Eine hedonische Preisanalyse zur DLG-Bundesweinprämierung, https://ageconsearch.umn.edu/record/284975/.

Schmidt, L., Skvortsova, V., Kulien, C., Weber, B. und Plassmann, H. (2017): How context alters value: The brain's valuation and affective regulation system link price cues to experienced taste

pleasantness. Scientific Reports, DOI: 10.1038/s41598-017-08080-0.
Smith, A. (1972): Der Wohlstand der Nationen, 5. Auflage, München: dtv
Solomon, G. E. A. (1997): Conceptual Change and Wine Expertise. J. Learning Sci. 6, 41–60.
Ursprung, H. W. and Wiermann, C. (2010): Reputation, Price, and Death: An Empirical Analysis of Art Price Formation, https://onlinelibrary.wiley.com/doi/full/10.1111/j.1465-7295.2009.00279.x.
VDP (2020): o. V., VDP.Klassifikation – Herkunft ist alles, https://www.vdp.de/de/die-weine/klassifikation.
WEIL, R. L. (2007): Debunking Critics' Wine Words: Can Amateurs Distinguish the Smell of Asphalt from the Taste of Cherries? J. Wine Economics 2, 136–144.
Züllig, P. (2008): Weine erzählen Geschichten aus vergangenen Zeiten, https://magazin.wein.plus/weine-erzaehlen-geschichten-aus-vergangenen-zeiten-historientrinker.

Gründüngung: Pflanzeneigenschaften, Stickstoffdynamik im Boden und Stickstoffverfügbarkeit für die Reben

Von Dipl.-Ing. Martin Mehofer, Ing. Karel Hanak
und Ing. Bernhard Schmuckenschlager
Höhere Bundeslehranstalt und Bundesamt für Wein- und Obstbau Klosterneuburg
martin.mehofer@weinobst.at

Dipl.-Ing. Martin Mehofer

Ing. Karel Hanak

Ing. Bernhard Schmuckenschlager

Einleitung

Der Anbau von Gründüngungspflanzen in den Weingärten dient zur Erhaltung und Verbesserung der Bodenstruktur, zur Aktivierung des Bodenlebens und zur Stabilisierung des Humusgehalts und ist somit indirekt für die Nährstoffversorgung der Reben von Bedeutung. Außerdem können Leguminosen Stickstoff aus der Luft binden. Gründüngungspflanzen werden zusätzlich zu anderen organischen Düngern wie Stallmist, Kompost, Rebschnittholz, Trester oder organischen Handelsdüngern eingesetzt. Die Gründüngung dient aber auch als Erosionsschutz. Andererseits kann eine falsch angewendete Gründüngung eine Wasser- und Nährstoffkonkurrenz zu den Reben verursachen.

Welche Grundforderungen stellt der Weinbau an die Gründüngung?

- keine Behinderung des Wachstums und der Entwicklung der Reben
- große Pflanzenvielfalt mit einem hohen Blütenangebot
- gutes Regenerationsvermögen nach den Pflegearbeiten
- Wurzelmassebildung und gutes Durchwurzelungsvermögen
- ausreichende Sprossmassebildung bei nicht zu hohem Bestand
- keine Wasser- und Nährstoffkonkurrenz zu den Reben, insbesondere auf trockenen Standorten und in niederschlagsarmen Gebieten.

Eigenschaften ausgewählter, zur Gründüngung verwendeter Pflanzenfamilien

Eine Gründüngung bietet die Möglichkeit, das Wachstum und die Entwicklung der Reben zu beeinflussen beziehungsweise zu steuern. Pflanzen, die in Gründüngungsmischungen verwendet werden, sind bestimmten Pflanzenfamilien zuzuordnen (Winkovitsch, 2010b). Diese Pflanzenfamilien haben unterschiedliche Eigenschaften und somit unterscheiden sie sich auch in ihrer Wirkung auf den Boden und in weiterer Folge auf andere Pflanzen wie die Reben (Winkovitsch, 2010b; HELLER, 2018). Im Folgenden sind grundlegende Eigenschaften ausgewählter Pflanzenfamilien angeführt, wobei deren Ausprägungsstärke zwischen den einzelnen Pflanzenarten innerhalb einer Familie variiert (Kutschera et al., 2009).

- *Kreuzblütler/Brassicaceae/Cruciferae*
  Dazu gehören unter anderem Ölrettich, Gelbsenf, Raps und Rübsen.
  Folgende Eigenschaften sind von Bedeutung: zügige Jugendentwicklung mit rascher Massebildung, mitteltiefe bis tiefe Pfahlwurzel mit wenig Seitenwurzeln, hoher Stickstoff- und Wasserbedarf und daher Fähigkeit zur Nitratkonservierung, Gefahr der Verdrängung anderer Gemengepartner und meist geringe Fahr- und Trittfestigkeit.
- *Schmetterlingsblütler/Fabaceae/Leguminosae*
  Beispiele für Pflanzen dieser Pflanzenfamilie sind Ackerbohne, Erbse, Wicke (Abb. 1) und die zahlreichen Kleearten (Luzerne, Weißklee, Gelbklee, etc.).
  Folgende bedeutende Eigenschaften sind anzuführen: Symbiose mit Knöllchenbakterien und daher die Fähigkeit zur Verwertung beträchtlicher Stickstoffmengen aus der Luft, meist Bildung von Pfahlwurzeln und somit intensive Bodendurchwurzelung, geringe Fahr- und Trittfestigkeit und verstärktes Aufsuchen der Blüten durch Bienen und andere Insekten.
- *Gräser/Gramineae*
  Dazu gehören verschiedene Gräserarten wie Raygräser, Weidelgräser und Rotschwingel, aber auch die Getreidearten (Roggen, Weizen, Gerste, etc.).
  Als bedeutende Eigenschaften sind zu nennen: flaches Wurzelwerk und viele Feinwurzeln im obersten Bodenhorizont, hohe Fahr- und Trittfestigkeit und meist Frostfestigkeit.
- *Ausgewählte Pflanzen anderer Pflanzenfamilien*
  Buchweizen keimt rasch und hat eine schnelle Jugendentwicklung. Er ist sehr frostempfindlich. Die Wurzelmassebildung ist als gering zu bezeichnen.
  Phacelia hat ebenfalls eine gute Anfangsentwicklung. Die Durch-

Abb. 1: Wicke mit Knöllchen an den Wurzeln als Folge der Symbiose mit Knöllchenbakterien (Mehofer, HBLA und BA Klosterneuburg).

Abb. 2: Blühender Bestand von Phacelia (violett – blau) und Buchweizen (weiß) als Zwischenbrache am 27. Juni.

Abb. 3: Futtermalve mit Pfahlwurzel.

wurzelung ist mittel. Die Pflanze ist abfrostend und wenig trockenheitsempfindlich. Der blühende Bestand stellt eine gute Bienenweide dar. Abbildung 2 zeigt einen Gründüngungsbestand mit Buchweizen (weißblühend) und Phacelia (blau-violett-blühend) als Zwischenbrache.

Futtermalve bildet eine Pfahlwurzel (Abb. 3). Sie ist ein Tiefwurzler und lockert den Boden. Die Pflanze hat eine geringe Fahr- und Trittfestigkeit.

Pflanzenhauptnährstoff Stickstoff

Die Rebwurzeln nehmen Stickstoff hauptsächlich in Form von Nitrat (NO_3^-), aber auch als Ammonium (NH_4^+) und Säureamid (NH_2-R) aktiv auf. Für die Stickstoffaufnahme ist daher Energie notwendig. Stickstoff ist Baustein aller Aminosäuren, die das pflanzliche Eiweiß bilden. Stickstoff hat einen starken Effekt auf das Rebenwachstum, da er für die Zellentwicklung und das vegetative Wachstum ausschlaggebend ist. Er ist in starkem Ausmaß an den vielfältigen biologischen Umsetzungsprozessen im Boden und in der Pflanze beteiligt. Die Stickstoffmobilität im Boden und in der Rebe ist sehr hoch. Die Speicherung in den Reserveorganen der Rebe wie Holz und Wurzeln erfolgt in Form von Nitrat, Aminosäuren und Proteinen. Im Boden erfolgt die Stickstoffspeicherung hauptsächlich im Humus, also in der organischen Substanz (Mehofer et al., 2014). Eine nennenswerte Stickstoffaufnahme der Reben setzt erst mit deren Austrieb ein. Die Hauptmenge an Stickstoff wird in der Zeit der Blüte der Reben bis zum Beginn der Reife aufgenommen. Während dieses Vegetationsabschnittes sind zwei deutliche Aufnahmemaxima vorhanden, und zwar in den beiden Wochen nach der Blüte und in den beiden Wochen nach Erreichen des Stadiums Reifebeginn (Löhnertz, 1988).

Eine zu hohe Stickstoffversorgung durch Düngung oder Mobilisierung von Stickstoff aus der organischen Substanz des Bodens führt zu einem übermäßig starken, mastigen Wachstum, zu Reifeverzögerung, zu einem stärkeren Botrytisbefall und zur Auslösung physiologisch bedingter Störungen (Stiellähme, Verrieselung). Außerdem ist mit höheren Stickstoffgehalten in den Mosten und Weinen zu rechnen. Allerdings gibt es in den Eiweißkonzentrationen der Moste auch rebsortenspezifische Unterschiede. Stickstoffmangel führt zu reduziertem vegetativen Wachstum und zu mangelhafter Einlagerung von hefeverwertbarem Stickstoff in die Trauben. Die Folgen können Gärstörungen, Neigung zur Böckserbildung und Ausprägung eines „Untypischen Alterungstones" (UTA) sein (Wunderer et al., 2003).

Bekannte Symptome und Folgen von Stickstoffmangel: hellgrüne Blätter, Rotverfärbung der Blattstiele und der nicht verholzten Triebe, schwacher Wuchs, dünne Triebe, kleine Blätter und Trauben, frühzeitige Laubvergilbung, schwache Assimilationsleistung, geringe Mostqualität und Gärverzögerungen, dünne Weine und untypischer Alterungston (UTA), schlechte Holzreife, Frostanfälligkeit und geringe Reservestoffeinlagerung.

Bekannte Symptome und Folgen von Stickstoffüberschuss: übermäßig starkes mastiges Wachstum, verstärktes Ausrieseln oder kompakte, dichtbeerige Trauben, höhere Anfälligkeit gegen Pilzkrankheiten (insbesondere Botrytis), schlechte Holzreife und geringere Winterfrostwiderstandsfähigkeit, erhöhte Neigung zu Stiellähme, erhöhter Aufwand bei Laubarbeiten und Rebschnitt sowie erhöhte Eiweißbildung.

Stickstoffdynamik im Boden

Die Stickstoffdynamik im Boden und somit die Stickstoffverfügbarkeit für die Reben können durch die Gründüngungsart in Zusammenhang mit den Bodenbearbeitungsmaßnahmen bei ausreichender Bodenfeuchtigkeit und ausreichendem Humusgehalt beeinflusst und gesteuert werden (Winkovitsch, 2010a; Mehofer, 2008). Der Humusgehalt und die klimatischen Bedingungen sind dafür von entscheidender Bedeutung (Schwab und Schickler, 2012). **Je höher der Humusgehalt**, also der Gehalt an organischer Substanz im Boden ist, **umso mehr mineralischer Stickstoff kann für die Reben aus dem Boden mobilisiert werden.** Im Bodenuntersuchungszeugnis wird der Humusgehalt in die folgenden drei Klassen eingestuft: niedrig = unter 1,5 %, mittel = 1,5 bis 4 % und hoch = über 4 % (Mehofer et al., 2014).

Material und Methoden

Anhand mehrjähriger Untersuchungen mit verschiedenen Gründüngungsarten, wie in Tabelle 1 und in den Abbildungen 4, 5, 6 und 7 dargestellt, konnte die Stickstoffverfügbarkeit für die Reben im Boden veranschaulicht werden. Die Stickstoffdynamik im Boden wurde dazu über einen Zeitraum von acht Jahren beobachtet. Dazu wurden jedes Jahr zwei bis drei Wochen nach der Blüte und zum Entwicklungsstadium „Reifebeginn" Bodenproben entnommen und auf den Gehalt an mineralischem Stickstoff analysiert. Die dargestellten und diskutierten Ergebnisse beziehen sich auf einen Standort mit tonigem Lehmboden und sehr hoher Humusversorgung (4,1 %).

Tab. 1: Verwendete Gründüngungsmischungen (Aussaatmengen in kg/ha).

Gründüngung 1 Herbst / Winter		Gründüngung 2 zweijährig		Gründüngung 3 zweijährig		Gründüngung 4 Frühjahr / Sommer	
Winterwicke	80	Italienisches Weidelgras	2	Leindotter	Mengen beim Hersteller zu erfragen*	Alexandriner-klee	2
Winterroggen	100	Bastard Weidelgras	2	Spitzwegerich		Buchweizen	3
		Luzerne	4	Kornblume		Ölrettich	10
		Inkarnatklee	7	Inkarnatklee		Phacelia	0,5
		Weißklee	5	Weißklee		Italienisches Weidelgras	3
		Gelbklee	3	Gelbklee			
		Hornklee	2	Rucola			
Summe	**180**	**Summe**	**25**	**Summe**	**30**	**Summe**	**18,5**

*… Fertigmischung „Rebenfit“

Abb. 4: Herbst- / Wintergründüngung (Gründüngung 1) am 3. Mai.

Abb. 5: Zweijährige Gründüngung (Gründüngung 2) im Jahr nach der Aussaat am 28. Mai.

Abb. 6: Fertigmischung „Rebenfit“ (Gründüngung 3) im Jahr nach der Aussaat am 6. Mai.

Abb. 7: Frühjahrs- / Sommergründüngung (Gründüngung 4) am 27. August.

Gründüngung 1 (Abb. 4): Der Umbruch des Gründüngungsbestandes erfolgte in Abhängigkeit vom Jahr beziehungsweise der Jahreswitterung zwischen 1. und 26. April und die Neuaussaat zwischen 28. Juli und 20. August – also vor der Lese – des jeweiligen Jahres. Nur in einem Jahr wurde die Herbst-/Wintergründüngung erst nach der Lese, und zwar am 11. November ausgesät. Zwischen den Umbruchs- und Aussaatterminen wurde der Boden in den Frühjahrs- und Sommermonaten offen gehalten und mehrmals mit dem Grubber, der Kreiselegge oder der Fräse gelockert.

Gründüngung 2 (Abb. 5): Die Neuanlage beziehungsweise Aussaat dieser Gründüngungsmischung erfolgte jedes zweite Jahr, und zwar am 1. Juni, 18. Juni, 15. Juni und 14. Juni des betreffenden Jahres. Zwischen den Umbrüchen, die immer an denselben Terminen wie die Umbrüche der Gründüngung 1 erfolgten, und den Aussaaten wurde der Boden offen gehalten. Der aufgewachsene Gründüngungsbestand wurde danach im Durchschnitt der Jahre zweimal gemulcht. In jedem zweiten Jahr wurde der Pflanzenbestand weder umgebrochen noch gelockert, sondern dreimal jährlich gemulcht.

Gründüngung 3 (Abb. 6): Die Neuanlage beziehungsweise Aussaat dieser Gründüngungsmischung erfolgte ebenfalls jedes zweite Jahr, und zwar am 28. Juli, 10. August, 6. August und 18. August des betreffenden Jahres. Der Bestand wurde danach im Herbst gemulcht. In jedem zweiten Jahr wurde der Pflanzenbestand weder umgebrochen noch gelockert, sondern mehrmals im Jahr gemulcht.

Gründüngung 4 (Abb. 7): Der Umbruch des Gründüngungsbestandes aus dem Vorjahr erfolgte immer unmittelbar nach einem Mulchvorgang Mitte bis Ende April des Folgejahres. Im Anschluss daran wurde der Boden im Mai offen gehalten. Die Neuaussaat der Gründüngung erfolgte jährlich Anfang Juni nach einer feinkrümeligen Saatbettvorbereitung. Der blühende Pflanzenbestand wurde in weiterer Folge jedes Jahr gewalzt und später gemulcht.

Ergebnisse und Diskussion

In Abbildung 8 ist zu erkennen, dass der Gehalt an mineralischem Stickstoff im Boden unter **der Herbst-/Wintergründüngung (Gründüngung 1) mit im Frühjahr und Sommer offenem Boden** auf einem konstant hohen Niveau lag, da während der Hauptvegetationszeit der Reben keine Stickstoffaufnahme durch Gründüngungspflanzen erfolgen konnte. Die Gehalte an mineralischem Stickstoff im Boden (0–60 cm) lagen zwischen 51 und 132 kg/ha. Nur im ersten Jahr zeigten sich aufgrund der ganzjährig sehr kühlen und nassen Jahreswitterung mit 17 und 33 kg/ha sehr geringe Stickstoffgehalte im Boden. In diesem Jahr war das bei allen vier Gründüngungsarten der Fall.

Unter der **ungelockerten, ungestörten zweijährigen Gründüngung (Gründüngung 2)** waren die Unterschiede im Gehalt an mineralischem Stickstoff im Boden zwischen jenen Jahren, in denen die Gründüngung neu angelegt wurde, und jenen Jahren, in denen die Gründüngung ausschließlich gemulcht wurde, deutlich erkennbar. Trotz des hohen Anteils an Leguminosen (85 % der Aussaatmenge) in der Gründüngungsmischung und des hohen Humusgehalts lagen die Gehalte an

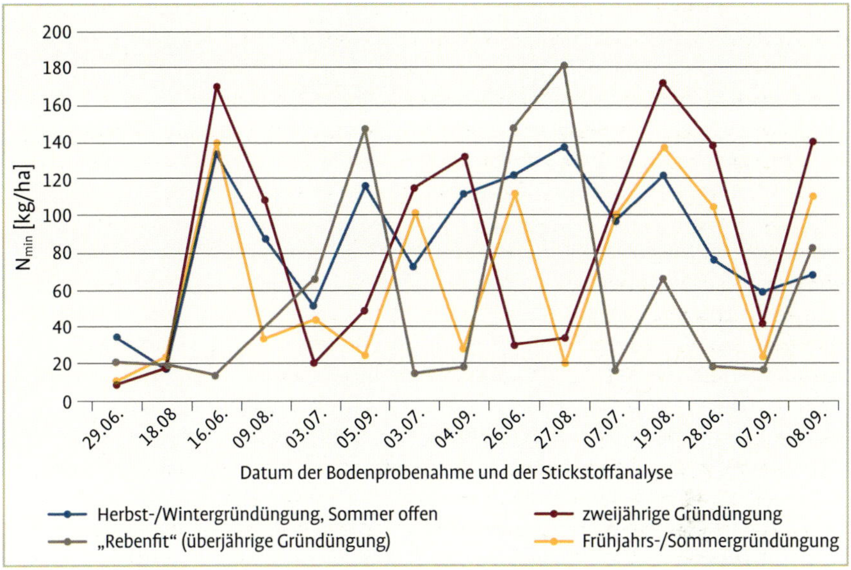

Abb. 8: Gehalt an mineralischem Stickstoff (Nitrat- und Ammoniumstickstoff hochgerechnet in kg pro ha) in einer Bodentiefe von 0 bis 60 cm in Abhängigkeit von der verwendeten Gründüngung im Verlauf von 8 Jahren.

mineralischem Stickstoff im Boden (0–60 cm) in den reinen „Mulchjahren“ nur zwischen 9 und 48 kg/ha und damit zum Teil im Bereich einer Mangelversorgung. Der Stickstoff wurde also durch den geschlossenen Gras- und Kleebestand organisch gebunden und durch den Verzicht auf eine störende Bodenbearbeitung nicht mineralisiert. Analog dazu beobachteten Schwab und Schickler (2012) an einem langjährig dauerbegrünten Standort verringerte Gehalte an mineralischem Stickstoff im Boden und auch einen geringeren Stickstoffgehalt im Most. Nach den Umbrüchen des Gründüngungsbestandes in den Jahren der Neuanlage stieg der mineralische Stickstoffgehalt immer deutlich auf über 100 kg/ha. Der Spitzengehalt an mineralischem Stickstoff im Boden (0–60 cm) lag dabei bei 171 kg/ha.

Der Gehalt an mineralischem Stickstoff im Boden unter der **überjährigen Fertigmischung „Rebenfit“ (Gründüngung 3)** verhielt sich ähnlich wie jener unter der Gründüngung 2. In den reinen „Mulchjahren“ waren die Werte deutlich geringer als in jenen Jahren, in denen der Gründüngungsbestand umgebrochen und neu angelegt wurde. Der Maximalwert nach dem Bodenumbruch lag bei dieser Gründüngungsart bei 181 kg/ha und der Minimalwert in den Jahren des ungestörten Gründüngungsbestandes bei 14 kg/ha. Auch Winkovitsch (2010a) zufolge konnten durch den Umbruch von Begrünungen – insbesondere bei hohem Leguminosenanteil – beachtliche Mengen an Stickstoff freigesetzt werden.

Deutliche Schwankungen beim mineralischen Stickstoffgehalt im Boden waren auch unter der **Frühjahrs- / Sommergründüngung (Gründüngung 4)** zu beobachten.

Ursachen dafür waren einerseits die Freisetzung des mineralischen Stickstoffs aufgrund des jährlichen Umbruchs des Gründüngungsbestandes und andererseits die starke Stickstoffaufnahme der neu ausgesäten Gründüngungspflanzen im Zuge ihres Wachstums. Insbesondere der Ölrettich hatte aufgrund seiner zügigen und starken Massebildung einen sehr hohen Wasser- und Nährstoff- und damit auch Stickstoffbedarf. Bei dieser Gründüngungsmischung lag der Minimumwert an mineralischem Stickstoff im Boden (0 – 60 cm) bei 9 kg/ha und der Maximalwert bei 138 kg/ha.

Im letzten Projektjahr wurden alle Gründüngungsmischungen gleichzeitig umgebrochen. Die Folge war ein Anstieg des mineralischen Bodenstickstoffgehalts bei allen Gründüngungsvarianten, wie in Abbildung 8 beim letzten Analysetermin zu erkennen ist. Laut Winkovitsch (2010a) erwies sich eine Störung oder ein Umbruch der Begrünung Ende April bis Mitte Mai als brauchbar, um eine Stickstoffmineralisierung Mitte bis Ende Juni zum Hauptbedarfszeitpunkt der Rebe zu erreichen. Heller (2018) zufolge sollte ein Umbruch einer etablierten Dauerbegrünung im Frühjahr erfolgen, da dann der darin gebundene Stickstoff bedarfsgerecht freigesetzt und den Reben entsprechend deren Bedarf zur Verfügung gestellt wird. Nach Ladach (2019) konnten durch rechtzeitigen Umbruch oder Störung der Vegetation im Frühjahr (etwa Mitte April) die aufgefangenen Nährstoffe wieder freigesetzt und der Bedarf der Reben weitgehend abgedeckt werden. Laut Mehofer und Redl (2006) war der Gehalt an mineralischem Stickstoff im Boden nach einer Unterbodenlockerung Ende April und anschließendem Umbruch Mitte Mai in Hinblick auf den Stickstoffbedarf der Reben als am günstigsten anzusehen.

Zusammenfassung und Schlussfolgerung

Durch die Gründüngung und Bodenbearbeitung können bei entsprechend hohem Bodenhumusgehalt und in Abhängigkeit weiterer wichtiger Standort- und Klimafaktoren wie Bodenart, Bodenfeuchte und Bodentemperatur die Stickstofffreisetzung im Boden und damit das Stickstoffangebot für die Reben beeinflusst und gesteuert werden. Dies ist besonders im Hinblick auf eine angemessene Stickstoffversorgung zur Hauptbedarfszeit der Rebstöcke, nämlich im Zeitraum von Blühende bis zirka drei Wochen nach der Blüte, und im Hinblick auf den steigenden Stickstoffbedarf in der Beerenreifephase von großer Bedeutung. Um den jährlichen, im Bereich zwischen 50 und 80 kg/ha liegenden Stickstoffbedarf der Reben abzudecken, kann eine zusätzliche Stickstoffdüngung mit mineralischen oder organischen Handelsdüngern bei Bedarf notwendig sein. Bei biologischer Bewirtschaftungsweise darf aufgrund der spezifischen Richtlinien der Stickstoffbedarf der Reben nur mit organischen Düngern abgedeckt werden. Für ein ausgewogenes Rebenwachstum sind die zu verwendende Gründüngungsart und die durchzuführende Bodenbearbeitungsweise an die Standortfaktoren Bodenart, Humusgehalt, Bodenfeuchte und Niederschlagsverhältnisse (Trockengebiet, Feuchtgebiet) und an die Versorgungssituation und den Wachstumszustand des Weingartens anzupassen.

Heller, F. (2018): Jetzt ansäen und profitieren. Vielartige Begrünungen. Das Deutsche Weinmagazin (14), 24–27.

Kutschera, L., Lichtenegger, E. und Sobotik, M. (2009): Wurzelatlas der Kulturpflanzen gemäßigter Gebiete mit Arten des Feldgemüsebaus. 7. Band der Wurzelatlasreihe. DLG-Verlags-GmbH. ISBN 978-3-7690-0708-4.

Ladach, M. (2019): Gute Gründe für Begrünung. Angepasste Begrünung an extremere Wetterlagen. Das Deutsche Weinmagazin (8), 16–20.

Löhnertz, O. (1988): Untersuchungen zum zeitlichen Verlauf der Nährstoffaufnahme bei Vitis Vinifera cv. Riesling. Dissertation Universität Gießen, 1988.

Mehofer, M. und Redl, H. (2006): Bodenpflege in Hinblick auf Stickstoffmobilisierung und Nährstoffversorgung der Rebe auf einem Lössbodenstandort. Mitteilungen Klosterneuburg 56, 69–83.

Mehofer, M. (2008): Pflanzeneigenschaften und Stickstoffdynamik im Boden: Gründüngung und Bodenbearbeitung. Der Winzer 64 (03), 16–19.

Mehofer, M., Baumgarten, A., Bauer, K., Fardossi, A., Kneissl, G., Kührer, E., Palz, M., Regner, F., Winkovitsch, C. und Wunderer, W. (2014): Sachgerechte Düngung im Weinbau. Fachbeirat für Bodenfruchtbarkeit und Bodenschutz beim Bundesministerium für Land- und Forstwirtschaft, Umwelt- und Wasserwirtschaft. Eigenverlag.

Schwab, A. und Schickler, J. (2012): Einfluss von Begrünungen auf den Rebstock. Mehr Humus durchs Grün. Rebe & Wein (8), 16–18.

Winkovitsch, C. (2010a): Begrünung, Bodenabdeckung: Optimales Bodenpflegesystem. Der Winzer 66 (03), 6–9.

Winkovitsch, C. (2010b): Frühjahrs-, Herbst- oder Dauerbegrünung. Der Winzer 66 (04), 12–15.

Wunderer, W., Fardossi, A, Baumgarten, A. und Bauer, K. (2003): Richtlinien für die Sachgerechte Düngung im Weinbau. Anleitung zur Interpretation von Boden- und Blattuntersuchungsergebnissen im Weinbau. Fachbeirat für Bodenfruchtbarkeit und Bodenschutz beim Bundesministerium für Land- und Forstwirtschaft, Umwelt- und Wasserwirtschaft. Eigenverlag.

Stickstoffdüngung im Weinbau Effiziente und umweltfreundliche N-Düngung mit Side-Dressing und CULTAN

Von Dipl.-Ing. Oswald Walg
DLR Rheinhessen-Nahe-Hunsrück, Bad Kreuznach
oswald.walg@dlr.rlp.de

Dipl.-Ing. Oswald Walg

Stickstoff nimmt unter den Pflanzennährstoffen eine besondere Stellung ein, da er im Boden verschiedenen Um-, Ab- und Aufbauprozessen unterliegt. Diese werden von zahlreichen Faktoren wie der Bodenart, dem pH-Wert des Bodens, dem Humusgehalt des Bodens, dem Witterungsverlauf und der Art und Intensität der Bodenpflege beeinflusst. Während natürliche Prozesse, wie die Witterung hinsichtlich der Stickstofffreisetzung, -verfügbarkeit und -aufnahme, kaum zu kalkulieren sind, können neben dem Zeitpunkt der Düngung, die Stickstoffform und die Art der Ablage einen entscheidenden Einfluss auf die Effizienz der N-Aufnahme haben. Aus diesem Grund setzt eine Düngung auch die Kenntnis über die unterschiedlichen Eigenschaften von N-Düngern voraus.

Ausbringtechnik und Nährstoffformen bestimmen die Düngerwirkung

Die mineralische Stickstoff-Düngung erfolgt im Weinbau bislang überwiegend breitflächig mit Schleuderdüngerstreuern auf die Bodenoberfläche (Abb. 1). Der Stickstoff wird von den Wurzeln im Wesentlichen als Nitrat aufgenommen. Für Systeme mit eingeschränkter Wurzeldichte, wie dies bei Reben der Fall ist, ist ein gleichmäßig verteiltes N-Angebot nur begrenzt erreichbar. Daraus resultiert, dass bei der konventionellen, breitwürfigen N-Düngung ein Teil des gedüngten Stickstoffs über längere Zeit gefährdet ist, ausgewaschen zu werden, sofern nicht Begrünungspflanzen für eine Aufnahme sorgen. Auf dauerbegrünten Flächen ist deshalb zwar die Auswaschungsgefahr gering, jedoch wird durch eine breitflächige Verteilung des Stickstoffs in erster Linie die Begrünung „gefüttert“ und ein häufigeres Mulchen ist die Folge. In offen gehaltenen Gassen besteht aufgrund der geringen Ausnutzung des Nitrats durch die Rebwurzeln die Gefahr, dass nach der Ernte noch größere Mengen an Reststickstoff im Boden zurückbleiben. Die Anregung der biologischen Aktivität und damit einhergehend eine höhere N-Mineralisation als Folge des höheren N-Angebots durch die Düngung verstärkt diese Gefahr (Priming-Effekt). Herbst- und Winterbegrünungen sind hier eine wirksame Maßnahme, um den Reststickstoff zu binden.

Ein Ausweichen auf ammoniumhaltige Stickstoffdünger wird häufig als Möglichkeit angesehen, eine Nitratauswaschung zu vermeiden oder zu verringern. Da Ammonium im Boden aber relativ rasch durch nitrifizierende Bakterien in Nitrat umgewandelt wird, ist bei den herkömmlichen Ammoniumdüngern dadurch keine Reduzierung des Auswaschungspotenzials zu erreichen. Von der Düngemittelindustrie werden deshalb stabilisierte N-Dünger angeboten, die mittels eines Nitrifikationshemmers (Inhibitor) die Umwandlung von Ammonium zu Nitrat über einen längeren Zeitraum unterbinden und damit den Dünger in eine langsam fließende Stickstoffquelle umwandeln, mit der die Nitratauswaschung reduziert werden kann. Neben den Nitrifikationshemmern gibt es speziell für den N-Dünger Harnstoff Ureasehemmer. Diese hemmen das Enzym Urease, welches für die Umwandlung von Harnstoff in Ammonium benötigt wird.

Abb. 1: Die verbreiteten Schleuderdüngerstreuer verteilen die N-Dünger breitflächig. Für Kulturen mit einem eingeschränkten Wurzelwerk wie der Rebe ist diese Ausbringtechnik wenig effizient (Foto O. Walg).

Effizienz der Ausnutzung verbessern und Auswaschungsgefahr reduzieren

Die Umsetzung der Düngeverordnung erfordert in vielen Betrieben ein Umdenken und Veränderungen. Es besteht ein großes ökologisches Interesse an Düngungsverfahren zur Reduktion der Stickstoffproblematik, insbesondere im Hinblick auf Nitratauswaschung und gasförmige Stickstoffverluste. Neben strategischen Anpassungen bieten andere technische Lösungen die Chance einer effizienteren und umweltfreundlicheren N-Düngung.

Um die Auswaschungsgefahr von Nitrat zu minimieren, muss sich die Verfügbarkeit von Stickstoff an dem N-Bedarfsrhythmus der Reben orientieren. Konkret bedeutet dies, keine erhöhten Stickstoffmengen im Boden ab Reifebeginn und Abfangen von überschüssigem Stickstoff durch Begrünungspflanzen im Herbst und Winter. Mineralischer oder organischer Stickstoff sollte deshalb, falls überhaupt erforderlich, vor der Blüte ausgebracht werden und nach Traubenschluss ist keine Bodenbearbeitung mehr vorzunehmen. Ausnahme ist eine flache Saatbettbereitung zur Einsaat von Begrünungen. Bodenverdichtungen sollten nur mit einer Hublockerung beispielsweise mit einem Paragrubber (Schichtengrubber) behoben werden.

Abb. 2: Eine gezielte Ablage in den Unterstockbereich verbessert die Effizienz der Aufnahme, da dort die höchste Wurzeldichte ist (Foto M. Porten).

Eine bodenumbrechende Lockerung sollte nicht erfolgen, da sie zu einer verstärkten N-Freisetzung durch Anregung der Mineralisation führt.

Um die Effizienz der Ausnutzung zu verbessern, muss der N-Dünger dort abgelegt werden, wo die höchste Wurzeldichte vorhanden ist. Dies ist der Unterstockbereich. Dort haben die Wurzeln das beste Milieu zur Entwicklung. Der Bereich wird nicht verdichtet, nicht tief bearbeitet, hat meist wenig Konkurrenz durch Begrünungen und ist, bedingt durch die Laubwandtraufe, auch besser mit Wasser versorgt als die Gassen. Eine gezielte oberflächige Ablage in den Unterstockbereich ist deshalb einer breitflächigen Verteilung vorzuziehen (Abb. 2). Noch effizienter und umweltschonender ist allerdings eine platzierte Ausbringung von N-Düngern in direkter räumlicher Nähe zu den Rebwurzeln.

Entscheidend für die Auswaschung ist die N-Form. Ammonium wird aufgrund seiner positiven Ladung im Boden gebunden und ist deshalb nicht auswaschungsgefährdet. Allerdings wird Ammonium im Boden rasch zu Nitrat nitrifiziert. Diesen Umwandlungsprozess gilt es im Boden möglichst zu blockieren oder zumindest zu reduzieren. Dies bedeutet, dass die nitrifizierenden Bakterien gehemmt werden müssen und die N-Aufnahme durch die Wurzeln vorwiegend als Ammonium erfolgen muss. Um die Ziele bessere Effizienz bei der Aufnahme und geringere Auswaschung zu erreichen, muss der N-Dünger wurzelnah in möglichst stabiler Form auf Ammoniumbasis appliziert werden. Im Vergleich zu einer weniger effizienten, breitflächigen Ablage kann dadurch auch die N-Düngermenge reduziert werden, was sich auch in geringeren Kosten niederschlägt. Dort, wo ein N-Bedarf ermittelt wird, genügen meist 25 bis 30 kg Rein-N/ha. Nur in schwachwüchsigen Anlagen sind höhere N-Gaben erforderlich. In solchen Anlagen ist allerdings auch das bestehende Bodenpflegesystem zu überprüfen, denn Schwachwüchsigkeit wird in den meisten Fällen durch übermäßigen Trockenstress ausgelöst. Häufig ist eine zu starke Wasserkonkurrenz durch Begrünungen dafür verantwortlich.

Technische Lösungen für eine platzierte, wurzelnahe N-Ablage

Eine platzierte N-Ablage in direkter räumlicher Nähe zu den Wurzeln kann als Tiefendepotdüngung mit möglichst stabilen Stickstoffformen erfolgen. Im Weinbau bietet sich dafür die Ablage des Düngerbandes als Liniendepot neben den Stockreihen in 15 bis 25 cm Bodentiefe an. In dieser Tiefe ist die biologische Aktivität geringer als unmittelbar unter der Bodenoberfläche und ein zentriert abgelegtes

Abb. 3: Geräteeinheiten für Side-Dressing (vorne) und CULTAN (hinten) (Foto M. Porten).

Depot hat weniger Bodenkontakt, was die Stabilität des Depots erhöht. Dadurch ist das Risiko von Auswaschungs- und Ausgasungsverlusten reduziert. Auch ist dort die Bodenfeuchtigkeit höher als an der Bodenoberfläche, weshalb die Gefahr einer „Trockenfixierung“ von Ammonium an Tonminerale gering ist. Für die Ablage sind Gassenbreiten von mindestens 2 m erforderlich, damit genügend Platz zwischen der Schlepperspur und den Stöcken für die Ablage vorhanden ist. Die Ausbringung erfolgt beidseitig, weshalb die Injektion nur in jeder zweiten Gasse vorgenommen wird. Da die Wurzeln an das Depot heranwachsen müssen, sollte dieses immer in derselben Gasse abgelegt werden. Aufgrund der besseren Befahrbarkeit sind begrünte Gassen zu bevorzugen, aber auch eine Ablage in offenen Gassen ist möglich, sofern neben den Stöcken keine Tiefenbodenbearbeitung erfolgt, die die Wurzelbildung beeinträchtigt. Die Ausbringung kann ab dem Austrieb erfolgen, sollte aber rechtzeitig vor der Blüte abgeschlossen sein.

Die Depotdüngung kann im Side-Dressing-Verfahren mit festen oder im CULTAN-Verfahren mit flüssigen, ammoniumbetonten Mineraldüngern erfolgen (Abb. 3). Beide Verfahren weisen grundsätzlich die gleiche Eignung zur gezielten wurzelnahen Depotdüngung auf. Feste Dünger sind allerdings einfacher zu handhaben als die flüssigen korrosiven Düngerlösungen. Ammonium hat den Vorteil, dass es nicht frei in der Bodenlösung beweglich ist und aufgrund seiner positiven Ladung eine gute Stabilität liefert, da es an Bodenteilchen gebunden wird. Die Pflanzenwurzeln müssen aktiv an das Ammonium als Stickstoffquelle heranwachsen und es von den Randflächen her erschließen. Dabei bildet sich ein dichtes Wurzelgeflecht um das Ammoniumdepot (Abb. 4). Die Pflanzenernährung über die Ammoniumform führt über einen geänderten pflanzenphysiologischen Mechanismus zur geregelten Stickstoffaufnahme. Der energieaufwendige Umweg der Nitratreduktion in der Pflanze entfällt in diesem Fall, denn Ammonium kann im Gegensatz zu Nitrat bereits in den Wurzeln in Aminosäuren eingebaut werden. Die Pflanze kann sie dann zu den Bedarfsorten transportieren und dort in Proteine einbauen. Dagegen muss sie Nitrat erst in die Blätter transportieren, um es dort unter Lichteinfluss und Energieverbrauch durch die Nitratreduktase zu Ammonium zu reduzieren. Erst dann ist der Einbau in Aminosäure oder Proteine möglich. Ammoniumdepots können, abhängig von der Bodenfeuchte, Temperatur und Sauerstoffgehalt, u. U. sechs bis acht Wochen stabil bleiben, bevor nitrifizierende Bakterien, von den Randzonen beginnend, die Umwandlung in Nitrat bewirken. So kann über die Vegetation das Gleichgewicht zwischen pflanzlichem N-Bedarf und N-Bereitstellung aus dem Boden erreicht werden bei gleichzeitiger Reduktion von Stickstoffverlusten.

Abb. 4: Konzentriertes ammoniumbetontes Wurzelwachstum bei platzierter N-Depotdüngung (Quelle unbekannt).

Abb. 5: Wurzelmenge am Liniendepot beim CULTAN-Verfahren bei Reben (Foto O. Walg).

Da bei Umsetzung von Ammoniumdüngern H^+-Ionen freigesetzt werden, wirken sie in ihrer unmittelbaren Umgebung (Rhizosphärenbereich) versauernd, ohne jedoch den pH-Wert des übrigen Bodens wesentlich zu beeinflussen. Dadurch wird das Nährstoffaneignungsvermögen verbessert und Nährstoffe wie Phosphor und Mikronährstoffe sind besser pflanzenverfügbar. Auf kalkhaltigen Böden, die zur Chlorose neigen, ist insbesondere die Mobilisierung von Eisen durch die Versauerung im Rhizosphärenbereich von Bedeutung. Zusätzlich können mit einer Depotdüngung auch Fe-Dünger injiziert werden, um die Eisenversorgung zu verbessern und dadurch Kalk- bzw. Eisenmangelchlorose zu mindern. Dies gilt auch für andere Mikronährstoffe.

Side Dressing – Ausbringtechnik und Dünger

Side Dressing (= Seitendüngung) ist die Ablage von festen Düngern als Band seitlich neben den Kulturpflanzen. Die größte Düngereffizienz und die geringsten Verluste werden mit stabilen Ammoniumdüngern erreicht, die in Wurzelnähe abgelegt werden. Im Weinbau sind hierfür entsprechende Streubehälter notwendig, die eine seitliche Ablage ermöglichen (Abb. 6). Die Injektion in Wurzelnähe kann mit Grubberscharen erfolgen. Diese sollen den Boden schonend unterfahren, ohne dass es zu größerem Bodenaufwurf oder Wurzelbeschädigungen kommt. Dazu müssen die Schare schmal und flach sein. Ein Scheibensech vor den Scharen auf Höhe der Zinken kann hilfreich sein, indem es den Boden vorschneidet und damit Bodenabbrüche verhindert. Neben Schmalscharen (Abb. 7) haben sich Paragrubberzinken bewährt (Abb. 8). Sie ziehen sich gut in den Boden ein und durch die gewölbte Form schneiden sie den Boden von innen nach außen (Abb.6). Die Zuführung des festen Düngers erfolgt über eine Zuleitung am Zinkenrücken. Der Ausgang muss vor Verstopfungen geschützt sein, damit der Dünger frei in den Hohlraum hinter dem Zinken rieseln kann.

Abb. 6: Paragrubber mit aufgebautem Kastenstreuer für eine beidseitige Ablage im Boden entlang der Zeilen als Liniendepot (Foto O. Walg).

Abb. 7: Schmalschare mit Scheibensechen und Zuleitung für den Düngerauswurf (Foto O. Walg).

Abb. 8: Paragrubber bei der Ablage von Harnstoff im Side-Dressing-Verfahren (Foto O. Walg).

Die Tabelle 1 zeigt mineralische N-Dünger, die für Side-Dressing in Frage kommen. Ammoniumsulfat (schwefelsaures Ammoniak, SSA) ist ein reiner Ammoniumdünger, der nicht zusätzlich stabilisiert ist. Auch Ammonsulfatsalpeter (ASS) enthält vorwiegend Ammonium mit geringen Mengen an Nitrat und ist nicht stabilisiert. Aber bereits die hohen Ammoniumkonzentrationen im Depot haben schon eine hemmende Wirkung auf nitrifizierende Bakterien. In stabilisierter Form mit dem Nitrifikationshemmer 3,4-DMPP wird diese

Zusammensetzung als Entec 26 vom Handel angeboten. Für Side-Dressing werden in landwirtschaftlichen und gartenbaulichen Kulturen häufig auch Harnstoffdünger eingesetzt. Wird Stickstoff in Form von Harnstoff (Carbamidstickstoff oder Amidstickstoff) gedüngt, muss er zuerst zu Ammonium umgewandelt werden (Hydrolyse). Dies geschieht mit dem Enzym Urease, das im Boden enthalten ist. Dieser Vorgang verläuft relativ rasch und dauert je nach Bodentemperatur 1 bis 4 Tage. Bei dieser Umwandlung erhöht sich der pH-Wert im unmittelbaren Bereich um die Düngerkörner. Die alkalischen Bedingungen verschieben das chemische Gleichgewicht zwischen Ammonium und Ammoniak hin zu letzterer Form. Dadurch kommt es zu Stickstoffverlusten als gasförmiges Ammoniak und damit zu einer geringeren N-Effizienz, insbesondere wenn der Dünger nicht schnell eingearbeitet bzw. nicht im Boden abgelegt wird. Mit Hilfe von Urease-Inhibitoren und/oder einer Einarbeitung bzw. Injektion in den Boden können die Ammoniakemissionen deutlich reduziert werden. Dadurch steht auch den Pflanzen eine größere Stickstoffmenge zur Verfügung. In Deutschland ist deshalb der Zusatz von Urease-Inhibitoren zu granuliertem Harnstoff seit 2020 durch die nationale Düngemittelverordnung vorgeschrieben oder er muss unverzüglich, jedoch spätestens innerhalb von vier Stunden nach der Ausbringung eingearbeitet werden.

Einige Harnstoffdünger verfügen über eine kombinierte N-Doppelstabilisierung mit spezifischen Urease- und Nitrifikationsinhibitoren (z. B. Alzon neo–N). Nach erfolgter Hydrolyse zu Ammonium hemmt der Inhibitor die nitrifizierenden Bakterien, sodass die Ammoniumform länger erhalten bleibt. Diese Kombination ist sehr wirksam, um Stickstoffverluste durch Auswaschung und Emissionen zu vermeiden.

Tab. 1: Feste Stickstoffdünger für das Side-Dressing-Verfahren.

Dünger	N-Gehalt %				Nitrifikations- (Nh) bzw. Ureasehemmer (Uh)
Handelsname	N	NH_4–N	NO_3–N	Amid-N	
Entec 26	26	18,5	7,5	–	Nh: 3,4-DMPP
Ammonsulfatsalpeter (ASS)	26	18,5	7,5	–	–
Ammoniumsulfat (SSA)	21	21	–	–	–
Alzon neo – N (Harnstoff)	46	–	–	46	Nh: MPA; Uh: 2-NPT
Alzon 46 (Harnstoff)	46	–	–	46	Nh: DCD + Triazol
Piagran pro (Harnstoff)	46	–	–	46	Uh: 2-NPT

Die Übersicht erhebt keinen Anspruch auf Vollständigkeit, Angaben ohne Gewähr

CULTAN – Ausbringtechnik und Dünger

Eine N-Depotdüngung kann auch mit flüssigen Düngern erfolgen. In diesem Fall spricht man von einer CULTAN-Düngung. Den Begriff „CULTAN“ prägte Prof. Dr. K. Sommer / Universität Bonn. Das Wort ist eine Abkürzung für den englischen Ausdruck: **C**ontrolled **U**ptake **L**ong **T**erm **A**mmonium **N**utrition.

Er beinhaltet, dass Ammonium beim CULTAN-Verfahren die dominierende N-Quelle für die Pflanzen ist. Auch bei diesem Verfahren beruht das Prinzip auf der Platzierung von überwiegend NH4-haltigen flüssigen N-Düngemitteln im Wurzelraum der Pflanzen, so dass der benötigte Stickstoff in einer pflanzenverfügbaren, aber nicht verlagerbaren Form angeboten wird. Allerdings werden hierfür flüssige N-Dünger eingesetzt. Die Injektion der flüssigen Dünger als Liniendepot entlang der Zeilen kann mit den gleichen Scharen wie beim Side-Dressing erfolgen (Abb. 9). Bei zu engen Zeilen ist auch eine Ablage in der begrünten Gassenmitte möglich (Abb. 11).

Die Zuleitung der flüssigen Dünger befindet sich auch hier am Zinkenrücken. Die Injektion erfolgt über eine Düse, die den dosierten Volumenstrom fächerförmig bis an die seitlichen Begrenzungen des Schar-Hohlraumes verteilt. Eine Kappe an den Düsen schützt vor Verstopfungen. Düngerbehälter und Armatur entsprechen der herkömmlichen Ausstattung von Herbizid-Bandspritzgeräten. Wegen der korrosiven

Abb. 9: Geräteeinheit mit Schmalscharen für die CULTAN-Düngung (Foto O. Walg).

Abb. 10: Ausbringung von AHL im CULTAN-Verfahren. *Hinweis zu dem Bild: Aufgrund technischer Probleme erfolgte die Injektion mit dem abgebildeten Gerät zu spät. Die Depotdüngung sollte kurz nach dem Austrieb erfolgen.* (Foto O. Walg).

Abb. 11: In engen Zeilen, die nicht genug Raum zwischen der Schlepperspur und den Stockreihen haben, kann das CULTAN-Depot auch in der Zeilenmitte unter die Begrünung abgelegt werden (Foto O. Walg).

Tab. 2: Flüssige Stickstoffdünger für das CULTAN Verfahren.

Dünger Handelsname	N-Gehalt %				Nitrifikations-hemmer
	N	NH_4-N	NO_3-N	Amid-N	
Ammon-Nitrat-Harnstofflösung (AHL) Alzon flüssig	28	7	7	14	1H-1,2,3Triazol + 3 Methylpyrazol
Alzon flüssig S 25/6 (AHL)	25	9	5	11	1H-1,2,3Triazol + 3 Methylpyrazol
Piasan 28 (AHL)	28	7	7	14	–
Domamon 26 L (Harnstoff-Ammonsulfat-Lösung HAS)	20	–	6	14	–
RMD Sulfat 15/5 (Ammoniumsulfat + AHL)	15	8,6	3,1	3,4	–

Die Übersicht erhebt keinen Anspruch auf Vollständigkeit, Angaben ohne Gewähr

Wirkung von Ammoniumdüngern ist jedoch darauf zu achten, dass „flüssigdüngerfeste" Materialien eingesetzt werden. Dies betrifft insbesondere die Pumpe.

Für die Ammonium-Depot-Düngung wird vorwiegend AHL (Ammonnitrat-Harnstoff-Lösung) eingesetzt (Tab. 2; Abb. 10). Das spezifische Gewicht von AHL 28 beträgt 1,28 kg je Liter (bei 10 °C). Dementsprechend enthalten 100 kg AHL 28 kg Stickstoff, davon liegen 14 kg als Amid-N, 7 kg als Ammonium-N und 7 kg als Nitrat-N vor. 140 Liter AHL 28 enthalten 50 kg Rein-Stickstoff. In dem Produkt „Alzon flüssig" sind zusätzlich Nitrifikationshemmstoffe eingebaut. Aber auch ohne die Nitrifikationshemmer haben die hohen Ammoniumkonzentrationen im Depot eine hemmende Wirkung auf nitrifizierende Bakterien, da sie toxisch auf sie wirken. Verbreitet in der Landwirtschaft sind auch Harnstoff-Ammoniumsulfat-Lösung (HAS) und RMD Sulfat, eine Mischung aus Ammoniumsulfat und AHL.

Fazit

Es besteht ein großes umweltpolitisches Interesse an alternativen N-Düngungsverfahren, die zu einer Reduktion der Stickstoffbelastungen führen. Eine platzierte Ausbringung von N-Düngern wird als Möglichkeit zur Verbesserung der Stickstoffeffizienz und der Verringerung sowohl der Nitratauswaschung als auch von gasförmigen Ammoniakverlusten angesehen. Darunter wird eine gezielte Ablage der N-Dünger in direkter räumlicher Nähe zu den Wurzeln verstanden. Im Weinbau kann dies mit einer Tiefendüngung in Form eines Liniendepots entlang der Zeilen erfolgen. Technisch ist dies mit festen Düngern als Side-Dressing oder mit flüssigen Düngern als CULTAN zu realisieren. Mit den entsprechenden ammoniumbetonten Depot-Düngern wird, neben einer bedarfsgerechten und effizienten Ernährung, auch ein Beitrag zum Klima-, Gewässer- und Grundwasserschutz geleistet, indem schädliche Emissionen (Ammoniak, Lachgas) und Nitrat-Abwaschungen und -Auswaschungen vermindert werden.

Wie disruptive Technologien Abläufe in der Weinwirtschaft verändern können: Neue Geschäftsmodelle durch die Digitalisierung

Von Dipl.-Ing. MBA Michael Paul Kramer und Prof. Dr. Habil. Jon H. Hanf
Institut für Wein- und Getränkewirtschaft Hochschule Geisenheim University
Jon.Hanf@hs-gm.de

MBA Michael Paul Kramer

Prof. Dr. habil. Jon H. Hanf

Einleitung

Die Internationale Organisation für Rebe und Wein (OIV) hat auf ihrer Konferenz am 24.11.2021 zur „Digitalisierung des Weinsektors – Bewertung von Chancen, Herausforderungen und Zukunftsszenarien" dargestellt, dass innerhalb der nächsten fünf bis zehn Jahre Blockchain von allen digitalen Technologien in der Weinbranche das größte Potenzial habe (OIV, 2021). Auch Don und Alexander Tapscott sagen voraus, dass Blockchain die Technologie sei, die noch vor u. a. Künstlicher Intelligenz und Big Data im nächsten Jahrzehnt die Wirtschaft am ehesten verändern würde (Tapscott und Tapscott, 2016). Und das Weltwirtschaftsforum geht davon aus, dass bereits im Jahr 2027 10 % des globalen Bruttosozialprodukts in der Blockchain gespeichert sein wird (WEF, 2015). In der Weinwirtschaft bietet die Blockchain-Technologie bereits heute konkrete Einsatzmöglichkeiten. Anwendungsfälle finden sich vom Anbau bis hin zur Vermarktung entlang der gesamten Wertschöpfungskette. Die Gründe, weshalb diese junge Technologie unsere Wirtschaft grundlegend verändern kann, liegen insbesondere darin, dass Blockchain das Potenzial besitzt, Vertrauen zwischen Handelspartnern zu automatisieren, die digitale Übertragung von Vermögenswerten zu ermöglichen und Daten ohne

Einbeziehung einer zentralen Autorität sicher und unveränderbar dezentral zu speichern. Im Rahmen dieses Fachbeitrags stellen wir Anwendungsfälle in der Weinlieferkette vor.

Veränderungsdruck in der Weinwirtschaft

Die Wertschöpfungskette der deutschen Weinwirtschaft ist seit einigen Jahren tiefgreifenden strukturellen Veränderungen unterworfen. Auch aufgrund der steigenden Informationsdichte haben diese zu einem betriebswirtschaftlichen Veränderungsdruck in der Lieferkette geführt (Richter et al., 2021). Es ist abzusehen, dass im Zuge der Automatisierung zunehmend digitale Technologien eingesetzt werden, um beispielsweise Anforderungen des Lieferkettengesetzes zu erfüllen sowie Verbesserungen hinsichtlich der Prozessgeschwindigkeit, Effizienz der Transaktionen und der Transparenz der Lieferkette zu erreichen (Cook et al., 2021). Jedoch wird der Digitalisierungsgrad in der deutschen Weinwirtschaft derzeit noch immer als gering angesehen (Knitsch und Welz, 2021), auch wenn Unternehmen bereits mit Warenwirtschafts- und ERP-Systemen arbeiten.

Der Einfluss von Blockchain auf die Unternehmensstrategie

Eine der Hauptaufgaben der Unternehmensführung besteht darin, Wissen und Fähigkeiten strategischer Ressourcen zu sammeln, zu verarbeiten und deren Transformation in profitable Leistungen des Unternehmens zu koordinieren. Grundlage für die Weiterentwicklung bestehender und Schaffung neuer Geschäftsmodelle sind die Identifikation und der Einsatz innovativer und Disruptiver-Technologien. Clayton Christensen prägte die Theorie der disruptiven Innovation (Christensen, 1997), die in der Praxis jedoch oft missverständlich interpretiert und angewandt wurde. Einer der Hauptgründe ist, dass unterschiedliche Innovationen differenzierte Strategien erfordern (Christensen et al., 2015). Zum Begriff der Technologie existiert keine einheitliche Definition. Im Gegenteil: Der Begriff hat vielfache, teilweise widersprüchliche Bedeutungen (Schatzberg, 2018). In der wirtschaftlichen Betrachtung kann der Einsatz von Technologie zu einer Effizienzsteigerung führen mit dem Ziel, dass sich bei gleichbleibendem Input der Output erhöht. Die Begriffe disruptive Technologie und disruptive Innovation werden häufig als austauschbare Begriffe betrachtet.

In seiner aktuellen Entwicklungsphase kann Blockchain als disruptive Technologie betrachtet werden, da durch den Einsatz der Technologie bestehende Geschäftsmodelle ersetzt werden können. Blockchain ist jedoch auch eine potenzielle Allzwecktechnologie (General Purpose Technology), die die Fähigkeit besitzt, die Art und Weise, wie Geschäftstransaktionen durchgeführt werden, erheblich zu verändern (Kramer und Hanf, 2021). Sie hat das Potenzial, Wirtschaft, Gesellschaft und Organisationen tiefgreifend zu verändern und neue Geschäftsmodelle und Industrien zu schaffen. Für Manager ist es deshalb wichtig zu verstehen, ob Blockchain als disruptive oder als Allzweck-Technologie bezeichnet werden kann, da dies

Auswirkungen auf die gewählte Unternehmensstrategie haben sollte. Diese müssen früh genug angepasst werden, um sich im Wettbewerb zu positionieren und das wirtschaftliche Potenzial bestmöglich auszuschöpfen.

Die Blockchain-Technologie

Im Grunde genommen ist die Blockchain ein ständig synchronisierter Datenspeicher, der über verschiedene Orte und Entitäten verteilt ist. Eines der Hauptmerkmale ist die Dezentralisierung der Netzwerkarchitektur, die Peer-to-Peer-Transaktionen ermöglicht, wodurch eine koordinierende, vertrauenswürdige Instanz überflüssig wird. Blockchain ermöglicht die Implementierung von Smart Contracts, um vertragliche Verpflichtungen zur Absicherung von Transaktionen einzugehen und auszuführen (Kramer et al., 2020). Smart Contracts sind Softwareprogramme, die feste Regeln für automatisch auszuführende Transaktionen auf der Grundlage einer Reihe von vordefinierten Bedingungen enthalten. Sie ermöglichen die Nachverfolgung von Produkten entlang der Lieferkette, die Verwaltung von Besitzverhältnissen und die Autorisierung automatischer Zahlungen. Sie ersetzen das an Zwischenhändler übertragene Vertrauen, sodass Parteien, die sich zuvor nicht getroffen und keine Geschäfte getätigt haben, sich auf die Integrität der Transaktion verlassen können. Die wichtigsten Vorteile von intelligenten Verträgen sind die erhöhte Transparenz der Transaktionen und das Vertrauen in ein dezentrales System ohne eine einzige Entscheidungsinstanz (Zhao et al., 2019) und die Reduzierung der ex-ante- und ex-post-Transaktionskosten (Ciatto et al., 2020).

Neue Geschäftsmodelle durch Digitalisierung

Die Blockchain-Technologie bietet heute bereits konkrete Einsatzmöglichkeiten für Unternehmen in der Weinbranche. Anwendungsfälle finden sich vom Anbau bis zur Vermarktung entlang der gesamten Wertschöpfungskette. In vorliegendem Artikel konzentrieren wir uns auf die Vermarktungsseite der Weinlieferkette, in der heute der Schwerpunkt der digitalen Anwendungen realisiert ist. Für die Weinlieferkette haben sich derzeit grundsätzlich vier Kategorien von Anwendungsfällen der Blockchain-Technologie herauskristallisiert: Rückverfolgbarkeit von Weinflaschen und -fässern (Tracking und Tracing), Dokumentation von Transaktionen, Transparenz der Lieferkette sowie Automatisierung von Geschäftsprozessen.

Rückverfolgbarkeit von Produkten

Unternehmen der Lebensmittelindustrie müssen derzeit mindestens für die vor- und nachgelagerte Stufe der Lieferkette eine Rückverfolgbarkeit der produzierten Produkte sicherstellen. Mithilfe von Tracking- und Tracing-Lösungen kann der Lieferweg des Weins in Echtzeit verfolgt werden (Tracking) sowie rückwirkend der Lieferweg nachvollzogen werden (Tracing). Somit kann u. a. sichergestellt werden, dass der Transport des Weins unter den vorgegebenen Konditionen stattfand.

Blockchain-gestützte Tracking- und Tracing-Lösungen werden gerade erst in den Lieferkettennetzwerken der Weinwirtschaft eingeführt, um den Verbrauchern u. a. Herkunftsinformationen zu den Produkten zu liefern. Das Startup vinID aus der Schweiz bietet mit Hilfe von Non Fungible Tokens (NFTs) und der Blockchain-Technologie ein digitales Echtheitszertifikat für hochwertige Weine an. Zum Zeitpunkt der Abfüllung und bei jedem Wechsel des Eigentümers wird die Transaktion in die Blockchain geschrieben und gespeichert. Mit einer Applikation auf dem Smartphone kann dann der komplette Transaktionsverlauf hinsichtlich dieser Weinflasche nachvollzogen werden. Über diese Applikation können weitere Informationen zu diesem Wein abgerufen werden, wie beispielsweise zur Herkunft und zum Produktionsprozess.

Dokumentation von Transaktionen

In Australien findet derzeit ein Wein-Blockchain-Feldversuch VinoTrust mit zwölf Weinerzeugern statt. Ziel von VinoTrust ist, Betrug und Fälschungen zu bekämpfen, die den Ruf und die Reputation einer Marke oder sogar einer ganzen Region beeinträchtigen könnten. Dazu werden u. a. Echtzeitdaten von Trauben, die gelesen wurden und den Weinberg verlassen, mittels IoT(Internet of Things)-Sensoren und GPS (Global Positioning System) direkt in der Blockchain erfasst. In diesem Feldversuch integriert ist auch eine Lösung, die die Authentizität des Weins in der Flasche sicherstellt. Ein elektronischer Chip mit NFC(Near Field Communication)-Technologie wird dazu in den Flaschenverschluss integriert. Gleichzeitig nimmt der Chip Standort- und Datumsinformationen auf und überträgt diese in die Blockchain, und zwar jedes Mal, wenn der Wein in der Lieferkette bewegt wird. Durch die elektronische Aufzeichnung der Daten über die Produktion und den Transport des Weins auf seinem Weg zum Konsumenten kann die begleitende Dokumentation wie beispielsweise Lieferscheine elektronisch erfolgen und so Papier gespart werden.

Transparente Lieferwege

Verbraucher verlangen zunehmend ein hohes Maß an Vertrauensattributen zu den Produkten, die sie konsumieren, wie Produktqualität und -sicherheit, und erwarten Informationen zu Herkunft, Lieferanten, Produktions- sowie Transportbedingungen der Lebensmittel. Die gestiegene Nachfrage nach Transparenz erfordert den Einsatz digitaler Technologie, welche die Vertrauensattribute in der Lieferkette transportieren kann. Denn Vertrauen ist zu einem bedeutenden Element der Produktqualität und -sicherheit geworden mit dem Ziel, die Kundenzufriedenheit und die Wiederkaufbereitschaft zu erhöhen. In einer Studie des Unternehmens Salesforce aus dem Jahr 2018 gaben 95 % der Verbraucher an, dass sie loyal gegenüber einer Marke seien, der sie vertrauen (Salesforce, 2018).

Blockchain ermöglicht die Darstellung eines sicheren Herkunftsnachweises sowie eine erhöhte Transparenz der Lieferkette. Die komplette Reise des Weins durch die Lieferkette, von der Herstellung bis zum Konsumenten, ist transparent einsehbar: Informationen zur Herkunft, der Produktion, den beteiligten Weinkommissionären, den Weinkellereien bis hin zur Distribution. Mit diesen Daten erhalten Konsumenten Informationen darüber, woher der Wein in ihrem Glas stammt und welchen Weg er genommen hat. Bereits heute setzen einzelne Unternehmen auf diese neue Technologie und dokumentieren Vorgänge im Weinberg und Keller auf einer offen einsehbaren Plattform, um die Grundlage für ein effektives Rückverfolgungssystem zu schaffen. Es ist abzusehen, dass beispielsweise gesetzliche Anforderungen im Rahmen des Lieferkettengesetzes zu weiterem Veränderungsdruck in der Lieferkette führen werden. Sollte das von der Bundesregierung beschlossene Lieferkettengesetz auch auf Unternehmen der Weinindustrie angewendet werden, kann Blockchain gesetzlich erforderliche Nachweise sicher und unveränderlich in der Lieferkette speichern.

Automatisierung von Geschäftsprozessen

Costaflores in Mendoza (Argentinien) bezeichnet sich selbst als Boutique-Weingut, ein kleines Weingut, das sich auf die Produktion von Biowein konzentriert; Wein aus Trauben also, die nach den Grundsätzen des ökologischen Landbaus angebaut werden. Es ist nach eigenen Worten das weltweit erste Weingut, das Krypto-Tokens herausgibt, die an Wein gekoppelt sind. Nach Abschluss der jeweiligen Lese im April/Mai wird die Anzahl der zu produzierenden Flaschen für diesen Jahrgang ermittelt. Für jede Flasche des entsprechenden Jahrgangs wird ein digitaler Token mit gleichem Wert herausgegeben, ein sogenannter fungibler Token (FT). Dieser Token weist die entsprechenden Eigentumsverhältnisse nach, denn mit dem Kauf eines Tokens erwirbt der Eigentümer das Recht, eine Flasche Wein dieses Jahrgangs zu erhalten. Die FTs werden mittels Smart Contracts auf einer dezentralisierten Handelsplattforn gehandelt, auf der Angebot und Nachfrage aufeinandertreffen und ein Marktpreis für den Wein gebildet wird. Darüber hinaus können Zertifizierungen und Qualitätsnachweise über Smart Contracts in der Blockchain abgelegt werden und so die Papierdokumentation ersetzen.

Mehr Sicherheit für Verbraucher

Digitales Vertrauen, Transparenz in der Weinlieferkette und der Einsatz von Smart Contracts: Blockchain-Anwendungen haben das Potenzial, die Prozesse in der Weinwirtschaft grundlegend zu verändern. Im Lebensmittelsektor dominieren derzeit Anwendungen zur Sicherstellung von Transparenz und Rückverfolgbarkeit entlang von Lieferketten. Durch den Einsatz der Blockchain können Geschäftsprozesse direkt und ohne Intermediäre zwischen Handelspartnern abgewickelt und Vergütungen ausgelöst werden. Besonders deutlich wird dies bei der Kombination von Smart Contracts mit digitalen Vermögenswerten und Digitalwährungen, was innovative Anwendungen im Weinsektor schaffen wird.

Fazit

Durch den Einsatz der disruptiven und potenziellen Allzweck-Technologie Blockchain in der Weinlieferkette wird der Transfer von digitalen und physischen Vermögenswerten über das Internet ermöglicht, Transaktionskosten gesenkt und das Vertrauen der Verbraucher hinsichtlich Herkunft und Produkteigenschaften kann erhöht werden. Neue Möglichkeiten ergeben sich auch durch die Darstellung von Vermögensgegenständen als Token, die den physischen Gegenstand als digitales Abbild repräsentieren. Damit wird der digitale Handel von physischen Gütern wie beispielsweise Trauben, Weinfässern oder Weinflaschen auf einer Blockchain-basierten Handelsplattfom ermöglicht. Die Finanzbranche ist Vorreiter bei der Tokenisierung von Vermögenswerten und hat im Rahmen von dezentralisierten Finanzanwendungen (deFi) bereits viele Applikationen auf Basis der Blockchain-Technologie geschaffen. Bei den deFi-Anwendungen sind weniger Intermediäre erforderlich bzw. bei innovativen Geschäftsmodellen wird komplett auf Intermediäre verzichtet. Die Entwicklung der jungen Blockchain-Technologie befindet sich noch im Anfangsstadium. In der aktuellen Entwicklungsphase kann sie als disruptive Technologie eingeordnet werden. Sie hat jedoch das Potenzial, den Austausch von Vermögenswerten über das Internet zu revolutionieren; so wie das Internet in den letzten Dekaden den Austausch von Informationen revolutionierte. Wir gehen davon aus, dass die Blockchain-Technologie weiter reifen und sich in den folgenden Entwicklungsschritten zur Allzwecktechnologie entwickeln könnte, einer Technologie, die das Potenzial hat, den Austausch von Vermögenswerten grundlegend zu verändern. Aufgrund seiner Fähigkeiten, Entscheidungsprozesse zu demokratisieren und die Kontrolle über persönliche Daten an die Nutzer zurückzugeben, kann sie als neuer Mechanismus für die Zusammenarbeit zwischen Akteuren und der Koordination wirtschaftlicher Aktivitäten in dezentralisierten Handelsplätzen für Wein sein.

Literatur

Christensen, C. (1997): The Innovator's Dilemma: When New Technologies Cause Great Firms to Fail. Boston: Harvard Business School Press. https://www.hbs.edu/faculty/Pages/item.aspx?num=46

Christensen, C. M., Raynor, M., and McDonald, R. (2015): What is disruptive innovation? Harvard Business Review. Dec. 44–53.

Ciatto, G., Mariani, S., Maffi, A. and Omicini, A. (2020): Blockchain-Based Coordination: Assessing the Expressive Power of Smart Contracts. Information 11: 52.

Cook, S., Jackson, E. L. and Fisher, M. J. (In Memoriam), Baker, D. and Diepeveen, D. (2021): Embedding digital agriculture into sustainable Australian food systems: pathways and pitfalls to value creation. Int. J. Agricult. Sustainability. DOI: 10.1080/14735903.2021.1937881

Knitsch, V. und Welz, J. (2021): Digitale Affinität und Einsatz von digitalen Technologien im Wein- und Obstbau in Mitteldeutschland. Leipzig: Fraunhofer IMW, 30 S., Sonderkulturen im Mittelpunkt, 1.

Kramer, M.P., Bitsch, L., Hanf, J.H. (2020): Centralization vs. Decentralization – Supply Chain Networks and Blockchain in the Agri-Food Business; Conference Proceedings, Theory to Practice as a Cognitive, Educational and Social Challenge. IAMO Forum 2020: Digital transformation – towards sustainable food value chains in Eurasia.

OIV – International Organisation of Vine and Wine. (2021): Digital trends applied to the vine and wine sector. A comprehensive report on the digitalisation of the sector. OIV Digital Transformation Observatory Hub November 24, 2021. Online verfügbar: https://www.oiv.int/public/medias/8590/oiv-symposium-digital-observatory-hub-report.pdf (zugegriffen am 7. April 2022).

Kramer, M.P. and Hanf, J.H. (2021): Is Blockchain the Next General Purpose Technology? Konferenzband zum Scientific Track der Blockchain Autumn School 2021, Nr. 4/2021. ISSN 1437-7624. Hochschule Mittweida. Available: www.forschung.hs-mittweida.de/veroeffentlichungen/scientific-reports

Richter, B., Bitsch, L., Diemer-De Schepper, S., Schweickert, E. und Hanf, J.H. (2021): Strukturveränderungen in der Weinwirtschaft, Darstellung und Diskussion. Berichte über Landwirtschaft, Band 99, Heft 2. DOI: https://doi.org/10.12767/buel.v99i2.362

Salesforce. (2018): Trends in Customer TrusT. Online verfügbar: https://www.salesforce.com/content/dam/web/en_us/www/documents/briefs/customer-trust-trends-salesforce-research.pdf (zugegriffen am: 3. April 2022).

Schatzberg, E. (2018): Technology: Critical History of a Concept. University of Chicago Press.

Tapscott, D. and Tapscott, A. (2016): The Impact of the Blockchain Goes Beyond Financial Services. Harvard Business Review, 05/2016. Verfügbar online: https://hbr.org/2016/05/the-impact-of-the-blockchain-goes-beyond-financial-services (zugegriffen am 31. März 2022).

WEF, World Economic Forum. (2015): Deep Shift Technology Tipping Points and Societal Impact. Survey Report, September 2015. Verfügbar: https://www3.weforum.org/docs/WEF_GAC15_Technological_Tipping_Points_report_2015.pdf (zugegriffen am 3. April 2022).

Zhao, G., Shaoffeng L., Lopez, C., LU, H., Elgueta, S., Chen, H., and Mileva Boshkoska, B. (2019): Blockchain technology in agri-food value chain management: A synthesis of applications, challenges, and future research directions. Computers in Industry 109: 83–99.

70 Jahre Ausschuss für Technik im Weinbau

Von Christian Reinhold
Kuratorium für Technik und Bauwesen in der Landwirtschaft e. V. (KTBL), Darmstadt
c.reinhold@ktbl.de

Christian Reinhold

Inmitten der Corona-Pandemie und der Ukraine-Krise, begleitet vom Klimawandel und CO_2-Abgaben, sind gute Nachrichten umso wertvoller. Eine Meldung davon betrifft unseren Ausschuss für Technik im Weinbau (ATW). Wir feiern 2022 den 70. Jahrestag unseres Bestehens.

Wie alles begann

In der Zeit von 1945 bis 1950 wurden die Aufgaben im Bereich der Technik im Weinbau von sich bildenden Einzelorganisationen wahrgenommen. Die Landwirtschaftskammer Rheinland-Nassau gründete 1950 eine Arbeitsgemeinschaft „Technik im Weinbau", die mehrmals im Jahr tagte. Diese Gruppe organisierte auf dem 39. Weinbaukongress in Bad Kreuznach eine Sondertagung „Technik im Weinbau", zwei Sondervorführungen von Maschinen und Geräten und tägliche Maschinenvorführungen. Auch die Deutsche Landwirtschaftliche Gesellschaft (DLG) bildete wieder einen Weinbauausschuss, der sich unter anderem mit technischen Fragen beschäftigte und bereits 1951 über Technik im Weinbau seine 6. Tagung abhielt. Das Kuratorium für Technik und Bauwesen in der Landwirtschaft e. V. (KTBL), 1946 als eigenständige Organisation Kuratorium für Technik in der Landwirtschaft (KTL) wiedergegründet und 1968 nach Übernahme des Schwerpunktes Bauwesen in KTBL umbenannt, hat sich sofort nach Wiedergründung des Deutschen Weinbauverbandes (DWV) 1950 um eine Zusammenarbeit im Fachbereich Weinbautechnik bemüht. Es zeugt von großer Weitsichtigkeit, dass sich in diesen Jahren die Institutionen DWV, DLG und KTL entschlossen hatten, das Arbeitsfeld „Technik im Weinbau" gemeinsam zu betreuen und dazu den Ausschuss für Technik im Weinbau, kurz ATW, zu gründen.

Man gelangte schnell zu der Erkenntnis, dass in der freien sozialen Marktwirtschaft die Wertschöpfung des Weinbaues und die Einkommen der Winzer erheblich von der Rentabilität ihrer Arbeit in Weinberg und Keller abhängen. Fachleute wiesen in diesen Jahren auf die Bedeutung der arbeitswirtschaftlichen Leistung im Weinbau hin. Sie zeigten auf, dass aus arbeitswirtschaftlichen Gründen eine technische Entwicklung unumgänglich sei. Vor allem musste man weg von der tierischen und hin zum Einsatz der motorisierten Zugkraft in der Rebgasse. Sie plädierten für

Abb. 1: Schloss Vollrads im Rheingau (Bild: © www.stock.adobe.com – Sina Ettmer).

eine Bündelung aller Kräfte in der technischen Forschung für den Weinbau und in der Beratung der Praxis. Ihre Argumentation fiel beim DWV auf fruchtbaren Boden. Im August 1952 fand auf Schloss Vollrads (Abb. 1), dem Weingut des damaligen Präsidenten des DWV, Graf Matuschka Greiffenclau, eine Besprechung zwischen den Organisationen DWV, DLG und KTBL statt, auf der die Gründung eines gemeinsamen Ausschusses für Technik im Weinbau diskutiert wurde. Als Ergebnis dieses Gesprächs wurde auf dem 40. Weinbaukongress, der vom 25. bis 30. August in Freiburg stattfand, der ATW gegründet, der dann auch gleich mit einer Sondertagung am 30. August an die Öffentlichkeit trat.

Als der ATW gegründet wurde, konzentrierte sich das Angebot an Maschinen und Geräten auf die Bodenbearbeitung und den Rebschutz. Pflüge mit tierischen Zugkräften zum Zu- und Abpflügen vor und nach dem Winter sowie Grubber für die Sommerbodenbearbeitung standen im Mittelpunkt des Maschinen- und Geräteangebots. Arbeitseinsparungen waren nur durch bewegliche Stockräumer am Pflugkörper zu erzielen. Zaghaft wurde bereits über die Gründüngung, den Einsatz einer Kreiselegge und des sogenannten Franzilgerätes diskutiert, um das Abschwemmen von Boden in Hang- und Steillagen einzuschränken.

Gegen Ende der 1960er-Jahre wendete man sich bereits in den Direktzuglagen der Mechanisierung der Traubenernte zu. Im deutschen Weinbau wurde zuerst eine halbautomatisch arbeitende Absaugmaschine, der MOCO-Traubenernter, in breitem Umfang getestet. Die Entwicklungen im Ausland, vor allem in den USA, liefen gleichzeitig schon auf mechanisch arbeitende Schneid- und Schüttelverfahren hinaus. Anfang der 1980er Jahre stellte Dr. Lawall in der KTBL-Schrift 269 „Mechanisierung der Traubenernte" die Kriterien für eine optimale Anwendung der Erntetechnik unter den Bedingungen des deutschen Weinbaus vor. In seiner Arbeit wurden die Auswirkungen aller relevanten Einflussfaktoren auf das Schwingschüttelverfahren ermittelt, das dann bei den nachfolgenden Generationen von Vollerntern das Rennen machte (Abb. 2).

Abb. 2: Schwingschüttelstäbe in der aktuellen Grapeliner Serie 7000 der Fa. Ero (Bild: Ero GmbH).

Der ATW hat in den sieben Jahrzehnten seines Bestehens weniger Grundlagenforschung, sondern mehr angewandte Forschungs- und Versuchsanstellung betrieben. Aus diesem Grunde wurde für beantragte Untersuchungen der Begriff Arbeitsvorhaben gewählt. Seit Gründung des ATW ist die Zielvorgabe, vorausschauend technische Entwicklungen für den Weinbau zu prüfen, Probleme der Praxis aufzugreifen, praxisrelevante Lösungen zu suchen und diese dem Berufsstand direkt anzubieten oder über die Weinbauberatung zu vermitteln. Diese Zielsetzungen waren in den Richtlinien, die sich der ATW für seine Arbeit gegeben hat, von Anfang an festgeschrieben. Hier heißt es über die Aufgaben: Der ATW soll im Sinne der Satzungen der Trägerorganisationen…

- Fragen und Probleme der Technik im Weinbau, der Technik in der Kellerwirtschaft sowie der Weinbautechnik erörtern und Arbeitsschwerpunkte herausstellen,
- die Forschung auf diesen Gebieten intensivieren, rationalisieren und koordinieren sowie eine Gemeinschaftsarbeit fördern,
- Forschungsaufgaben im Rahmen der vorhandenen Geldmittel finanzieren,
- Ergebnisse der Forschung und neuere Erkenntnisse der Praxis auswerten und sie durch geeignete Maßnahmen an die Praxis herantragen (Schulung der Berater, Publikationen, Vortragstätigkeit),
- öffentliche Dienststellen in allen Fragen seines Arbeitsbereiches beraten.

Die dem ATW gestellten Aufgaben versucht er seit seiner Gründung durch Versuchsanstellungen und angewandte Forschung, durch Vortragsveranstaltungen, Maschinenvorführungen, Lehrschauen und direkte Beratungen von Praxis und Industrie vor allem auf den Weinbaukongressen, aber auch außerhalb dieser Veranstaltungen, durch Fortbildung der Weinbauberater auf Tagungen und Lehrgängen zu lösen.

Im Jahr 1973 griff der ATW eine weitere Form der Öffentlichkeitsarbeit auf, das ATW-Gespräch. Die Gespräche dienten dem Erfahrungsaustausch unter den Beteiligten. Je nach Thema wurden dazu Praktiker, Fachleute aus dem Berufsstand oder aus anderen öffentlichen Institutionen und aus der Industrie eingeladen.

Im dritten Jahrzehnt seit seiner Gründung konnte der ATW auch seine Öffentlichkeitsarbeit über entsprechende Publikationen etablieren. Bisher war es üblich, dass Berichte über Arbeitsvorhaben zwar mehrfach abgegeben wurden, aber selten der Öffentlichkeit und nur begrenzt interessierten Institutionen zugänglich waren. In den 1970er-Jahren übernahm das KTBL die Publizierung der ATW-Arbeiten in der KTBL-Schriftenreihe und in den KTBL-Arbeitsblättern Weinbau. Während heute jeder Bericht über ein durchgeführtes Arbeitsvorhaben in der

Schriftenreihe „ATW-Berichte“ oder in der KTBL-Schriftenreihe (Abb. 3) veröffentlicht wird, konnten in den 1970er-Jahren nur ausgewählte Forschungsberichte gedruckt werden. Das erste ATW-Arbeitsvorhaben, dessen Ergebnisse in der KTBL-Schriftenreihe 1975 unter der Nr. 189 publiziert wurde, war von K. Adams und D. Maul: Die Mechanisierung in der Kellerwirtschaft.

Seit 1978 werden die KTBL-Arbeitsblätter Weinbau als Sonderdrucke in der weinbaulichen Fachpresse veröffentlicht. Bis heute sind 116 Arbeitsblätter erschienen. Über die Arbeitsblätter wird die Praxis mit den neuesten Maschinen und Geräten bekannt gemacht. In ihrer kurzgefassten Form können sie jederzeit rasch aktualisiert werden.

Im vierten Jahrzehnt seit der Gründung des ATW konnten die Untersuchungen über technische Probleme in der Weinwirtschaft ausgeweitet werden. Bei einer Besprechung des Vorstandes und des Beirats wurden 1984 einige entscheidende Beschlüsse für die ATW-Arbeit gefasst und von der Mitgliederversammlung in Bacharach abgesegnet:

- Alle Arbeitsvorhaben sind an den übergeordneten Maßstäben Umwelt, Produkt- und Arbeitsqualität auszurichten, d. h. die Untersuchungen sollen den Umweltschutz, die Energieeinsparung, den Gesundheitsschutz und die Weinqualität einbeziehen.
- Um eine optimale Nutzung der Geldmittel zu ermöglichen, muss der Beirat mittelfristige Arbeitsprogramme erarbeiten. Die Mitgliederversammlung entscheidet dann über die Priorität der einzelnen Vorhaben.
- Alle Abschlussberichte über die Arbeitsvorhaben werden vom KTBL in einer Reihe „ATW-Abschlussberichte“ veröffentlicht, die den Landesregierungen, den Verbänden, den Weinbau-Dienststellen und den ATW-Mitgliedern zugesandt werden. Abschlussberichte, die für die gesamte Weinwirtschaft von Nutzen sind, werden in die KTBL-Schriftenreihe übernommen.
- In einer weiteren Schriftenreihe sollen Statusberichte und Sonderveröffentlichungen aufgenommen werden.

Laut Satzung findet jährlich die Mitgliederversammlung des ATW statt und je nach Bedarf werden mehrmals ATW-Beiratssitzungen meistens zusammen mit dem ATW-Vorstand angesetzt. Auf der Mitgliederversammlung 1984 in Bacharach berichteten erstmals die Bearbeiter von Arbeitsvorhaben in Kurzreferaten über die Ergebnisse ihrer Arbeiten. Diese Berichterstattung löste die bis dahin üblichen Fachvorträge ab, die meistens am ersten Tag der Mitgliederversammlung gehalten wurden.

Gegenüber anderen Forschungskooperationen ist der ATW nicht mit einem großen Finanzetat ausgestattet. Die Mittel, die vergeben werden, können immer nur als Zuschüsse gewertet werden. Sie müssen immer durch Mittel der Dienststellen aufgestockt werden. Unter diesen Umständen ist es sehr bemerkenswert, welche Vielzahl an Erkenntnissen der ATW über die Technik in Weinberg und Keller der deutschen Weinwirtschaft bisher vermittelt hat.

Seit 1952 – mit Beginn der Hochmechanisierung aller Arbeiten in Weinberg und Keller – hat der ATW die Entwicklung der Technik im Weinbau bis auf den heutigen

Tag begleitet. Wenn man davon spricht, dass der deutsche Weinbau zum fortschrittlichsten der Welt zählt, dann kann der ATW stolz darauf sein, diese Entwicklung initiiert, angetrieben und gefördert zu haben. Es waren Menschen, die engagiert und begeistert den ATW geführt und als Vertreter der Trägerorganisationen die ATW-Arbeit gefördert und kritisch begleitet haben. Sie waren oft mehrere Jahrzehnte Mitglied im ATW und haben sich sehr mit dieser Vereinigung identifiziert. Sicher hat die erfolgreiche Arbeit die Trägerorganisationen, allen voran den DWV und seine Generalsekretäre Dr. Wilhelm Heuckmann, Dr. Werner Becker, Dr. Rudolf. Nickenig und heute Christian Schwörer sowie die Ministerien der weinbautreibenden Bundesländer bewogen, den ATW immer ideell und finanziell zu unterstützen. So kann der ATW auch weiterhin in der Weiterentwicklung der Technik, die von mehrheitlich mittelständischen Herstellerbetrieben meist ohne Entwicklungsabteilungen betrieben wird, tätig sein. Die zukünftig zu lösenden Aufgaben verlangen die Fortsetzung dieser bisher erfolgreichen Arbeit. Mehr denn je bedarf die Einführung neuer technischer Betriebsmittel einer objektiven Bewertung, die gleichzeitig auch wichtige Grundlage für die Aus- und Weiterbildung der Anwender im Weinbau ist. Mit Vorführungen (Abb. 3), Tagungen und Publikationen leistet der ATW auch eine auf diesem Feld zukünftig unverzichtbare Arbeit für die gesamte Weinbaupraxis.

Technik im Weinbau ohne den ATW ist nicht mehr vorstellbar. Insofern ist zu wünschen, dass der ATW seine Arbeit erfolgreich viele weitere Jahrzehnte fortsetzen kann.

Abb. 3: Maschinenvorführung im Rahmen der Intervitis Interfructa, organisiert vom ATW (Bild: Landesmesse Stuttgart GmbH).

Genossenschaftsbasierte Traubenzulieferung der Dragon Head Enterprises in der chinesischen Weinproduktion

Von Mengdie Xiao, M.Sc. Barbara Richter und Prof. Dr. habil. Jon H. Hanf
Hochschule Geisenheim University
Jon.Hanf@hs-gm.de

M.Sc. Barbara Richter

Prof. Dr. habil. Jon H. Hanf

Einleitung

Traditionell spielten landwirtschaftliche Genossenschaften bereits seit dem 19. Jahrhundert eine große Rolle (Hao, 2018). Mit der Gründung der Raiffeisen im Jahr 1864 entstand diese Rechtsform und das Kooperationsmodell erstmalig in Deutschland (Hao, 2018; BMWK, 2021). Europäische Genossenschaften sind i. d. R. „bottom-up“ organisiert und durch den Zusammenschluss der Mitglieder entstanden. Durch den gemeinsamen Einkauf von Betriebsmitteln und die gemeinsame Vermarktung der Produkte soll eine höhere Effizienz erzielt werden (Liang & Hendrikse, 2013; Bijman, et al., 2014). Wichtige Entscheidungen wie die Wahl des Vorstands werden in der jährlichen Generalversammlung getroffen (Bijman, et al., 2014; Hao, 2018; BMWK, 2021).

Die Genossenschaften haben ebenfalls im chinesischen landwirtschaftlichen Sektor an Bedeutung gewonnen. Bis 2005 gehörten nur 2 % der Kleinbauern/ Landwirte einer Genossenschaft an, während seit 2007 ein deutlicher Anstieg auf 30 % im Jahr 2014 zu verzeichnen war, welcher sich möglicherweise auf eine verbesserte Gesetzgebung seit 2006 zurückführen lässt (Hao, 2018; Liang & Hendrikse, 2013). Im Jahr 2006 wurde in dem „Law of the People’s Republic of China on Specialized Farmers Cooperatives” eine Rechtsgrundlage für Genossenschaften geschaffen. Obwohl die Einführung der ersten formellen staatlichen Regelung für

Genossenschaften erst im Jahr 2006 realisiert wurde, existierten Genossenschaften bereits davor in der chinesischen Landwirtschaft (Zhao, 2010).

Nach der Gründung der Volksrepublik China im Jahr 1949 wurden in Anlehnung an die Sowjetunion kommunale Genossenschaften als Finanzierungshilfsorganisationen für die Industrialisierung eingeführt. Diese wurden als ein Meilenstein des landwirtschaftlichen Sektors betrachtet, da sich diese kollektive Entwicklung von den davor üblichen, haushaltbasierten Modellen abgrenzte. Die Kleinbauern wurden aufgefordert, Produkte an die Genossenschaft zu liefern, welche günstig an den Staat abgegeben wurden. Gleichzeitig ermöglichten die Genossenschaften der kommunistischen Partei eine direkte Kontrolle über die Kleinbauern (Zhao, 2010).

In den 70er- und 80er-Jahren wurde das Besitztum des Landes in nichtstädtischen Bereichen vom Staat an die Kommunen verteilt (Zhao, 2010). Individuelle Haushalte konnten Verträge über Landnutzungsrechte mit den Kommunen beantragen, in denen die Produktionsmenge und der Abgabepreis vertraglich geregelt wurden (Zhao, 2010). Dieser Mechanismus der Landnutzung ist heutzutage immer noch üblich. Die marktorientierten Genossenschaften entstanden ebenfalls in dieser Periode (Hao, 2018).

Die Privatisierungsbewegung in den 90er-Jahren führte zu einem starken Wachstum der Privatunternehmen. In staatlichen Unternehmen wurde ebenfalls eine Lockerung durch professionelles Management eingeführt, wobei die Manager häufig vom Staat zugewiesen wurden (Zhao, 2010).

Die historische Entwicklung der Genossenschaft zeigt, dass chinesische Genossenschaften sich unter starkem politischem Einfluss der Regierung befinden. Daher sind die chinesischen Genossenschaften „top-down" organisiert (Zhao, 2010). Die Mitglieder unterteilen sich in Kernmitglieder („top") und Normalmitglieder („down") (Liang & Hendrikse, 2013). Der Vorstand der Genossenschaften kann ähnlich wie bei den europäischen Genossenschaften sowohl strategische als auch operative Funktionen besitzen. Der Vorstand besteht jedoch nur aus Kernmitgliedern (Hao, 2018). Diese können sowohl Unternehmen als auch Privatpersonen oder Kommunen sein (Hao, 2018). Die Kleinbauern hingegen sind üblicherweise Normalmitglieder. Sie müssen mindestens 80 % der Mitglieder entsprechen (Hao, 2018; SPC, 2006). Die Generalversammlungen der Genossenschaften sind überwiegend informativ, da wichtige Entscheidungen nur von Kernmitgliedern (ohne Zustimmung der Normalmitglieder) getroffen werden können (Hao, 2018). Laut dem Gesetz „Law of the People's Republic of China on Specialized Farmers Cooperatives" (2006) wird für das Stimmrecht zwar eine Stimme pro Mitglied vorgeschrieben, in der Praxis ist die eigentliche Funktion einer Vollversammlung im europäischen Sinne allerdings häufig nicht umsetzbar (Ma & Zhu, 2020). Üblich ist auch ein zum Mitgliederanteil proportionales Stimmrecht (Hao, 2018). Dies existiert ebenfalls in Europa, ist jedoch nicht so weit verbreitet wie in China (Bijman, et al., 2014; Hao, 2018).

Aus finanzieller Sicht bestehen weitere Unterschiede zwischen europäischen und chinesischen Genossenschaften. Bei den europäischen Genossenschaften setzt sich das Eigenkapital der Genossenschaften aus Beiträgen der Mitglieder, Gewinnrücklagen und teilweise aus Investitionsanteilen der Mitglieder zusammen (Bijman, et al., 2014; Hao, 2018). Bei den chinesischen Genossenschaften besteht das Eigenkapital überwiegend aus Investitionsanteilen der Kernmitglieder und den Beiträgen der Normalmitglieder (Hao, 2018). Die Mitgliederbeiträge der Normalmitglieder errechnen sich üblicherweise aus den in Geldsumme umgerechneten Landnutzungsrechten (MOA, 2020a; GOV, 2021). Im Vergleich zu den europäischen Genossenschaften ist es schwierig, als chinesische Genossenschaften ein Darlehen von der Bank zu erhalten. Jedoch besteht in China die Möglichkeit, unter bestimmten Auflagen Subventionen der Regierung zu bekommen (Hao, 2018).

Aufgrund der Besonderheiten der chinesischen Genossenschaften ist es schwierig, ihre Organisation und Funktionsweise aus europäischer Sicht zu beurteilen. Außerdem wurden die chinesischen Genossenschaften in der Weinbranche in der bisherigen Literatur nur wenig untersucht. Ziel dieses Artikels ist es daher, das Verständnis über die Besonderheiten und Bedeutung der genossenschaftsbasierten Traubenzulieferungsmodelle der in der chinesischen Weinwirtschaft vertretenen Dragon Head Enterprises (Weinproduzenten) zu vertiefen.

Dragon Head Enterprises und ihre genossenschaftsbasierte Traubenzulieferung

„Dragon Head", direkt übersetzt als „Drachenkopf", bezeichnet in China diejenigen Unternehmen, die eine führende Rolle in der Branche einnehmen und ein positives Beispiel für andere Unternehmen darstellen. Hintergrund für die Einführung der „Dragon Head Enterprises" (DHEs) ist die gewünschte Industrialisierung der chinesischen Landwirtschaft und die damit verbundene politische Förderung dieser Unternehmen. Unter Erfüllung bestimmter Auflagen bekommen die DHEs politische Unterstützung wie steuerliche Vorteile, Sonderregelungen etc. Hauptziel der Einführung dieser Klassifizierungsmaßnahme ist es, durch diese Vorbildfunktion auch andere Unternehmen in der Branche zu motivieren, nach diesem Modell zu arbeiten. Es ermöglicht eine verstärkte Zusammenarbeit zwischen Unternehmen und Kleinbauern durch Kooperation, Verträge oder Genossenschaften (MOA, 2018).

Die Klassifizierung der DHEs erfolgt auf der Grundlage der Verwaltungsebenen. Nach Angaben des Ministeriums für Landwirtschaft der Volksrepublik China wurden bis 2020 1542 nationale DHEs, rund 18.000 DHEs auf Provinzebene und mehr als 90.000 DHEs auf kommunaler Ebene zertifiziert (MOA, 2020b). In der Weinbranche sind aktuell Greatwall, COFCO Huaxia Greatwall, COFCO Greatwall Penglai, Changyu, Weilong, Mogao, Yuma, Loulan, Hansen, Tongtine und Sun Valley als nationale, weinproduzierende DHEs klassifiziert (MOA, 2020c).

In der chinesischen Weinwirtschaft existieren verschiedene Traubenzukaufsmodelle, welche sich auch in dem Traubenzukaufsverhalten der DHEs widerspiegeln. Die diversen Modelle können in drei Hauptformen eingeteilt werden: Zulieferung von Trauben aus eigenen Weinbergen, verbindliche Verträge mit Traubenproduzenten und Einkauf direkt auf dem Spotmarkt (Zeng, 2006; Bitsch, et al., 2020).

Diese unterschiedlichen Formen sind möglicherweise durch die gewollte Flexibilität der Weinproduzenten und die Besonderheiten der Landnutzungsrechte in China entstanden (Jenster & Cheng, 2008). Wie bereits erwähnt, gehört das Land in nichtstädtischen Bereichen den Kommunen. Weinproduzenten können das Land nicht käuflich erwerben (Jenster & Cheng, 2008). Die Haushalte der Kleinbauern können jedoch Landnutzungsrechte von ihren Kommunen vertraglich erwerben (MOA, 2020a; GOV, 2021; Zhao, 2010). In den Verträgen sind verschiedene Klauseln enthalten wie zum Beispiel die Zielproduktionsmenge auf der vereinbarten Fläche, der Verkaufspreis und die Zinsen, welche an die Kommunen für die Nutzungsfläche gezahlt werden müssen (MOA, 2020a; GOV, 2021; Zhao, 2010). Für die DHEs bestehen ähnliche Möglichkeiten, die Landnutzungsrechte vertraglich zu sichern. Jedoch sind die langfristigen Kosten oft nicht wirtschaftlich (Jenster & Cheng, 2008). Daher werden Trauben aus „eigenen" Weinbergen der DHEs oft nur für die Premiumprodukte verwendet (Zeng, 2006; Bitsch, et al., 2020; LI, et al., 2021). Beispiele der DHEs, welche von dieser Form Gebrauch machen, sind Changyu, Moët Hennessy Shangri-La, Yuma, Loulan, etc. (Zeng, 2006; Bitsch, et al., 2020; Loulan, n. a.).

Die zweite Möglichkeit ist der Spotmarktzukauf. Einen wesentlichen Nachteil stellt hierbei die Schwierigkeit dar, die erwünschte Qualität und Menge sicherzustellen (Zeng, 2006; Bitsch, et al., 2020). Da die Traubenerzeuger normalerweise kleinflächiges Land bewirtschaften, werden hohe Transaktionskosten möglicherweise durch die hohe, notwendige Anzahl der Traubenerzeuger verursacht (Zeng, 2006; Bitsch, et al., 2020).

Während Spotmarktzukauf aufgrund der Unzuverlässigkeit und schlechten Planbarkeit hauptsächlich für die Überwindung von Ernteschwankungen eingesetzt wird, ermöglichen verbindliche Verträge zwischen DHEs (Weinproduzenten) und anderen Vertragspartnern eine mittel- bis langfristige Form der Kooperation. Üblich sind beispielsweise Verträge zwischen Weinproduzenten und Kommunen. Direkte Verträge mit Traubenproduzenten sind ebenfalls möglich, jedoch erschwert sich die Kontrolle durch die Vielzahl der Traubenproduzenten und somit das Management der Weinproduzenten. Ein weiteres Modell, das eine zunehmende Rolle spielt, ist die vertraglich geregelte Traubenzulieferung durch Genossenschaften. Diese können sowohl durch die Kommunen als auch durch Unternehmen initiiert werden. Im Falle von DHEs handelt es sich um eine eigeninitiierte Genossenschaft, die es ermöglicht, einen hohen Grad der vertikalen Koordination in der Lieferkette zu erreichen (Zeng, 2006; Bitsch, et al., 2020).

Während COFCO Greatwall Penglai und Mogao direkte Verträge mit Traubenerzeugern oder Kommunen abschließen, herrschen bei Changyu, Weilong und Greatwall die Genossenschaftsmodelle vor, in welchen die DHEs als Kernmitglieder der Genossenschaften fungieren (Zeng, 2006; Tian, 2007; Bitsch, et al., 2020; Richter, et al., 2021). Es ist ebenfalls üblich, dass DHEs mit solchen Genossenschaften kooperieren, in welchen die Kernmitglieder aus Kommunen oder von den Kommunen gegründeten Unternehmen bestehen (Zhang, 2012; Yang, 2016).

Die Genossenschaften funktionieren als eine Art Zwischenebene zwischen Traubenerzeugern und DHEs. Chinesische Genossenschaften sind für die Produktion und Vermarktung der landwirtschaftlichen Erzeugnisse zuständig. Die in der Weinwirtschaft beteiligten Genossenschaften können sich auf Trauben spezialisieren, jedoch ist ein breites Produktspektrum der landwirtschaftlichen Erzeugnisse inklusive Trauben ebenfalls möglich (Zhang, 2012; GU, 2013). Wein gilt nicht als landwirtschaftliches, sondern industrielles Erzeugnis und wird von den Weinproduzenten (z. B. DHEs) vermarktet.

Für die Kernmitglieder bedeuten die Genossenschaften eine Verbesserung der Marktmacht und Reduzierung der Investitions-, Schnittstellen- und Transaktionskosten sowie der Risiken. Außerdem ist es möglich, durch diese Genossenschaftsform politische Vorteile wie Subventionen und weniger Einschränkungen zu erlangen. Für staatliche Kernmitglieder ist außerdem interessant, dass Fremdinvestitionen dadurch angezogen werden können und positiv zum BIP-Wachstum der Region als politische Leistung beitragen. Für Normalmitglieder ist es vorteilhaft, durch den gemeinsamen Einkauf günstigere Betriebsmittel zu bekommen (Zhao, 2010; Liang & Hendrikse, 2013; Hao, 2018).

Normalmitglieder können ihre von den Kommunen vertraglich erworbenen Landnutzungsrechte als Mitgliederanteile nutzen und der Genossenschaft beitreten. Die Auszahlung an die Mitglieder richtet sich nach der Größe ihres Mitgliederanteils, zusätzlich dazu können sie als Angestellte der Genossenschaft ihr eigenes oder neu zugeteiltes Land bewirtschaften (Zeng, 2006; Bitsch, et al., 2020).

Die gewählten Traubenzukaufsmodelle sollten mit den Produktionszielen konform sein, da unterschiedliche Produkte wie z. B. Tafelweine und Premiumweine i. d. R. unterschiedliche Anforderungen bezüglich Menge, Qualität und Preis haben (Richter, et al., 2021).

Regionale Unterschiede sind ebenfalls zu beobachten. Während der durch DHEs geführte Genossenschaftsmechanismus in Yantai (Shandong) durch COFCO und Changyu bekannt ist, spielen die durch DHEs geführten Genossenschaften in Lulong (Hebei) nur eine untergeordnete Rolle (vgl. Zhang, 2012; Richter, et al., 2021). In Lulong erfolgen z. B. 42,6 % der Traubenzulieferung durch Direktverträge mit Kommunen, Traubenerzeugern oder kommunalen Genossenschaften (vgl. Lulong Kommune, 2017). Direkte Verträge von DHEs mit Kommunen herrschen ebenfalls überwiegend in Deqin (Yunnan) vor (Wang, et al., 2018). In Ningxia wiederum ist das durch die Kommunen initiierte Genossenschaftsmodell üblich (Yang, 2016). DHEs in Gansu, Ningxia, Xinjiang und Yunnan werden politisch stark gefördert, da hier die Produktion qualitativ hochwertiger Weine angestrebt wird. Durch eine höhere Wertschöpfung in den Regionen und Einbindung der Traubenproduzenten soll auch die Armut in ländlichen Räumen in China reduziert werden. Vorteile für die DHEs sind beispielsweise Subventionen für den Aufbau der Produktionsbasen und Produktionslinien, für Technologie und Fachkräfte, die Förderung der Qualitätssteigerung und vertikalen Integration, Einführung staatlichen Kapitals in DHEs oder DHE-geführten Genossenschaften sowie die gemeinschaftliche Markenbildung, die typischerweise durch das regionale, administrative Komitee erfolgt (An & Ma, 2015; Lulong Kommune, 2017; XJBT, 2017; Shi, 2019; Ningxia, 2021; Nxputao, 2016). Die Hebei-Provinz hingegen wird aufgrund der überwiegenden Positionierung der Weine in Niedrigpreissegmenten weniger unterstützt. (Lulong Kommune, 2017; Changli, 2021).

Zusammenfassung

Historisch bedingt bleibt die „top-down"-Struktur unter den chinesischen, landwirtschaftlichen Genossenschaften dominant, da es diese Form erlaubt, die politische Entwicklungsstrategie umzusetzen. Gleichzeitig lässt sich die vertikale Kooperation und Integration durch DHEs politisch fördern, sodass diese eine immer wichtigere Bedeutung in der chinesischen Weinwirtschaft einnehmen.

Dieser Artikel zeigt die Organisation und Funktionsweise landwirtschaftlicher Genossenschaften in China auf. Durch einen Vergleich mit europäischen Genossenschaftssystemen werden die Besonderheiten der chinesischen Genossenschaften dargestellt. Basierend darauf wird anschließend der Status und die Bedeutung der DHEs und von unterschiedlichen Akteuren (z. B. Kommunen, Unternehmen) angeführten Genossenschaften in der chinesischen Weinproduktion beschrieben. In diesem Zusammenhang wird auch auf die Realisierbarkeit der Qualitätsanforderung durch ein prozessoptimiertes, vertikal koordiniertes Genossenschaftsmodell eingegangen, welches als Zwischenebene für DHEs und Traubenerzeuger fungiert.

Literatur

An, D. & Ma, J. (2015): Probleme und relevante Maßnahmen bei der Entwicklung der Weinindustrie in den östlichen Ausläufern des Helan-Gebirges, Ningxia. Nördliche Gartenbau 2015(12), pp. 174–177.

Bijman, J., Hanisch, M. & van der Sange, G. (2014): Shifting control? The changes of internal governance in agricultural cooperatives in the EU. Annals of Public and Cooperative Economics 85.4, pp. 641–661.

Bitsch, L., Li, S. & Hanf, J. H. (2020): Vertical coordination in the Chinese grape market. Journal of Agribusiness in Developing and Emerging Economies.

BMWK, B. f. W. u. K. (2021): Existenzgründungsportal des BMWK. [Online] Available at: https://www.existenzgruender.de/DE/Gruendung-vorbereiten/Rechtsformen/eingetragene-Genossenschaft-eG/inhalt.html [Zugriff am 26.11.2021].

Changli (2021): Changli Kommune, Die Verantwortungen und Organisation der Jieshishan Entwicklungskomitee der Changli Kommune. [Online] Available at: http://www.clxzf.gov.cn/xxgk/content.jsp?code=772784343/2021-05132 [Zugriff am 10.01.2022].

GOV (2021): Das Ministerium für Landwirtschaft und Angelegenheiten des ländlichen Raums der Volksrepublik China, Maßnahmen der Zuteilung von Landnutzungsrechten. [Online] Available at: http://www.gov.cn/zhengce/zhengceku/2021-02/04/content_5584785.htm [Zugriff am 11.12.2021].

GOV (2021): Das Ministerium für Landwirtschaft und Angelegenheiten des ländlichen Raums der Volksrepublik China, Verwaltungsmaßnahmen der Operationsrechte der ländlichen Landnutzung. [Online] Available at: http://www.gov.cn/zhengce/zhengceku/2021-02/04/content_5584785.htm [Zugriff am 11.12.2021].

Gu, X. (2013): Hochpräzise Entwicklung im Treibhaus-Huinong Trauben Genossenschaft in der Huailai Kommune. China Genossenschaften, 2013(4), 04.

Hao, J. (2018): Chinese farmers' cooperatives and smallholder farmers, (Doctoral dissertation). s.l.:Wageningen University and Research.

Jenster, P. & Cheng, Y. (2008): Dragon wine: developments in the Chinese wine industry. International Journal of Wine Business Research, Vol. 20, pp. 244–259.

Liang, Q. & Hendrikse, G. (2013): Core and common members in the genesis of farmer cooperatives in China. Managerial and Decision Economics, 34 (3–5), pp. 244–257.

Li, S., Bitsch, L. & Hanf, J.H. (2021): Grape supply chain: Vertical coordination in Ningxia, China. Asian Journal of Agriculture, 5(1), pp. 12–21.

Loulan, n.a.. Loulan Wine Industry Co Ltd. [Online] Available at: http://www.loulan.cn [Zugriff am 29.12.2021].

Lulong Kommune (2017): Untersuchung und Überlegung für die Stabilisation der Produktionsbasis der Weintrauben. Qinhuangdao Daily, 006(31.07.2017).

Ma, M. & Zhu, H. (2020): Efficiency of decisions under membership heterogeneity and government regulations: Insights from farmer cooperatives in China. Economic Development and Cultural Change, 68(3), pp. 1009–1040.

MOA (2018): Das Ministerium für Landwirtschaft und Angelegenheiten des ländlichen Raums der Volksrepublik China, Festlegung und Überwachung der nationalen Dragon Head Enterprises der landwirtschaftlichen Industrialisierung. [Online] Available at: https://www.moa.gov.cn/gk/nyncbgzk/gzk/202112/P020211207606507596876.pdf [Zugriff am 29.11.2021].

MOA (2020a): Das Ministerium für Landwirtschaft und Angelegenheiten des ländlichen Raums der Volksrepublik China, Vertragsgesetz der ländlichen Landnutzung. [Online] Available at: http://www.zfs.moa.gov.cn/flfg/202002/t20200217_6337175.htm [Zugriff am 11.12.2021].

MOA (2020b): Das Ministerium für Landwirtschaft und Angelegenheiten des ländlichen Raums der Volksrepublik China, Antwort auf der 13ten nationalen Vollversammlung Vorschlag Nr. 5415. [Online] Available at: http://www.moa.gov.cn/govpublic/XZQYJ/202011/t20201106_6355930.htm [Zugriff am 11.12.2021].

MOA (2020c): Das Ministerium für Landwirtschaft und Angelegenheiten des ländlichen Raums der Volksrepublik China, Bekanntmachung der neuten zertifizierten nationalen Dragon Head Enterprises der landwirtschaftlichen Industrialisierung. [Online] Available at: http://www.moa.gov.cn/xw/bmdt/202012/t20201215_6358150.htm, [Zugriff am 11.12.2021].

Ningxia (2021): Wissenschaft- und Technologieabteilung Ningxia, Die 9te Durchfürungsplanung der Weinindustrie. [Online] Available at: https://kjt.nx.gov.cn/ztzl/nxyjy/zlzx/202103/t20210302_31119.html [Zugriff am 28.12.2021].

Nxputao (2016): Administrative Kommittee der Traubenindustriepark der östlichen Ausläufer des Helan-Gebirges. [Online] Available at: URL: http://nxputao.org.cn/zwgk/jgzn/201801/t20180130_4450549.html/; Stand: 10.01.2022

Richter, B., Yang, Y. & Hanf, J.H. (2021): Dragon head enterprises in China's wine production–case study results. Journal of Agribusiness in Developing and Emerging Economies.

Shi, Q. (2019): Der aktuelle Status und die Entwicklungsvorschläge der of Xinjiang Weintrauben-Productionsbasen. Xinjiang Forstwirtschaft, 2019 (5), pp. 23–26.

SPC (2006): Der oberster Gerichtshof der Volksrepublik China, Law of the People's Republic of China on Specialized Farmers Cooperatives. [Online] Available at: http://english.court.gov.cn/2015-07/17/content_21310979.htm [Zugriff am 26.11.2021].

Tian, S. (2007): Vorschläge für den Aufbau und Operation der Weintrauben-Produktionsbasen. Der 13te Trauben Akademischer Gipfel, Chinese Association of Agricultural Science Society.

Wang, J., Tu, Q. & Wang, D. (2018): An Empirical Analysis on the Development of Wine Grape Industry in Deqin County of Yunnan Province. Journal of Minzu University of China, Philosophy and Social Sciences Edition, No.5 Vol. 45, General No. 240, pp. 111–120.

Xjbt (2017): Xinjiang Produktions- und Aufbau-Korps, Bekanntmachung der Förderung der Implementierung der integrierten Entwicklung der 1ten, 2ten, und 3ten Industrien von Regimentsbauernhöfen. [Online] Available at: http://www.xjbt.gov.cn/c/2017-04-25/3676784.shtml [Zugriff am 29.12.2021].

Yang, X. (2016): Implementation of Supply Chain Finance in Agricultural Financing – with the Example of Ningxia Wine Industry. Gansu Finance, 2016 Vol.12, pp. 42–44.

Zeng, Y. (2006): Development models of wine grape base and its problem in China. Sino-Overseas Grapevine & Wine, 2006(4), pp. 57–59.

Zhang, D. (2012): Genossenschaften der Bauern-Treibende Kräfte der Weinindustrie. Nongcungongzuotongxun (4), 3, pp. 39–41.

Zhao, J. (2010): The political economy of farmer co-operative development in China, (Doctoral dissertation). s.l.:s.n.

Zeitmanagement: Effektivität schlägt Effizienz

Von Prof. Dr. Robert Göbel
Hochschule Geisenheim University
robert.goebel@hs-gm.de

Effizienz

Prof. Dr. Robert Göbel

Im Zusammenhang mit Zeitmanagement wird oft effizientes und leistungsfähigeres Arbeiten in den Mittelpunkt gestellt. Zielen wie eine bessere Selbstorganisation, die Entwicklung effizienterer Methoden, die Erhöhung der Produktivität oder Einsparungen von Arbeitszeit und Kosten werden die größte Bedeutung beigemessen.

Geht es um die Effizienz, geht es um das „Wie“ des Arbeitens. Ins Verhältnis gesetzt wird das Ergebnis einer Arbeit und der dafür notwendige Aufwand. Das Arbeiten unter Effizienzgesichtspunkten ist die bewusste Auseinandersetzung mit der Art und Weise, wie an eine Aufgabe herangegangen wird. Daneben spielt die Verwendung geeigneter Hilfsmittel eine wichtige Rolle. Schließlich sind Faktoren von Bedeutung, die ein effizientes Arbeiten behindern können.

Bei der Effizienz geht es ebenfalls um die Frage, wie man an Aufgaben herangeht. Deshalb ist Effizienz auch eine Frage des persönlichen Stils. Oft gibt es nicht ausschließlich Richtiges und Falsches, sondern es gilt herauszubekommen und zu trainieren, welche Aspekte für einen selbst relevant sind, welche Instrumente zu einem passen, in welcher Form eigene Schwierigkeiten Wirkung zeigen und wie dies zu lösen ist.

Folgende Einflussgrößen beeinflussen unsere Effizienz am deutlichsten und können in weiten Teilen auch gestaltet und an die eigenen Bedürfnisse und Rahmenbedingungen angepasst werden:

- Chronobiologische Arbeitsgestaltung
- Körperliche Fitness
- Der Raum und die Umgebung des Arbeitens
- Arbeitsplatzplatzorganisation
- Unterbrechungen
- Prokrastination
- Mediennutzung
- Pausengestaltung
- Werkzeuge der Organisation und Selbstorganisation
- Berücksichtigung individueller Kapazitätsgrenzen.

Insbesondere der Umgang mit Medien und die damit oftmals verbundene Erreichbarkeit immer und überall spielen für die Optimierung der Effizienz eine wichtige Rolle. Daneben können auch ganz klassische Hilfsmittel wie ein Kalender manchmal deutlich effizienter und effektiver eingesetzt werden, als dies in der Praxis geschieht. Nicht zuletzt hat das Nichtstun, sprich die aktive Einplanung von Pausen, eine große Bedeutung für die Effizienz.

Effektivität

Der zweite, und wie weiter unten gezeigt wird, der viel längere Hebel zur Verbesserung des Managements, sind die Richtungsentscheidungen und die damit einhergehende Effektivität. Erst Effektivität macht die Anstrengungen der Effizienzverbesserungen zu einer lohnenden Aufgabe.

Effektivität ist ein Maß für die richtige Richtung. Während Effizienz beschreibt, wie gut etwas getan wird, bedeutet effektiv sein „das Richtige zu tun". Ob etwas das Richtige ist, hängt im Wesentlichen von den Zielsetzungen ab. Effektivität beschreibt somit auch das Verhältnis aus einem Ergebnis und dem zuvor gesteckten Ziel. Dieses Ergebnis fällt umso besser aus, je genauer ein Ziel definiert ist, je bessere Maßnahmen ergriffen werden, um dieses Ziel zu erreichen und je geschickter alle Faktoren miteinander kombiniert sind, die dazu beitragen, in die richtige Richtung zu arbeiten. Effektivität kann man, wie auch die Effizienz, auf das persönliche Arbeiten oder das Privatleben beziehen. Ebenso auf das berufliche Arbeiten oder auf Organisationseinheiten bzw. ganze Unternehmen.

Beispiele für Richtungsentscheidungen im Unternehmen sind:
- Strategische Richtungsentscheidungen
- Definition der Unternehmensidentität
- Prägung interner und externer Kommunikationsstile
- Führungsstile
- Auswahl von Führungspersönlichkeiten
- Umfangreiche Investitionsmaßnahmen
- Bauvorhaben.

Beispiele für weitreichende und das Leben prägende Richtungsentscheidungen aus dem privaten Bereich sind:

- Lebensform der Partnerschaft und Familie
- Familienplanung und Verknüpfung mit beruflichen Zielen
- Ausbildung der Kinder
- Berufswahl
- Karriereplanung
- Hausbau oder andere größere Investitionen.

Falsche oder verpasste Richtungsentscheidungen wirken sich besonders gravierend aus, je längerfristig eine Richtungsentscheidung getroffen wird und je umfassender die Wirkungen dieser Entscheidung für das Gesamtsystem sind. Im Gegensatz zu einfacher strukturierten Zusammenhängen oder nur kurzfristig wirksamen Entscheidungen lassen sie sich nur schwer korrigieren und bringen ggf. anhaltende negative Konsequenzen mit sich.

Das Verhältnis zwischen Effektivität und Effizienz

Das Verhältnis von Effektivität und Effizienz soll an einem ganz simplen Beispiel illustriert werden: Was nutzt die höchste, erreichte Durchschnittsgeschwindigkeit auf der Straße, wenn ich am Ende in die falsche Richtung gefahren bin? Selbst die, die ein paar Stunden länger brauchen, weil sie entweder Umwege gefahren sind oder diese bewusst in Kauf genommen haben, Pausen eingelegt haben oder der Sicherheit wegen langsamer unterwegs waren, sind am Ende deutlich erfolgreicher als die vermeintlich Schnellen, wenn sie am richtigen Ziel angekommen sind.

Ein oder zwei zusätzliche Semester im Studium und damit die Zeit, eine berufliche Richtung zu justieren oder individuelle Fortbildungen zu ergänzen, kann deutlich schneller zum Erfolg führen als schnelles Vorankommen und Abschließen. Den richtigen Kundenkreis zu erschließen, der über lange Zeit eine verlässliche Basis und eine zur Ausrichtung des Unternehmens passende Entwicklung ermöglicht, ist in aller Regel effektiver als ein Fokus auf kurzfristig lockende Umsätze im falschen Zielsegment. Ein schnellen Absatz versprechendes Produkt kann zur Effektivitätsbremse werden, wenn dadurch das Unternehmensprofil an Schärfe verliert und langfristig die Neukundengewinnung darunter leidet.

Dies bedeutet nicht, dass Effizienz bedeutungslos ist und auf der Strecke bleiben soll. Ideal ist selbstverständlich die Kombination aus beidem: eine hohe Effektivität und zugleich hohe Effizienz. Privat, beruflich und in der Unternehmensführung dominiert aber oftmals ein Vorgehen, das die Effizienz in den Mittelpunkt stellt und die Effektivität vernachlässigt.

Die Abbildung veranschaulicht, wie im idealisierten Fall die Kombination aus Entwicklung der Effektivität und Erreichung einer hohen Effizienz gestaltet sein sollte. Zwei prinzipielle Gründe sprechen dafür, den Fokus zunächst auf die Effektivität zu legen und erst anschließend zu versuchen, die Effizienz zu verbessern.

Erstens ist ohne Effektivität die Effizienz ohne Bedeutung. Effizienz kann und soll nur ein Instrument dafür sein, etwas besser zu tun, somit also schneller zum Ziel zu kommen. Voraussetzung für eine wirksame Effizienzsteigerung ist es jedoch, dass die eingeschlagene Richtung stimmt.

Zweitens bindet eine (zu) intensive Beschäftigung mit der Effizienz, z. B. mit der Optimierung von Arbeitsinhalten oder Organisationsprozessen, viele Ressourcen und Aufmerksamkeit und kann in Folge den Blick versperren auf Richtungsentscheidungen oder aber die entsprechende Kontrolle über die Einhaltung der richtigen Richtung.

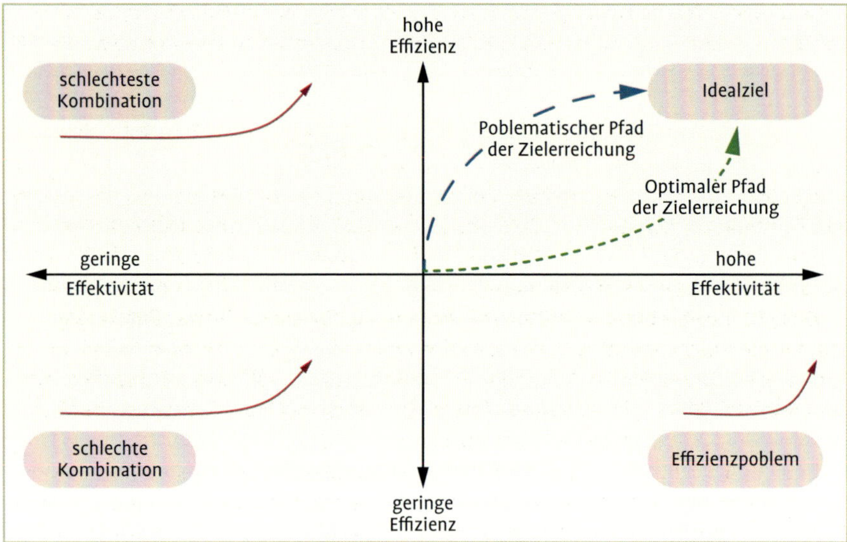

Abb. 1: Effektivität und Effizienz.

Dass wir dennoch gerne dazu neigen, uns mit aller Kraft der Effizienzoptimierung zu widmen, hat auch damit zu tun, dass dies eine deutlich weniger komplexe und in vielen Fällen auch eindeutiger zu definierende und zu messende Aufgabe darstellt. Effizienzprobleme lassen sich in aller Regel auch leichter lösen als Effektivitätsprobleme. Strategische, unternehmerische Richtungsentscheidungen oder dem eigenen privaten Leben eine Richtung zu geben, sind im Vergleich hochkomplexe, oft schwierig zu fassende und wirklich herausfordernde Aufgaben. Daher braucht die Effektivität mehr Aufmerksamkeit.

Der denkbar ungünstigste Fall in der Kombination aus Effektivität und Effizienz tritt dann ein, wenn mit maximaler Effizienz in die falsche Richtung gearbeitet wird. In der Abbildung 1 ist dieser Fall dargestellt im ersten Quadranten links oben. Hier entfernt man sich mit maximaler Geschwindigkeit vom eigentlichen Ziel. Wenn dabei durch den Fokus auf die Effizienzsteigerung der Blick für die Richtungskontrolle versperrt wird, dann kann es passieren, dass wir unternehmerisch, beruflich oder privat in eine Sackgasse laufen und dies sehr spät oder vielleicht auch zu spät erkennen.

Der Effektivität Zeit geben

Das Risiko, dass sich die Effizienz in ihrer Bedeutung und Wahrnehmung vor die Effektivität schiebt und die kurzfristigen Optimierungen den langfristigen Richtungsentscheidungen den Rang ablaufen, lässt sich nur dadurch verringern, dass der Planung und Kontrolle der Effektivität in regelmäßigen Abständen der notwendige zeitliche Raum gegeben wird. Zeitmanagement bedeutet auch, alles dafür zu tun, dass die Effektivität nicht hinter Effizienzzielen verschwindet.

Die Multiplikation von Effektivität und Effizienz in der Teamführung

Wer Führungsverantwortung übernimmt, übernimmt auch Mitverantwortung über das Zeitmanagement anderer. Führungskräfte treffen nicht nur Entscheidungen. Vielmehr übernehmen sie die Aufgabe, andere in ihren Entscheidungen zu lenken, zu fordern, zu fördern und zu motivieren.

Das gilt gleichermaßen für Einzelpersonen wie für ganze Teams. Führung geschieht aber nicht nur über Vorgaben oder Zielvereinbarung, sondern zu einem ganz wesentlichen Teil auch durch die Vorbildfunktion. Das eigene Handeln wird zum Maßstab eines ganzen Teams. Damit wird auch das eigene, persönliche Zeitmanagement zum Vorbild und zum Maßstab.

Eine Führungskraft muss nicht alles besser können. Der Sinn eines Teams besteht ja unter anderem darin, unterschiedliche Spezialisierungen und individuelle Qualifikationen kombinieren zu können. Hingegen wirken sich Führungsschwächen in Form von Defiziten im Selbstmanagement bzw. im persönlichen Zeitmanagement nicht nur für die Führungskraft selbst negativ aus. Defizite werden übertragen auf die gesamte Gruppe und damit in ihrer Wirkung multipliziert. Ebenso werden aber auch die Kompetenzen im positiven Sinne multipliziert. Fertigkeiten und Qualifikationen in Sachen Zeitmanagement gewinnen daher mit der Übernahme von

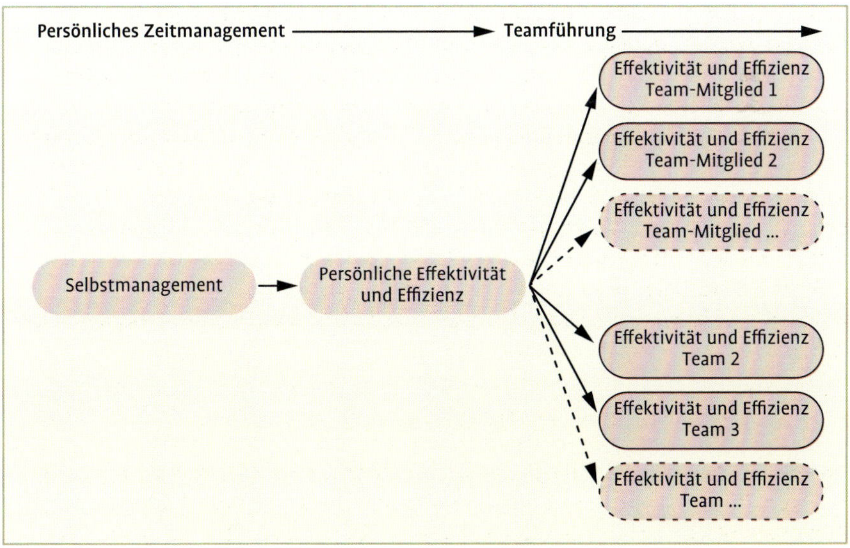

Abb. 2: Multiplikation des Zeitmanagements in der Teamführung.

Führungsverantwortung überaus große Bedeutung für eine Unternehmung und deren Erfolg.

Richtungsentscheidungen oder aber bereits die Priorisierung von Entscheidungen, die die Effektivität bestimmen, gewinnen in ihren Auswirkungen mit zunehmender Größe eines zu verantwortenden Teams auch zunehmend an Bedeutung. Ebenso gewinnt die Problematik an Bedeutung, dass die Effizienzorientierung innerhalb der Organisationsprozesse den Blick auf Richtungsentscheidungen versperren kann.

Vor allem bei kooperativen Führungsstilen, die den Individuen und Teams ein großes Maß an eigenständigem und zielorientiertem Agieren einräumt, wird die Vorbildfunktion der Führungskräfte hinsichtlich einer effektivitäts- und effizienzorientierten Denk- und Arbeitsweise deutlich. Eine Grundhaltung, in der Pausen, Ruhe und ein ungestörtes Umfeld zu guten Richtungsentscheidungen beitragen, kann zu einem Erfolgsfaktor werden. Eine solche Haltung ist aber alles andere als selbstverständlich in einer Zeit, in der Geschwindigkeit und Geschäftigkeit einen höheren Stellenwert zu genießen scheinen. Umso größer sind die Herausforderungen, das Zusammenspiel von Effektivität und Effizienz nicht nur für sich selbst, sondern für ganze Teams zum stilprägenden Element des Arbeitens zu entwickeln.

Literatur

Göbel R. (2021): Zeit. Zeitmanagement, Persönlichkeitsentwicklung und Teamführung. Tz-Verlag, Roßdorf.

Anhang: Statistiken, Tabellen, Verzeichnisse

Der Weinbau in der Bundesrepublik Deutschland 2021

1. Ertragsrebfläche für die Weinmosternte 2021 (in ha)

Land/Anbaugebiet	Sorten gesamt	Weiße Rebsorten	Rote Rebsorten
Baden-Württemberg	**26 603**	**13 046**	**13 557**
Württemberg	11 088	3 676	7 412
Baden	15 479	9 346	6 132
Bayern	**6 158**	**5 044**	**1 113**
Franken	6 066	4 983	1 084
Übrige Gebiete	91	62	30
Hessen	**3 601**	**3 055**	**545**
Hessische Bergstraße	452	357	95
Rheingau	3 149	2 699	450
Rheinland-Pfalz	**62 828**	**45 507**	**17 321**
Ahr	555	102	452
Mittelrhein	438	370	68
Mosel	8 363	7 585	778
Nahe	4 141	3 163	978
Rheinhessen	26 265	18 957	7 308
Pfalz	23 057	15 321	7 736
Mecklenburg-Vorpommern	5	3	3
Nordrhein-Westfalen	20	17	3
Saale-Unstrut [3]	806	607	199
Saarland	116	103	13
Sachsen [1]	510	422	89
Schleswig-Holstein	22	18	4
Deutschland[1]			
2021	**100 711**	**67 852**	**32 859**
2020	100 705	67 342	33 363

1) nur weinanbauende Länder
2) einschließlich Brandenburg und Sachsen-Anhalt
3) einschließlich Brandenburg
Quelle: Statistisches Bundesamt, Fachserie 3, R. 3.2.1, 2022

2. Wein- und Mosternte 2021 (in hl)

Land Anbaugebiet	Jahr	Wein und Most Insgesamt	Davon Wein/ Landwein	Qualitätswein b.A. Zusammen	Qualitätswein	Prädikatswein
Baden-Württemberg	2020	1 841 575	20 207	1 821 368	933 629	887 739
	2021	**1 768 822**	**13 280**	**1 755 542**	**1 464 688**	**290 854**
Württemberg		**865 021**	**2 736**	**862 285**	**787 489**	**74 796**
Baden		**902 487**	**9 230**	**893 257**	**677 199**	**216 058**
Bayern	2020	267 972	1 111	266 861	75 841	191 020
	2021	**428 218**	**4 658**	**423 560**	**255 714**	**167 846**
Franken		**424 574**	**4 334**	**420 240**	**252 727**	**167 514**
Übrige Gebiete		**3 644**	**324**	**3 319**	**2 987**	**332**
Hessen	2020	263 687	–	263 687	51 243	212 444
	2021	**244 206**	**1 307**	**242 899**	**159 084**	**83 816**
Hessische Bergstraße		**30 115**	**236**	**29 880**	**21 244**	**8 635**
Rheingau		**214 091**	**1 072**	**213 019**	**137 839**	**75 180**
Mecklenburg-Vorpommern	2020	183	183	–	–	–
	2021	**242**	**242**	–	–	–
Nordrhein-Westfalen	2020	1 358	9	1 349	482	867
	2021	**935**	–	**935**	**644**	**291**
Rheinland-Pfalz	2020	6 070 742	348 344	5 722 398	3 998 162	1 724 236
	2021	**5 935 151**	**324 091**	**5 611 060**	**4 888 809**	**722 252**
Ahr		**39 714**	**2 597**	**37 118**	**36 059**	**609**
Mittelrhein		**26 569**	**1 984**	**24 585**	**19 260**	**5 325**
Mosel		**1 350 531**	**58 176**	**1 292 354**	**1 117 947**	**174 407**
Nahe		**196 797**	**1 940**	**194 856**	**147 664**	**47 192**
Rheinhessen		**2 571 265**	**211 345**	**2 359 920**	**2 023 705**	**336 215**
Pfalz		**1 749 798**	**47 570**	**1 702 228**	**1 543 724**	**158 503**
Saarland	2020	9 524	53	9 471	7 425	2 046
	2021	**8 128**	**29**	**8 098**	**7 095**	**1 003**
Sachsen	2020	20 272	802	19 470	10 210	9 260
	2021	**22 723**	**1 578**	**21 145**	**16 904**	**4 241**
Sachsen [2]		**23 798**	**1 586**	**22 212**	**17 612**	**4 600**
Sachsen-Anhalt/ Thüringen	2020	30 318	11	30 306	21 618	8 688
	2021	**37 137**	**1 682**	**35 455**	**31 877**	**3 578**
Saale-Unstrut [3]		**36 717**	**1 588**	**35 129**	**31 947**	**3 182**
Schleswig-Holstein	2020	402	402	–	–	–
	2021	**665**	**665**	–	–	–
Deutschland [1]	2019	8 324 976	325 892	7 999 084	4 225 145	3 773 939
	2020	8 506 588	371 201	8 135 387	5 099 087	3 036 300
	2021	**8 448 453**	**349 157**	**8 099 296**	**6 825 416**	**1 273 880**

1) nur weinerzeugende Länder
2) einschließlich Brandenburg und Sachsen-Anhalt
3) einschließlich Brandenburg
Quelle: Statistisches Bundesamt, Fachserie 3, Reihe 3.2.2, 2022

3. Weinerzeugung 2021: Weißwein (in hl)

Land Anbaugebiet	Jahr	Wein und Most (weiß) Insgesamt	Davon Wein/ Landwein	Qualitätswein b.A. Zusammen	Qualitätswein	Prädikatswein
Baden-Württemberg	2020	907 262	12 107	895 155	413 849	481 306
	2021	**868 416**	**8 795**	**859 621**	**667 686**	**191 935**
Württemberg		**278 657**	**1 933**	**276 724**	**243 969**	**32 754**
Baden		**588 743**	**5 846**	**582 897**	**423 717**	**159 180**
Bayern	2020	222 669	792	221 878	53 382	168 496
	2021	**353 408**	**3 788**	**349 619**	**196 885**	**152 735**
Franken		**350 738**	**3 546**	**347 192**	**194 743**	**152 449**
Übrige Gebiete		**2 670**	**242**	**2 428**	**2 142**	**286**
Hessen	2020	230 153	–	230 153	45 700	184 453
	2021	**209 051**	**976**	**208 075**	**128 891**	**79 184**
Hessische Bergstraße		**23 348**	**150**	**23 198**	**15 037**	**8 161**
Rheingau		**185 703**	**826**	**184 877**	**113 854**	**71 023**
Mecklenburg-Vorpommern	2020	123	123	–	–	–
	2021	**184**	**184**	–	–	–
Nordrhein-Westfalen	2020	1 101	9	1 092	251	841
	2021	**749**	–	**749**	**463**	**286**
Rheinland-Pfalz	2020	4 326 177	288 085	4 038 093	2 530 477	1 507 616
	2021	**4 242 400**	**261 539**	**3 980 861**	**3 305 023**	**675 838**
Ahr		**11 571**	**993**	**10 579**	**10 508**	**70**
Mittelrhein		**22 578**	**1 673**	**20 905**	**16 133**	**4 772**
Mosel		**1 086 824**	**49 205**	**1 037 619**	**864 075**	**173 545**
Nahe		**146 437**	**1 008**	**145 429**	**103 465**	**41 964**
Rheinhessen		**1 812 602**	**172 994**	**1 639 607**	**1 324 956**	**314 652**
Pfalz		**1 161 972**	**35 250**	**1 126 722**	**985 887**	**140 835**
Saarland	2020	8 533	48	8 485	6 552	1 933
	2021	**7 119**	**28**	**7 091**	**6 161**	**930**
Sachsen	2020	16 959	674	16 285	8 469	7 816
	2021	**18 520**	**1 112**	**17 409**	**13 751**	**3 657**
Sachsen 2)		**19 421**	**1 119**	**18 301**	**14 296**	**4 005**
Sachsen-Anhalt/ Thüringen	2020	23 186	8	23 178	15 793	7 385
	2021	**27 015**	**1 154**	**25 861**	**22 793**	**3 067**
Saale-Unstrut 3)		**26 603**	**1 067**	**25 536**	**22 859**	**2 677**
Schleswig-Holstein	2020	326	326	–	–	–
	2021	**547**	**547**	–	–	–
Deutschland 1)	2019	5 282 085	265 920	8 016 165	5 514 110	2 502 055
	2020	5 736 842	302 223	5 434 619	3 074 774	2 359 845
	2021	**5 728 875**	**279 199**	**5 449 676**	**4 342 044**	**1 107 632**

1) nur weinerzeugende Länder
2) einschließlich Brandenburg und Sachsen-Anhalt
3) einschließlich Brandenburg
Quelle: Statistisches Bundesamt, Fachserie 3, Reihe 3.2.2, 2022

4. Weinerzeugung 2021: Rotwein (in hl) *)

Land Anbaugebiet	Jahr	Wein und Most (rot) Insgesamt	Davon Wein/ Landwein	Qualitätswein b.A. Zusammen	Qualitätswein	Prädikatswein
Baden-Württemberg	2020	934 313	8 100	926 212	519 780	406 432
	2021	**900 406**	**4 485**	**895 921**	**797 002**	**98 919**
Württemberg		**586 365**	**804**	**585 561**	**543 520**	**42 041**
Baden		**313 743**	**3 384**	**310 360**	**253 482**	**56 878**
Bayern	2020	45 302	319	44 983	22 459	22 524
	2021	**74 810**	**869**	**73 941**	**58 830**	**15 111**
Franken		**73 837**	**788**	**73 049**	**57 984**	**15 065**
Übrige Gebiete		**973**	**82**	**892**	**846**	**46**
Hessen	2020	33 534	–	33 534	5 543	27 991
	2021	**35 155**	331	**34 825**	**30 193**	**4 632**
Hessische Bergstraße		**6 767**	85	**6 682**	**6 208**	**474**
Rheingau		**28 388**	245	**28 143**	**23 985**	**4 158**
Mecklenburg-Vorpommern	2020	60	60	–	–	–
	2021	**59**	**59**	–	–	–
Nordrhein-Westfalen	2020	257	–	258	231	27
	2021	**187**	–	**187**	**182**	**5**
Rheinland-Pfalz	2020	1 744 565	60 259	1 684 306	1 467 686	216 620
	2021	**1 692 751**	**62 552**	**1 630 199**	**1 583 785**	**46 414**
Ahr		**28 143**	**1 604**	**26 539**	**26 000**	**539**
Mittelrhein		**3 991**	**312**	**3 679**	**3 127**	**552**
Mosel		**263 706**	**8 971**	**254 735**	**253 872**	**862**
Nahe		**50 359**	**932**	**49 427**	**44 199**	**5 228**
Rheinhessen		**758 663**	**38 351**	**720 312**	**698 749**	**21 563**
Pfalz		**587 826**	**12 321**	**575 506**	**557 837**	**17 669**
Saarland	2020	991	5	986	873	113
	2021	**1 008**	**2**	**1 007**	**934**	**73**
Sachsen	2020	3 314	128	3 185	1 741	1 444
	2021	**4 203**	**466**	**3 736**	**3 152**	**584**
Sachsen 2)		**4 377**	**466**	**3 911**	**3 316**	**594**
Sachsen-Anhalt/ Thüringen	2020	7 132	3	7 128	5 825	1 303
	2021	**10 123**	**528**	**9 594**	**9 083**	**511**
Saale-Unstrut 3)		**10 115**	**521**	**9 593**	**9 088**	**506**
Schleswig-Holstein	2020	75	75	–	–	–
	2021	**118**	**118**	–	–	–
Deutschland 1)	2019	3 042 892	59 973	2 982 919	1 711 034	1 271 885
	2020	2 769 746	68 978	2 700 768	2 024 313	676 455
	2021	**2 719 579**	**69 959**	**2 649 620**	**2 483 372**	**166 248**

*) einschließlich Rotling und Roséwein
1) nur weinerzeugende Länder
2) einschließlich Brandenburg und Sachsen-Anhalt
3) einschließlich Brandenburg
Quelle: Statistisches Bundesamt, Fachserie 3, Reihe 3.2.2, 2022

In Deutschland zugelassene Keltertrauben- und Unterlagsrebsorten

Stand 29.04.2022

Von Dr. Oliver Trapp, JKI Geilweilerhof

lfd. Nr.	Rebsorte	Abstammung	Züchter/ Sorten-schutz-inhaber	Wein	Sorten-schutz	Sorten-liste
A. Keltertraubensorten						
1.	Accent	Kolor x Chancellor	Gm	R	x	x
2.	Acolon	Blauer Limberger x Dornfelder	We	R	x	x
3.	Albalonga	Rieslaner x Müller-Thurgau	WÜ	W		x
4.	Allegro	Chancellor x Rondo	Gm	W	x	x
5.	Arnsburger	Müller-Thurgau x Weißer Gutedel	Gm	W		x
6.	Auxerrois	Weißer Heunisch x Burgunder	Gm, FR, AGA	W		x
7.	Bacchus	(Grüner Silvaner x Weißer Riesling) x Müller-Thurgau	AGA	W		x
8.	Baron	Cabernet Sauvignon x Bronner	FR	R	x	x
9.	Blauburger	Blauer Limberger x Blauer Portugieser	AGA	W		x
10.	Blauer Frühburgunder		Gm, AGA	R		x
11.	Blauer Limberger (Lemberger)	Weißer Heunisch x Blaue Zimmettraube	We, Wah	R		x
12.	Blauer Portugieser	Blaue Zimmettraube x Grüner Silvaner	AGA, AZ, We	R		x
13.	Blauer Silvaner	Grüner Silvaner Mutation	AGA	W		x
14.	Blauer Spätburgunder	Savagnin Blanc x ?	FR, Gm, AGA, AZ	R		x
15.	Blauer Trollinger		We, AGA	R		x
16.	Blauer Zweigelt	Saint Laurent x Blauer Limberger	AGA	R		x
17.	Bolero	Gm 64-27 x Chancellor	Gm	R	x	x
18.	Bronner	Merzling x Gm 64-94	FR	W	x	x
19.	Cabernet Blanc	Cabernet Sauvignon x Regent	VFN	W		x
20.	Cabernet Cantor	Chancellor x Solaris	FR	R	x	x
21.	Cabernet Carbon	Cabernet Sauvignon x Bronner	FR	R	x	x
22.	Cabernet Carol	Cabernet Sauvignon x Solaris	FR	R	x	x
23.	Cabernet Cortis	Cabernet Sauvignon x Solaris	FR	R	x	x
24.	Cabernet Cubin	Blauer Limberger x Cabernet Sauvignon	We	R	x	x

lfd. Nr.	Rebsorte	Abstammung	Züchter/ Sorten-schutz-inhaber	Wein	Sorten-schutz	Sorten-liste
25.	Cabernet Dorio	Blauer Limberger x Dornfelder	We	R	x	x
26.	Cabernet Dorsa	Blauer Limberger x Dornfelder	We	R	x	x
27.	Cabernet Franc		Gm	R		x
28.	Cabernet Mitos	Blauer Limberger x Färberrebe	We	R	x	x
29.	Cabernet Sauvignon	Cabernet Franc x Sauvignon Blanc	Gm	R		x
30.	Cabertin	Cabernet Sauvignon x Regent	VFN	R		x
31.	Calardis Blanc	Calardis Musqué x Seyve Villard 39-639	Gf	W	x	x
32.	Calandro	Domina x Regent	Gf	R	x	x
33.	Chardonnay	Weißer Heunisch x Blauer Spätburgunder	Gm, FR, AGA	W		x
34.	Dakapo	Deckrot x Blauer Portugieser	Gm	R	x	x
35.	Deckrot	Ruländer x Färbertraube	FR	R		x
36.	Donauriesling	Riesling x FR 589-54	KNB	W		x
37.	Domina	Blauer Portugieser x Blauer Spätburgunder	AGA	R		x
38.	Dornfelder	Helfensteiner x Heroldrebe	We	R		x
39.	Dunkelfelder	Madeleine Angevine x Färbertraube	Gm	R		x
40.	Ehrenbreit-steiner	Ehrenfelser x Reichensteiner	Gm	W	x	x
41.	Ehrenfelser	Weißer Riesling x Knipperle	Gm	W		x
42.	Faberrebe	Chardonnay x Müller-Thurgau	AZ	W		x
43.	Felicia	Sirius x Vidal blanc	Gf	W	x	x
44.	Findling	Burgunder x Gelber Muskateller	AGA	W		x
45.	Freisamer	Grüner Silvaner x Ruländer	FR	W		x
46.	Früher roter Malvasier	Silvaner x Veltliner rot	AGA	W		x
47.	Gelber Muskateller		We, AGA	W		x
48.	Gold-muskateller	Gelber Muskateller x ?	MK	W		x
49.	Goldriesling	Weißer Riesling x Malingre Precoce	DD	W		x
50.	Grüner Silvaner	Traminer x Österreichisch Weiß	We, AGA, AZ	W		x
51.	Hegel	Helfensteiner x Heroldrebe	We	R	x	x
52.	Helfensteiner	Blauer Frühburgunder x Blauer Trollinger	We	R		x
53.	Helios	Merzling x (Seyve-Villard 12-481 x Müller-Thurgau)	FR	W	x	x
54.	Heroldrebe	Blauer Portugieser x Blauer Limberger	We	R		x

lfd. Nr.	Rebsorte	Abstammung	Züchter/ Sorten-schutz-inhaber	Wein	Sorten-schutz	Sorten-liste
55.	Hibernal	Seibel 7053 x Weißer Riesling Klon 239 Gm F2	Gm	W	x	x
56.	Hölder	Weißer Riesling x Ruländer	We	W		x
57.	Huxelrebe	Weißer Elbling x Courtillier musqué	AZ	W		x
58.	Johanniter	Weißer Riesling x [S.V. 12-481 x (Ruländer x Weißer Gutedel)]	FR	W	x	x
59.	Juwel	Kerner x ?	We	W		x
60.	Kanzler	Müller-Thurgau x Grüner Silvaner	AZ	W		x
61.	Kerner	Blauer Trollinger x Weißer Riesling	We, AGA	W		x
62.	Kernling	Mutation aus Kerner	AGA	W	x	x
63.	Merlot	Magdeleine noire des Charentes x Cabernet franc	Gm	R		x
64.	Merzling	Seyve Villard 5-276 x (Weißer Riesling x Ruländer)	FR	W	x	x
65.	Monarch	(Merzling x (Saperavi severnyi x Muskat Ottonel)) x Dornfelder	FR	W	x	x
66.	Morio Muskat	Grüner Silvaner x Gelber Muskateller	AGA	W		x
67.	Müller-Thurgau	Weißer Riesling x Madeleine royale	Gm	W		x
68.	Müllerrebe / Schwarz-riesling	Blauer Spätburgunder Mutation	We	R		x
69.	Muscaris	Solaris x Gelber Muskateller	FR	W	x	x
70.	Muskat Ottonel	Weißer Gutedel x Ingram's Muscat	FR, Gm, KF	W		x
71.	Muskat Trollinger	Blauer Trollinger x Muscat of Alexandria		R		x
72.	Neronet	(St. Laurent x Bl. Portugieser) x (Alicante Bouschet x C. Sauvignon)	AGA	R	x	x
73.	Nobling	Grüner Silvaner x Weißer Gutedel	FR	W		x
74.	Optima	(Grüner Silvaner x Weißer Riesling) x Müller-Thurgau	AGA	W		x
75.	Orion	Optima x Villard blanc	Gf	W	x	x
76.	Ortega	Müller-Thurgau x Siegerrebe	WÜ	W		x
77.	Osteiner	Weißer Riesling x Grüner Silvaner	Gm	W		x
78.	Palas	Blauer Trollinger x Rubintraube	We	R	x	x
79.	Perle	Gewürztraminer x Müller-Thurgau	WÜ	W		x
80.	Phoenix	Bacchus x Villard blanc	Gf	W	x	x
81.	Pinotin	Cabernet Sauvignon x Regent	VFN	R		x
82.	Piroso	(Rotberger x Heroldrebe) x (Deckrot x FR 589-54)	FR	R	x	x
83.	Prinzipal	Gm 322-58 x Ehrenfelser	Gm	W	x	x

lfd. Nr.	Rebsorte	Abstammung	Züchter/ Sortenschutzinhaber	Wein	Sortenschutz	Sortenliste
84.	Prior	"(Joan Seyve 234-16 x Blauer Spätburgunder) x (Merzling x Saperavi severnyi x Saint Laurent))"	FR	R	x	x
85.	Reberger	Regent x Blauer Limberger	Gf	R	x	x
86.	Regent	Diana x Chambourcin	Gf	R	x	x
87.	Regner	Muscat d'Eisenstadt x Müller-Thurgau	AZ	W		x
88.	Reichensteiner	Müller-Thurgau x (Madeleine angevine x Calabreser Froehlich)	Gm	W		x
89.	Rieslaner	Grüner Silvaner x Weißer Riesling	AGA	W		x
90.	Rondo	Saperavi Servernyi x Saint Laurent	Gm	R	x	x
91.	Rosa Chardonnay	Chardonnay Mutation	Gm	W		x
92.	Rosenmuskateller	Muskateller x ?	MK	W		x
93.	Rotberger	Blauer Trollinger x Weißer Riesling	Gm	R		x
94.	Roter Elbling	Weißer Elbling Mutation	AGA, AZ	W		x
95.	Roter Gutedel	Weißer Gutedel Mutation	FR	W		x
96.	Roter Müller-Thurgau	Müller-Thurgau Mutation	ZRE	R	x	x
97.	Roter Muskateller	Gelber Muskateller Mutation	AGA	W		x
98.	Roter Riesling	Weißer Riesling Mutation	AGA, AZ, Gm, We	W		x
99.	Roter Traminer/ Gewürztraminer	Savagnin rose Mutation	FR, Gm, AZ	W		x
100.	Rubinet	(Revolta x Alibernet) x Andre	AGA	R		x
101.	Ruländer	Blauer Spätburgunder Mutation	AGA, Gm, FR	W		x
102.	Saint Laurent	Blauer Spätburgunder x ?	AGA, Gm	R		x
103.	Saphira	Arnsburger x S.V. 1-72	Gm	W	x	x
104.	Sauvignon Blanc	Traminer x ?	MK	W		x
105.	Sauvignon Cita	Sauvignon blanc x Weißer Riesling	We	W	x	x
106.	Sauvignon Gryn	Sauvignon blanc x Weißer Riesling	We	W	x	x
107.	Sauvignon Sary	Weißer Riesling x Sauvignon blanc	We	W	x	x
108.	Sauvitage	FR 147-66 x We 75-34-13	We	W	x	x
109.	Scheurebe	Weißer Riesling x Bukettrebe	AZ, AGA	W		x
110.	Schönburger	Blauer Spätburgunder x (Roter Gutedel x Muskat Trollinger)	Gm	W		x

lfd. Nr.	Rebsorte	Abstammung	Züchter/ Sortenschutzinhaber	Wein	Sortenschutz	Sortenliste
111.	Siegerrebe	Madeleine Angevine x Gewürztraminer	AZ	W		x
112.	Silcher	Kerner x Grüner Silvaner	We	W		x
113.	Solaris	Merzling x Gm 6493	FR	W	x	x
114.	Souvignier gris	Seyval x Zähringer	FR	W	x	x
115.	Tauberschwarz	Weißer Heunisch x Süßschwarz	We	R		x
116.	Trebbiano di Soave		MK			x
117.	Villaris	Sirius x Vidal blanc	Gf	W	x	x
118.	Weißer Burgunder	Pinot Noir Mutation	FR, Gm, AGA, AZ	W		x
119.	Weißer Elbling	Weißer Heunisch x ?	AGA, AZ	W		x
120.	Weißer Gutedel		Gf	W		x
121.	Weißer Riesling	Weißer Heunisch x ?		W		x
122.	Wildmuskat	Sulmer x Noir hatif de Marseille		W	x	x
123.	Würzer	Gewürztraminer x Müller-Thurgau	AZ	W		x
B. Unterlagsrebsorten						
1.	101–14 Millardet et de Grasset	*Vitis berlandieri x Vitis riparia*	Gm	U		x
2.	110 Richter	*Vitis berlandieri x Vitis rupestris*	Gm	U		x
3.	1103 Paulsen	*Vitis berlandieri x Vitis rupestris*	Gm	U		x
4.	125 AA Kober	*Vitis berlandieri x Vitis riparia*	FR, Gm, AGA, AZ	U		x
5.	161-49 Couderc	*Vitis berlandieri x Vitis riparia*	Gm	U		x
6.	420 A Millardet et de Grasset	*Vitis berlandieri x Vitis riparia*	Gm	U		x
7.	5 BB Kober	*Vitis berlandieri x Vitis riparia*		U		x
8.	5 C Geisenheim	*Vitis berlandieri x Vitis riparia*	Gm	U		x
9.	Binova	*Vitis berlandieri x Vitis riparia*	AZ	U		x
10.	Börner	*Vitis riparia x Vitis cinerea*	Gm	U		x
11.	3309 Couderc	*Vitis riparia x Vitis rupestris*		U		x
12.	Cina	*Vitis riparia x Vitis cinerea*	NW	U	x	x
13.	Rici	*(Vitis berlandieri x Vitis riparia) x Vitis cinerea*	NW	U	x	x
14.	SO4	*Vitis berlandieri x Vitis riparia*	AZ	U		x
15.	Sori	*Solonis x Riparia 1 Geisenheim*	Gm	U		x
16.	Teleki 8 B	*Vitis berlandieri x Vitis riparia*	MK	U		x
17.	Teleki 8 B Ferrari	*Vitis berlandieri x Vitis riparia*	MK	U		x

lfd. Nr.	Rebsorte	Abstammung	Züchter/ Sortenschutzinhaber	Wein	Sortenschutz	Sortenliste

Zeichenerklärung:

W = Keltertraubensorte Weißwein
R = Keltertraubensorte Rotwein
U = Unterlagsrebsorte

Züchter:

AGA	Aktionsgemeinschaft zur Erhaltung von Rebsorten e.V. im Dienstleistungszentrum Ländlicher Raum (DLR) Rheinhessen-Nahe-Hunsrück Wormser Straße 111, 55276 Oppenheim
AZ	Dienstleistungszentrum Ländlicher Raum (DLR) Rheinhessen-Nahe-Hunsrück Wormser Straße 111, 55276 Oppenheim
DD	Sächsische Landesanstalt für Landwirtschaft, Gartenbau und Landespflege, 01326 Dresden
FR	Staatliches Weinbauinstitut Freiburg, Merzhauser Str. 119, 79100 Freiburg
Gf	Julius Kühn- Institut (JKI) Bundesforschungsinstitut für Kulturpflanzen Geilweilerhof, 76833 Siebeldingen
Gm	Hochschule Geisenheim University, Institut für Rebenzüchtung und Rebenveredlung, von Lade-Str. 1, 65366 Geisenheim
KF	Klaus Fehlinger, Ohligstr. 19, 67593 Westhofen
KHK	Karl-Heinz Kleinmann, Hauptstr. 17, 76831 Birkweiler
MK	Michael Kimmig, Grünstädter Straße 4, 67271 Obersülzen
VFN	Volker Freytag, Lachen-Speyerdorf, Theodor-Heuss-Str. 78, 67435 Neustadt a.d.W.
Wah	Wahler Reben GbR, Wiesentalstr. 58, 71384 Weinstadt-Schnait
We	Staatliche Lehr- und Versuchsanstalt für Wein- und Obstbau, Traubenplatz 5, 74189 Weinsberg
WÜ	Bayerische Landesanstalt für Wein- und Gartenbau, Veitshöchheim
ZRE	Züchtergemeinschaft Reben, Schmiedegässle 9, 79285 Ebringen

Quellen:
Bundessortenamt
Vitis International Variety Catalogue VIVC (www.vivc.de)

Keltertraubensorten in Deutschland

Dr. Oliver Trapp, Geilweilerhof
Stand 02.03.2022
Quelle: Statistisches Bundesamt

OZ	Keltertraubensorte	rot oder weiß	Bestockte Rebfäche 2019 [ha]	Bestockte Rebfläche 2020 [ha]	Veränderungen zu 2019 [ha]	Anteil an der Gesamtrebfläche 2020 [%]
1.	Riesling, Weißer	weiß	24.150	24.318	+168	23,51 %
2.	Spätburgunder, Blauer	rot	11.660	11.602	-58	11,22 %
3.	Müller-Thurgau	weiß	11.453	11.230	-223	10,86 %
4.	Burgunder, Grauer	weiß	7.356	7.698	+342	7,44 %
5.	Dornfelder	rot	7.332	7.109	-223	6,87 %
6.	Burgunder, Weißer	weiß	5.922	6.062	+140	5,86 %
7.	Silvaner, Grüner	weiß	4.581	4.503	-78	4,35 %
8.	Chardonnay	weiß	2.377	2.558	+181	2,47 %
9.	Portugieser, Blauer	rot	2.548	2.432	-116	2,35 %
10.	Kerner	weiß	2.257	2.150	-107	2,08 %
11.	Trollinger, Blauer	rot	2.051	1.992	-59	1,93 %
12.	Limberger, Blauer (Lemberger)	rot	1.940	1.940	+0	1,88 %
13.	Sauvignon blanc	weiß	1.661	1.803	+142	1,74 %
14.	Müllerrebe/Schwarzriesling	rot	1.807	1.756	-51	1,70 %
15.	Regent*	rot	1.722	1.671	-51	1,62 %
16.	Bacchus	weiß	1.614	1.590	-24	1,54 %
17.	Scheurebe	weiß	1.437	1.469	+32	1,42 %
18.	Traminer/Gewürztraminer	weiß	1.119	1.118	-1	1,08 %
19.	Gutedel	weiß	1.105	1.085	-20	1,05 %
20.	Merlot	rot	790	836	+46	0,81 %
21.	Saint Laurent	rot	601	588	-13	0,57 %
22.	Muskateller, Gelber	weiß	506	551	+45	0,53 %
23.	Cabernet Sauvignon	rot	449	471	+22	0,46 %
24.	Elbling, Weißer	weiß	475	463	-12	0,45 %
25.	Acolon	rot	448	444	-4	0,43 %
26.	Ortega	weiß	395	373	-22	0,36 %
27.	Huxelrebe	weiß	373	356	-17	0,34 %
28.	Domina	rot	354	347	-7	0,34 %
29.	Morio-Muskat	weiß	333	324	-9	0,31 %
30.	Auxerrois	weiß	285	293	+8	0,28 %
31.	Cabernet Mitos	rot	292	285	-7	0,28 %
32.	Cabernet Dorsa	rot	269	268	-1	0,26 %
33.	Frühburgunder, Blauer	rot	233	228	-5	0,22 %

OZ	Keltertraubensorte	rot oder weiß	Bestockte Rebfäche 2019 [ha]	Bestockte Rebfläche 2020 [ha]	Verän-derungen zu 2019 [ha]	Anteil an der Gesamt-rebfläche 2020 [%]
34.	Cabernet Blanc*	weiß	203	228	+25	0,22 %
35.	Faberrebe	weiß	228	214	-14	0,21 %
36.	Solaris*	weiß	190	201	+11	0,19 %
37.	Dunkelfelder	rot	206	197	-9	0,19 %
38.	Muskat Trollinger	rot	126	134	+8	0,13 %
39.	Johanniter*	weiß	126	133	+7	0,13 %
40.	Souvignier Gris*	weiß	91	131	+40	0,13 %
41.	Zweigelt, Blauer	rot	116	116	+0	0,11 %
42.	Syrah	rot	97	110	+13	0,11 %
43.	Cabernet Franc	rot	95	105	+10	0,10 %
44.	Muscaris*	weiß	88	98	+10	0,09 %
45.	Heroldrebe	rot	90	89	-1	0,09 %
46.	Goldmuskateller	weiß	61	77	+16	0,07 %
47.	Rieslaner	weiß	72	72	+0	0,07 %
48.	Siegerrebe	weiß	68	63	-5	0,06 %
49.	Cabernet Cubin	rot	62	62	+0	0,06 %
50.	Cabernet Cortis*	rot	49	53	+4	0,05 %
51.	Würzer	weiß	50	50	+0	0,05 %
52.	Phoenix*	weiß	47	47	+0	0,05 %
53.	Nobling	weiß	47	46	-1	0,04 %
54.	Dakapo	rot	47	46	-1	0,04 %
55.	Veltliner, Grüner	weiß	38	42	+4	0,04 %
56.	Reichensteiner	weiß	37	36	-1	0,03 %
57.	Ehrenfelser	weiß	34	32	-2	0,03 %
58.	Silvaner, Blauer	weiß	32	32	+0	0,03 %
59.	Goldriesling	weiß	29	30	+1	0,03 %
60.	Pinotin*	rot	26	30	+4	0,03 %
61.	Cabernet Dorio	rot	28	27	-1	0,03 %
62.	Viognier	weiß	23	25	+2	0,02 %
63.	Kanzler	weiß	25	22	-3	0,02 %
64.	Findling	weiß	23	22	-1	0,02 %
65.	Helios*	weiß	18	20	+2	0,02 %
66.	Optima	weiß	21	19	-2	0,02 %
67.	Elbling, Roter	weiß	18	19	+1	0,02 %
68.	Prior*	rot	18	19	+1	0,02 %
69.	Muskat-Ottonel	weiß	17	18	+1	0,02 %
70.	Cabertin*	rot	15	18	+3	0,02 %
71.	Tauberschwarz	rot	16	17	+1	0,02 %

OZ	Keltertraubensorte	rot oder weiß	Bestockte Rebfäche 2019 [ha]	Bestockte Rebfläche 2020 [ha]	Verän-derungen zu 2019 [ha]	Anteil an der Gesamt-rebfläche 2020 [%]
72.	Kernling	weiß	15	15	+0	0,01 %
73.	Rubinet	rot	15	15	+0	0,01 %
74.	Tempranillo	rot	14	15	+1	0,01 %
75.	Schönburger	weiß	14	14	+0	0,01 %
76.	Monarch*	rot	11	12	+1	0,01 %
77.	Albalonga	weiß	12	11	-1	0,01 %
78.	Helfensteiner	rot	12	11	-1	0,01 %
79.	Perle	weiß	12	11	-1	0,01 %
80.	Saphira*	weiß	11	11	+0	0,01 %
81.	Juwel	weiß	11	10	-1	0,01 %
82.	Rondo*	rot	11	10	-1	0,01 %
83.	Regner	weiß	10	9	-1	0,01 %
84.	Deckrot	rot	10	9	-1	0,01 %
85.	Muskateller, Roter	weiß	9	9	+0	0,01 %
86.	Rotberger	rot	9	8	-1	0,01 %
87.	Cabernet Carbon*	rot	8	8	+0	0,01 %
88.	Hibernal*	weiß	5	6	+1	0,01 %
89.	Neronet	rot	k.A.	6		0,01 %
90.	Ehrenbreitsteiner	weiß	6	5	-1	0,00 %
91.	Cabernet Carol*	rot	5	5	+0	0,00 %
92.	Malvasier, Früher roter	weiß	5	5	+0	0,00 %
93.	Piroso*	rot	5	5	+0	0,00 %
94.	Bronner*	weiß	k.A.	5		0,00 %
95.	Wildmuskat	rot	k.A.	5		0,00 %
96.	Hölder	weiß	4	4	+0	0,00 %
97.	Palas	rot	k.A.	4		0,00 %
98.	Hegel	rot	4	3	-1	0,00 %
99.	Merzling*	weiß	3	3	+0	0,00 %
100.	Blauburger	rot	3	3	+0	0,00 %
101.	Freisamer	weiß	3	2	-1	0,00 %
102.	Staufer*	weiß	k.A.	0		0,00 %
103.	Villaris*	weiß	k.A.	0		0,00 %
	Sonstige weiß	weiß	304	396	+92	0,38 %
	Sonstige rot	rot	150	173	+23	0,17 %
Weiße Keltertraubensorten zusammen:			**69.418**	**70.138**	**+720**	**67,82 %**
Rote Keltertraubensorten zusammen:			**33.762**	**33.283**	**-479**	**32,18 %**
Keltertraubensorten insgesamt:			**103.180**	**103.421**	**+241**	**100 %**

* pilzwiderstandsfähige Rebsorte

Rebschutzmittel-Verzeichnis

Unter Zugrundelegung des Pflanzenschutzmittelverzeichnisses 05–2022 des Bundesamtes für Verbraucherschutz und Lebensmittelsicherheit, Braunschweig (Quelle: Papi, Saphir Verlag; kein Anspruch auf Vollständigkeit; dankenswert unterstützt und aktualisiert durch das Institut für Phytomedizin der Hochschule Geisenheim University, Dipl. Ing. O. Baus)
Stand: Mai 2022

Hinweise und Kennzeichnungen in den Gebrauchsanweisungen und Angaben auf den Etiketten beachten!

1. Mittel gegen Pilzkrankheiten (Fungizide)

Handelsname	Wirkstoff	Indikation *	Raubmilbenschädigung **	Gefahren-Symbol ***	Zulass.-ende
Aktuan	Dithianon + Cymoxanil	Pero, Phom, RBre	I	N, Xn	31.08.22
Aktuan Gold	Dimethomorph + Dithianon	Pero	I	GHS 05, 06, 08	31.07.23
Ampexio	Mandipropamid + Zoxamide	Pero	I	GHS 07, 09	30.09.22
Airone SC	Kupferhydroxid + Kupferoxychlorid	Pero	I	GHS 09	31.03.23
Berelex 40 SG	Gibberelinsäure	Essigfäule (Lockerung Stielgerüst)			31.12.22
Botector	Aureobasidium pullulans	Botr	I		21.12.25
Cantus	Boscalid	Botr	I	N	31.07.23
Collis	Boscalid + Kresoxim-methyl	Oidi	I	GHS 08	31.07.23
Coprantol Duo	Kupferhydroxid + Kupferoxychlorid	Pero	I	GHS 07, 09	31.03.23
Cuproxat	Kupfersulfat	Pero	II	N	31.10.23
Cuprozin progress	Kupferhydroxid	Pero, RBre, SFäul	I	GHS 05, 07, 09	30.09.23
Custodia	Azoxystrobin + Tebuconazol	Oidi	I	GHS 07, 08, 09	31.08.22
Delan WG	Dithianon	Pero, Phom, RBre	I	GHS 05, 06,07, 08	31.01.24
Delan Pro	Dithianon + Kalium-phosphonat	Pero, SFäul	I	GHS 07, 09	31.08.25

Handelsname	Wirkstoff	Indikation *	Raubmilbenschädigung **	Gefahren-Symbol ***	Zulass.-ende
Dynali	Difenoconazol + Cyflufenamid	Oidi, SFäul, RBre	I		31.12.23
Enervin SC	Metiram + Ametoctradin	Pero, Sfäul	II	GHS 09	31.07.24
Fantic F	Benalxyl + Folpet	Pero	I	GHS 05, 07, 08, 09	31.12.29
Flint	Trifloxystrobin	Oidi, Phom, RBre, SFäul	I	N, Xi	30.06.22
Florgib Tablets	Gibberelinsäure	Lockerung des Stielgerüstes	I		31.08.23
Folpan 500 SC	Folpet	Pero, Phom, RBre	I	GHS 07, 08, 09	31.12.22
Folpan 80 WDG	Folpet	Pero, Phom, RBre	I	GHS 07, 08, 09	31.12.22
Forum Gold	Dithianon + Dimethomorph	Pero	I	GHS 05, 06, 08	31.07.23
Forum Star	Dimethomorph + Folpet	Pero	I	N, Xn	31.12.22
Frutogard	Kaliumphosphonat	Pero	I		30.09.24
Funguran Progress	Kupferhydroxid	Pero	I	GHS 07, 09	30.09.23
Fytosafe	COS-OGA	Pero, Oidium	II		22.04.31
Galileo	Tetraconazole	Pero, Oidium	II	GHS 09	31.12.24
GIBB 3	Gibberelinsäure	Essigfäule (Lockerung Stielgerüst)			31.12.22
Kenja	Isofetamid	Botr	I	GHS 09	15.09.27
Kumar	Kaliumhydrogen-carbonat	Oidium	II		31.08.22
Kumulus WG	Schwefel	Oidium	I		31.12.22
Kusabi	Pyriofenone	Oidium	I	GHS 08, 09	31.12.27
Kusabi Max	Pyriofenone + Tebuconazol	Oidium	I	GH 07, 08, 09	31.08.22
Luna Experience	Fluopyram Tebuconazol	Oidium, SFäul	II	GHS 07, 08	31.08.22
Luna Max	Fluopyram + Spiroxamine	Oidium	I	GHS 07, 08, 09	31.12.22
Melody Combi	Folpet + Iprovalicarb	Pero, Phom, RBre,	II	GHS 05, 07, 08, 09	31.07.23
Mehltau-Frei Asulfa Jet	Schwefel	Oidium	II		31.12.22

Handelsname	Wirkstoff	Indikation *	Raubmilbenschädigung **	Gefahren-Symbol ***	Zulass.-ende
Microthiol WG	Schwefel	Oidium	II		31.12.22
Mildicut	Cyazofamid	Pero	II		31.07.22
Netzschwefel Stulln	Schwefel	Oidium	II		31.12.22
Orvego	Dimethomorph + Ametoctradin	Pero	II	GHS 07, 09	31.12.24
POL-Sulphur 80 WG	Schwefel	Oidium	II		31.12.22
Polyram WG	Metiram	Pero, Phom, RBre, SFäul	II	N, Xi	31.01.23
Profiler	Fosetyl + Fluopicolide	Pero	I	GH S07, 09	31.12.24
Prolectus	Fenpyrazamine	Botr	I	GH S09	31.12.23
Prosper Tec	Spiroxamine	Oidium	I	GHS 07, 08, 09	31.12.24
Pyrus	Pyrimethanil	Botr	I	N	30.04.23
Regalis Plus	Prohexadion	Essigfäule (Lockerung Stielgerüst)		GHS 07	31.12.22
Sanvino	Amisulbrom + Folpet	Pero	–I	GHS 07, 08, 09	31.07.23
Sarumo	Tetraconazole	Oidium	II	GHS 09	31.12.24
Scala	Pyrimethanil	Botr	I		30.04.23
Sercadis	Fluxapyroxad	Oidium, SFäul	II		31.12.23
Serenade ASO	Bacillus amylo-liquefaciens (QST 713)	Botr	I		30.04.23
Spirox	Spiroxamine	Oidium	II	GHS 05, 07, 08, 09	31.12.24
Sulfo Liq 800 SC	Schwefel	Oidi	II		31.12.22
Switch	Cyprodinil + Fludioxonil	Botr	I	GHS 07, 09	31.12.26
Taegro	Bacillus amyloliquefaciens (FZB 24)	Oidium, Botr	I		01.06.24
Talendo	Proquinazid	Oidium	I	GHS 05, 08, 09	31.12.22
Talendo extra	Proquinazid + Tetraconazole	Oidium	I	GHS 07, 08, 09	31.12.24
Teldor	Fenhexamid	Botr	I	N	Zulassung wird erwartet
Tessior	Pyraclostrobin + Boscalid	Esca-Erreger	I	GHS 07, 09	31.07.23

Handelsname	Wirkstoff	Indikation *	Raubmilbenschädigung **	Gefahren-Symbol ***	Zulass.-ende
Thiovit Jet	Schwefel	Oidium	II		31.12.22
Topas	Penconazol	Oidium, SFäul	I	N, Xi	31.12.23
Veriphos	Kaliumphosphonat	Pero	I		30.09.24
Videryo F	Folpet + Cyazifamid	Pero	I	GHS 07, 08, 09	31.07.22
Vinifol SC	Folpet	Pero, RBre, Phom	I	GHS 07, 08, 09	31.12.22
VinoStar	Dimethomorph + Folpet	Pero	I	N, Xn	31.12.22
Vintec	Trichoderma atroviride SC 1	Esca (Pch, Pal)	I		06.07.32
VitiSan	Kaliumhydrogencarbonat	Oidium	II		31.08.22
Vivando	Metrafenone	Oidium	I	GHS 09	30.04.23
Zorvec Zelavin	Oxathiapiprolin	Pero	I	GHS 07, 09	03.03.28

* Botr = *Botrytis*, Oidium = *Oidium*, Pero = *Peronospora*, Phom = *Phomopsis* (Schwarzfleckenkrankheit); RBre = Roter Brenner; SFäul = Schwarzfäule

** Raubmilbenschädigung: I = nicht schädigend für die Art *Typhlodromus pyri* (Raubmilbe);
II = schwach schädigend für die Art *Typhlodromus pyri* (Raubmilbe);
III = schädigend für die Art *Typhlodromus pyri* (Raubmilbe)

*** Gefahrensymbole: N = umweltgefährlich; T+ = sehr giftig; T = giftig; Xn = gesundheitsschädlich; Xi = reizend; GHS05 = Ätzwirkung; GHS06 = schwere gesundheitliche Schäden oder Tod; GHS07 = Reizwirkung auf Haut und Augen; GHS08 = Gesundheitsgefahr; GHS09 = Umwelt

2. Mittel gegen tierische Schädlinge (Insektizide, Akarizide)

Handelsname	Wirkstoff	Indikation *	Raubmilbenschädigung **	Gefahren-Symbol ***	Zulass.-ende
Austriebs-Spritzm. Para Sommer	Paraffinöl	KM, PM, SPI	II	GHS 09	31.12.23
CheckMate LB/EA	Dodecadienyl-acetat + Dodecenylacetat	HW, SW	I	GHS 02, 07, 09	31.08.22
Coragen	Chlorantranilliprole	HW, SW	I	GHS 09	31.12.25
Dipel ES	*Bacillus thuringiensis*	HW, SW	I	GHS 07	30.04.23
Isonet LE	Dodecadien-ylacetat + Dodecen-ylacetat	HW, SW	I	GHS 07	31.12.24
Kiron	Fenpyroximat	SPI, ZI	I	N, Xn	30.04.24
Microthiol S	Schwefel	KM, PM	I		31.12.22
Micula	Rapsöl	KM, PM, SPI	I		31.12.27
Mimic	Tebufenozid	HW, SW, SPW, RO	I	GHS 09	31.05.22
Mospilan SG	Acetamiprid	EF	II	GHS 07, 09	28.02.23
NeemAzal-T/S	Azadirachtin (Neem)	FM	I	GHS 09	31.12.23
Para Sommer	Paraffinöl	KM, PM, SPI	I	GHS 09	31.12.23
Piretro Verde	Pyrethrine	HW, SW	III		31.12.22
Promanal Neu	Mineralöle	SPI	I	N	31.12.22
RAK 1 Neu (ETW)	Dodecenylacetat	HW, SW	I		31.08.22
RAK 1 + 2 M (ETW+BTW)	Dodecadienyl-acetat + Dodecenylacetat	HW, SW	I		31.08.22
SpinTor	Spinosad	HW, SW, SPW, OW, RO, EF, THR	I	N	30.04.23
XenTari	*Bacillus thuringiensis*	HW, SW	I	GHS 07	30.04.24

* DMR = Dickmaulrüssler; DW = Drahtwurm; FM = Feldmaikäfer; HW = Heuwurm; KM = Kräuselmilben; OW = Ohrwurm; PM = Pockenmilben; RE = Reblaus; RO = Rhombenspanner; SPI = Spinnmilben; SPW = Springwurm; SW = Sauerwurm; THR = Thripse; ZI = Rebenzikade; EF = Essigfliegen

** Raubmilbenschädigung: I = nicht schädigend für die Art *Typhlodromus pyri* (Raubmilbe);
II = schwach schädigend für die Art *Typhlodromus pyri* (Raubmilbe);
III = schädigend für die Art *Typhlodromus pyri* (Raubmilbe)

*** Gefahrensymbole: T+ = sehr giftig; T = giftig; Xn = gesundheitsschädlich; Xi = reizend;
GHS05 = Ätzwirkung; GHS06 = schwere gesundheitliche Schäden oder Tod; GHS07=Reizwirkung auf Haut und Augen;
GHS08 = Gesundheitsgefahr; GHS09 = Umwelt

3. Mittel gegen Beikräuter (Herbizide)

Handelsname	Wirkstoff	Unkrautwirkung gegen	Gefahren-Symbol ***	Zulass.-ende
Beloukha	Pelargonsäure	Stocktriebe	GHS 05, 07	31.08.23
Chikara	Flazasulfuron	Ein- und Zweikeimblättrige	N	31.03.23
Dominator Clean	Glyphosat	Ein- und Zweikeimblättrige		15.12.22
Durano	Glyphosat	Ein- und Zweikeimblättrige	N	15.12.23
Glyfos Dakar	Glyphosat	Ein- und Zweikeimblättrige	GHS 07	15.12.23
Katana	Flazasulfuron	Ein- und Zweikeimblättrige	N	31.07.33
Kerb FLO	Propyzamid	Einkeimblättrige, Vogelmiere	GHS 08	31.01.23
Nozomi	Flumioxazin	Einjährige Zweikeimblättrige	N, T	30.06.23
Quickdown	Pyraflufen	Stocktriebe	N, Xi	31.01.23
Roundup Ultra	Glyphosat	Ein- und Zweikeimblättrige	GHS 09	15.12.23
Shark	Carfentrazone	Stocktriebe	N, Xi	31.03.23
Vorox F	Flumioxazin	Ein- und Zweikeimblättrige	T, N	30.06.23

*** Gefahrensymbole: T+ = sehr giftig; T = giftig; Xn = gesundheitsschädlich; Xi = reizend; N = umweltgefährlich; GHS05 = Ätzwirkung; GHS06 = schwere gesundheitliche Schäden oder Tod; GHS07 = Reizwirkung auf Haut und Augen; GHS08 = Gesundheitsgefahr; GHS09 = Umwelt

Auswahl deutschsprachiger Weinfachzeitschriften [1)]

DER BADISCHE WINZER
Herausgeber: Badischer Weinbauverband e. V.,
Merzhauser Str. 115, D-79100 Freiburg,
Tel. 0761–45910–0, Fax 0761–408026.
Badischer Landwirtschafts-Verlag GmbH,
Merzhauser Str. 111, 79100 Freiburg,
Postfach 209, D-79002 Freiburg.
Redaktion: Tel. 07 61 / 27 133–403.
Fax 07 61 / 27 133–401,
E-Mail: redaktion@blv-freiburg.de
Erscheint monatlich
www.der-badische-winzer.de

DER DEUTSCHE WEINBAU
Offizielles Organ des Deutschen
Weinbauverbandes e. V. (Herausgeber)
Meininger Verlag GmbH, Maximilianstr. 7–17,
D-67433 Neustadt/Weinstr.,
Tel. 06321–8908–0, Fax 06321–8908–73,
E-Mail: contact@meininger.de
Erscheint 14tägig freitags
www.meininger.de/der-deutsche-weinbau
Beilage:
DER OENOLOGE (in jeder 2. Ausgabe)
Bund Deutscher Oenologen e. V.,
Von Lade-Str. 1, D-65366 Geisenheim,
Tel. 06722/502–742,
E-Mail: redaktion@oenologie.de

DAS DEUTSCHE WEINMAGAZIN
Weinbau, Kellerwirtschaft, Weinmarketing
Fachverlag Dr. Fraund GmbH,
Weberstr. 9, D-55130 Mainz,
Postfach 261165, 55057 Mainz,
Tel. 06131–6205–0,
E-Mail: info@fraund.de
Erscheint 14tägig
www.dwm-aktuell.de

MITTEILUNGEN KLOSTERNEUBURG
Rebe und Wein, Obstbau und Früchteverarbeitung
Medieninhaber und Herausgeber:
Höhere Bundeslehranstalt und Bundesamt für
Wein- und Obstbau,
Wiener Str. 74, A-3400 Klosterneuburg,
Tel. +43 (0)2243–379100, Fax +43 (0)2243–26705,
Redaktion:
Wiss. Leiterin: Monika Riedle-Bauer
(monika.riedle-bauer@weinobst.at)
Auskunft und Bestellung: bibliothek@weinobst.at
Erscheint vierteljährlich
www.weinobstklosterneuburg.at

OBSTBAU – WEINBAU
Fachmagazin des Südtiroler Beratungsringes
Südtiroler Beratungsring für Obst- und Weinbau
A.-Hofer-Str. 9/1, I-39011 Lana
Tel. +39 (0)473 040 040, Fax +39 (0)473 980079,
E-Mail: info@obstbauweinbau.info
erscheint monatlich
www.obstbauweinbau.info

OBST- UND WEINBAU
Schweizer Zeitschrift für Obst- und Weinbau
(SZOW), Wädenswil
Hrsg.: Verein Publikationen Spezialkulturen
Meierhofstr. 1, CH-8820 Wädenswil/Schweiz
Redaktion: Markus Matzner,
E-Mail: info@szow.ch, Tel. +41 (0) 76 830 88 21,
Erscheint 14tägig
https://obstundweinbau.ch

---

1) kein Anspruch auf Vollständigkeit; dankenswert unterstützt und aktualisiert durch die Bibliothek der Hochschule Geisenheim

OBST-WEIN-GARTEN
Fachzeitschrift für Praktiker
Landes- Obst-, Wein- und Gartenbauverein
für Steiermark
Hamerlinggasse 3, A-8010 Graz
Tel. 0316/8050–1630
Fax: 0316/8050–1620
E-Mail: office@obstweingarten.at
Erscheint monatlich
www.obstweingarten.at

REBE & WEIN
Mitteilungsorgan der Weinbauverbände
in Württemberg und Franken
Verlag Eugen Ulmer KG,
Wollgrasweg 41, D-70599 Stuttgart,
E-Mail: info@ulmer.de
Redaktion: AR Agrar-Redaktion GmbH,
Bopserstr. 17, 70180 Stuttgart,
Regina Klein Tel: 0711/982940–22,
E-Mail: rklein@ulmer.de
Erscheint monatlich
www.rebeundwein.de

WEIN und MARKT
Fachverlag Dr. Fraund GmbH,
Weberstr. 9, D-55130 Mainz,
Tel. +49/61 31/62 05 0, Fax +49/61 31/553 95 94, E-Mail: redaktion@wein-und-markt.de
Erscheint monatlich
www.wein-und-markt.de

WEINWIRTSCHAFT
Meininger Verlag GmbH, Maximilianstr. 7–17,
D-67433 Neustadt/Weinstr.,
Tel. 06321–8908–0, Fax 06321–8908–73,
E-Mail: contact@meininger.de
Erscheint 14tägig
www.weinwirtschaft.de

DER WINZER
das Fachmagazin des österreichischen Weinbaues
Fachmagazin über Weinbau, Kellertechnik,
Marketing, Betriebs- und Weinwirtschaft
Mitteilungsblatt des Österreichischen
Weinbauverbandes
Österreichischer Agrarverlag Druck- und
Verlagsges. m.b.H. Nfg. KG
Sturzgasse 1a, A-1140 Wien
Tel. +43 (0)1/98177–161, Fax +43 (0)1/98177–120
Redaktionelle Leitung: Dipl. Ing. Walter Kaltzin,
E-Mail: w.kaltzin@agrarverlag.at
Erscheint monatlich
www.der-winzer.at

DIE WINZER-ZEITSCHRIFT
Mosel, Saar, Ruwer, Nahe, Mittelrhein, Ahr
Landvolk-Verlag GmbH, Karl-Tesche-Str. 3,
Postfach 300 261, D-56026 Koblenz,
Tel. 0261–30422–0, Fax 0261–30422–10–00,
Redaktion: Dr. Maximilian Hendgen,
E-Mail: hendgen@bwv-net.de
Erscheint monatlich

Branchenrelevante Anschriften [1)]

1. Verbände und Organisationen

Deutscher Weinbauverband e. V.
Heussallee 26, 53113 Bonn,
Tel. 0228–949325–0, Fax 0228–949325–23,
E-Mail: info@dwv-online.de,
Präsidium:
Präsident: Klaus Schneider,
Obertor 6, 67246 Dirmstein,
Tel. 06238–2942, Fax 06238–4601
Vizepräsidenten:
Ingo Steitz, Hauptstr. 59, 55576 Badenheim,
Tel. 06701–1387
Thomas Walz, Weingut Josef Walz,
Hauptstraße 34, 79423 Heitersheim,
Tel.: 07634 553030, Fax 07634 553033
Hermann Hohl, Birkenhof,
74182 Obersulm-Willsbach,
Tel. 07134–18233, Fax 07134–910256
Heinz-Uwe Fetz, Weingut & Destillerie Fetz,
Am Sonnenhang, 56348 Dörscheid,
Tel. 06774/ 1543, Fax: 06774/ 8219
Ehrenpräsident: Norbert Weber,
Bergstr. 23, 79235 Vogtsburg-Bischoffingen,
Tel. 07662–6143, Fax 07662–94289
Generalsekretär: RA Christian Schwörer,
Heussallee 26, 53113 Bonn,
Tel. 0228–949325–0, Fax 0228–949325–23,
E-Mail: info@dwv-online.de
www.deutscher-weinbauverband.de

Mitgliedsverbände:
P = Präsident/-in; G = Geschäftsführer/-in

Badischer Weinbauverband e. V.
Merzhauser Str. 115, 79100 Freiburg i. Br.,
Tel. 0761–459100, Fax 0761–408026,
E-Mail: info@badischer-weinbauverband.de
P: Rainer Zeller, 79100 Freiburg,
G: Holger Klein, 79100 Freiburg i. Br.

Fränkischer Weinbauverband e. V.
Haus des Frankenweins,
Hertzstraße 12, 97076 Würzburg,
Tel. 0931–39011–0, Fax 0931–39011–55,
E-Mail: kontakt@haus-des-frankenweins.de
P: Artur Steinmann
G: Hermann Schmitt
www.frankenwein-aktuell.de

Weinbauverband Hessische Bergstraße e. V.
Kettelerstr. 29, 64646 Heppenheim,
Tel. 06252–7 56 54, Fax 06252–78 82 56,
E-Mail: info@bergstraesser-wein.de
1. Vorsitzender: Dipl.-Ing. Otto Guthier,
64646 Heppenheim
Geschäftsführerin:
Dipl.-Wirt.-Ing. (FH) Stefanie Oberhauser
www.bergstraesser-wein.de

Weinbauverband Pfalz im Bauern- und Winzerverband Rheinland-Pfalz Süd e. V.
Martin Luther-Str. 69,
67433 Neustadt a. d. Weinstr.,
Tel. 06321–91230, Fax 06321–9274711,
E-Mail: Dirk.Gerling@bwv-rlp.de
P: Reinhold Hörner G: Dirk Gerling

1) kein Anspruch auf Vollständigkeit; dankenswert unterstützt und aktualisiert durch die Bibliothek der Hochschule Geisenheim University

Rheingauer Weinbauverband e. V.
Haus der Region, Rheinweg 30,
65375 Oestrich-Winkel,
Tel: 06723–60 27 20, Fax 06723–60272 25,
E-Mail: Wein@rheingauer-wbv.de
P: Hans-Peter Seyffardt
G: Dominik Russler
www.rheingau.com/wein

WBV Rheinhessen im Bauern- u. Winzerverband Rheinland-Pfalz Süd e. V.
Weberstraße 9, 55130 Mainz,
Tel. 06731–95107000, Fax 06731–95107070,
E-Mail: info@bwv-rlp.de
P: Ingo Steitz, Hauptstr. 59, 55576 Badenheim,
Tel. 06701–1387
Referent: Friedrich Ellerbrock, 55130 Mainz

Bauern- und Winzerverband Rheinland-Nassau e. V.
Karl-Tesche-Str. 3, 56073 Koblenz,
Tel. 0261–98850, Fax 0261–98851300,
E-Mail: info@bwv-net.de
P: Michael Horper
G: Dr. Simon W. Schlüter

Weinbauverband Ahr e. V.
Walporzheimer Str. 173,
53474 Bad Neuenahr-Ahrweiler,
Tel. 02641–89708–0, Fax 02641–8970–820,
E-Mail: aw@bwv-net.de
P: Hubert Pauly, Bachstraße 22, 53507 Dernau,
Tel. 02634–900940
E-Mail: weingut.adenbach@gmx.de

Weinbauverband Mittelrhein
Karl-Tesche-Str. 3, 56073 Koblenz,
Tel. 0261–9885–0, Fax 0261–9885–1300,
E-Mail: knebel@bwv-net.de
P: Heinz-Uwe Fetz, Weingut Sonnenhang,
56348 Dörscheid,
Tel. 06774–1548, Fax 06774–8219,
E-Mail: Weingut@Fetz-weine.com,
G: Gerd Knebel, 56073 Koblenz

Weinbauverband Mosel im BWV Rheinland-Nassau
56073 Koblenz, Karl-Tesche-Str. 3,
Tel.: 0261–9885–1007,
E-Mail: wvmosel@bwv-net.de,
P: Walter Clüsserath,
Olkenstraße 7, 54340 Pölich,
Tel. 06507–3186, Fax 06507–703891,
E-Mail: wcluesserath-poelich@web.de,
G: Dr. Maximilian Hendgen,
Karl-Tesche-Str. 3, 56073 Trier

Weinbauverband Nahe
Burgenlandstr. 7, 55543 Bad Kreuznach,
Tel. 0671–79646690, Fax 0671–796466920,
E-Mail: kh@bwv-net.de
P: Dr. Thomas Höfer, 55452 Burg Layen,
Tel. 06721–45000, Fax 06721–46946
G: Harald Sperling, 55543 Bad Kreuznach

Bauern- und Winzerverband Rheinland-Pfalz Süd e. V.
Weberstraße 9, 55130 Mainz-Weisenau,
Tel. 06131–6205–51, Fax 06131–6205–50,
E-Mail: info@bwv-rlp.de
P: Eberhard Hartelt, Füllenweide,
67307 Göllheim,
Tel. 06357–96057
HGF: Andrea Adams, 55130 Mainz

Weinbauverband Saale-Unstrut e. V.
Querfurter Straße 10, 06632 Freyburg,
Tel. 034464–26 110, Fax 034464–29 416,
E-Mail: info@weinbauverband-saale-unstrut.de
Präsident: Hans Albrecht Zieger
www.weinregion-saale-unstrut.de

Saarländischer Winzerverband e. V.
66706 Perl, Marienstraße 22,
Tel. 06867–1404,
E-Mail: petgen@petgen.de
P und G: Gerd Petgen, Marienstaße 22,
66706 Perl/Saar

Weinbauverband Sachsen e. V.
Dresdner Str. 7, 01662 Meißen,
Tel. 03521–7635–30, Fax 03521–7635–44,
E-Mail: info@weinbauverband-sachsen.de
Vorstandsvorsitzender: Michael Thomas
G: Sabine Wendsche
www.weinbauverband-sachsen.de

Weinbauverband Siebengebirge e. V.
An der Luhs 18,
53639 Königswinter-Oberdollendorf,
Tel. 02223–3322, Fax 02223–908301
P und G: Bernd Blöser,
53639 Königswinter-Oberdollendorf

Weinbauverband Württemberg e. V.
Postfach 1148, 74183 Weinsberg
Hirschbergstr. 2, 74189 Weinsberg,
Tel. 07134–52797–0
E-Mail: info@weinbauverband-wuerttemberg.de
P: Hermann Hohl
G: Dr. Hermann Morast

Mitgliedschaft bei:
Comité des Professionnels Viticoles de la C.E.E., Paris
Deutscher Bauernverband e. V., Claire-Waldoff-Str. 7, 10117 Berlin,
Tel. 030–31904–0, Fax 030–31904–431
Forschungskreis der Ernährungsindustrie e. V., Godesberger Allee 142–148, 53175 Bonn,
Tel. 0228–372031, Fax 0228–376150
Gesellschaft für Geschichte des Weines e. V.;
Schutzverband Deutscher Wein e. V.;
Deutsche Gesellschaft für Verbandsmanagement (DGVM) Burgstr. 79, 53177 Bonn,
Tel. 0228–935493–40, Fax 0228–935493–45,
E-Mail: info@dgvm.de

Raiffeisenverbände

Deutscher Raiffeisenverband e. V
Abt. Weinwirtschaft
Pariser Platz 3, 10117 Berlin,
Tel. 030–856214–404, Fax 030–856214–407,
E-Mail: info@drv.raiffeisen.de (Allgemein),
wein@drv.raiffeisen.de (Wein)
www.raiffeisen.de

Baden-Württembergischer Genossenschaftsverband e. V.
Heilbronner Straße 41, 70191 Stuttgart
Dr. Ansgar Horsthemke, Generalbevollmächtigter, Bereichsleiter Beratung Waren- und Dienstleistungsgenossenschaften
Fon: 0711–22213–14 29, Fax 0711–22213–2422, Mobil: 0170 4879491,
E-Mail: ansgar.horsthemke@bwgv-info.de
www.wir-leben-genossenschaft.de

Genossenschaftsverband Bayern e. V.
Türkenstr. 22–24, 80333 München,
Beauftragter für Waren- und Dienstleistungsgenossenschaften Ludwig Huber:
Tel. 089–2868–3570, Fax 089–2868–3575,
E-Mail: lhuber@gv-bayern.de
www.gv-bayern.de

Genossenschaftsverband – Verband der Regionen e. V.
Wilhelm-Haas-Platz, 63263 Neu-Isenburg,
Tel. 069–6978–3253,
E-Mail: klaus.koch@genossenschaftsverband.de
E-Mail: info@genossenschaftsverband.de
www.genossenschaftsverband.de

DLG e. V.
Eschborner Landstr. 122, 60489 Frankfurt/Main,
Tel. 069–24788–0, Fax 069–24788–110,
E-Mail: info@DLG.org
Präsident: Dipl.-Ing. agr. Hubertus Paetow
Hauptgeschäftsführer: Dr. Reinhard Grandke
Geschäftsführer Testzentrum Lebensmittel:
Rudolf Hepp, Tel. 069–24788350
www.dlg.org

Forschungsring des Deutschen Weinbaues bei der DLG
Stiftsstraße 9, 55116 Mainz,
Tel. 06131–16–2166
Vorsitzender: Walter Reineck, Ministerium für Wirtschaft, Verkehr, Landwirtschaft und Weinbau Rheinland-Pfalz
Geschäftsführung: Dr. Dirk Haupt,
Stiftsstraße 9, 55116 Mainz,
Tel. 06131–162479,
E-Mail: Dirk.Haupt@mwvlw.rlp.de
Carola K. Herbst, DLG,
Tel. 069–24 788–333,
Eschborner Landstraße 122,
60489 Frankfurt am Main,
E-Mail: C.Herbst@dlg.org
www.forschungsring-weinbau.de

DLG-Bundesweinprämierung
Prüfbevollmächtigter Wein + Sekt:
Prof. Dr. Rainer Jung, Hochschule Geisenheim-Institut für Oenologie,
Blaubachstraße 19, 65366 Geisenheim,
E-Mail: Rainer.Jung@hs-gm.de
Projektleitung der DLG-Bundesweinprämierung:
Sebastian Murch,
E-Mail: s.murch@dlg.org
www.dlg.org/wein

DLG Testservice GmbH
Competence Center Food & Beverage,
Wöllsteiner Strasse 16, D-55599 Gau-Bickelheim,
Tel. 06701–200 35 0, Fax 06701–200 35 10
Vorsitzender des Aufsichtsrates: Rudolf Hepp
Geschäftsführer: Dipl. Ing. (FH) Klaus Rufli,
Tel. 06701–200 35 0
E-Mail: k.rufli@dlgts.com
www.dlgtestservice.com

Kommission für das Deutsche Weinsiegel Baden
Badischer Weinbauverband e. V.,
Merzhauser Str. 115, 79100 Freiburg,
Tel. 0761–459100, Fax 0761–408026
Präsident: Rainer Zeller, 79100 Freiburg
Geschäftsführer: Holger Klein, 79100 Freiburg

Weinwerbung in Deutschland [erweitert durch Harry George, F – Le Croisic, 2021]

Deutsches Weininstitut GmbH; Deutsche Weinakademie GmbH; Deutscher Weinfonds A.d.ö.R.
Platz des Weines 2, 55294 Bodenheim,
Tel. 06135–93230, Fax 06135–9323 110
www.deutscheweine.de;
www.deutscheweinakademie.de

Baden-Württemberg
Badischer Wein GmbH (BWG)
Mauerbergstr. 32, 76534 Baden-Baden
Tel. 07223–8303077 – Fax : 07223–8307843
E-Mail: info@badischerwein.de
www.badischerwein.de
Weininstitut Württtemberg GmbH (WIW)
Raiffeisenstr.6, 71696 – Möglingen
Tel. 07141–24460 – Fax : 07141–244 620
E-Mail: info@weininstitut-wuerttemberg.de
www.weininstitut-wuerttemberg.de

Bayern
Frankenwein-Frankenland GmbH
Hertzstr. 12, 97076 Würzburg
Tel. 0931–390 110 – Fax : 0931–390 1155
E-Mail: kontakt@haus-des-frankenweins.de
www.frankenwein-aktuell.de

Hessen
Gebietsweinwerbung Hessische Bergstraße
Weinbauverband Hessische Bergstrasse
Kettelerstr. 29, 64646 – Heppenheim
Tel. 06252–75654 – Fax : 06252–788 256
E-Mail: info@bergstraesser-wein.de
www.bergstraesser-wein.de

Rheingauer Weinwerbung GmbH,
Haus der Region
Rheinweg 30, 65375 Oestrich-Winkel
Tel. 06723–602 720 – Fax : 06723–602 7225
E-Mail: wein@rheingau.com
www.rheingau.com

Rheinland-Pfalz
Ahrwein e. V.
Oberstr. 8, 53474 – Bad Neuenahr-Ahrweiler
Tel. 02641–917 126 – Fax : 02641–917 151
E-Mail: info@ahrwein.de
www.ahrwein.de

Mittelrhein e. V.
Dolkstr. 19, 56345 – St. Goarshausen
Tel. 06771–9599 103 – Fax : 06771–599 607
E-Mail: info@mittelrhein-wein.com
www.mittelrhein-wein.com

Moselwein e. V.
Gartenfeldstr. 12a – 54295 – Trier
Tel. 0651–710 280 – Fax : 0651–710 2820
E-Mail: info@weinland-mosel.de
www.weinland-mosel.de

Weinland Nahe e. V.
Burgenlandstr. 7, 55543 – Bad Kreuznach
Tel. 0671–834 050 – Fax : 0671–834 9525
E-Mail: info@weinland-nahe.de
www.weinland.de

Pfalzwein e. V.
Martin-Luther-Str. 69,
67433 – Neustadt/Weinstrasse
Tel. 06321–912 328 – Fax : 06321–12881
E-Mail: info@pfalz.de
www.pfalz.de

Rheinhessenwein e. V.
Otto-Lilienthal-Str. 4, 55232 – Alzey
Tel. 06731–951 0740 – Fax : 06731–951 07499
E-Mail: info@rheinhessenwein.de
www.rheinhessenwein.de

Sachsen und Sachsen-Anhalt
Gebietsweinwerbung Sachsen
Weinbauverband Sachsen e. V.
Dresdner Str. 7, 01662 – Meissen
Tel. 03521–763 530 – Fax : 03521–763 540
E-Mail: info@weinbauverband-sachsen.de
www.weinbauverband-sachsen.de

Gebietsweinwerbung Saale-Unstrut
Weinbauverband Saale-Unstrut e. V.
Querfurter Str. 10, 06632 – Freyburg/Unstrut
Tel. 034464–29418 – Fax : 034464–29416
E-Mail: info@weinbauverband-saale-unstrut.de
www.weinregion-saale-unstrut.de

VDP. Die Prädikatsweingüter
Taunusstraße 61, 55118 Mainz,
Tel. 06131–94565–0, Fax 06131–94565–10,
E-Mail: vdp@vdp.de
Präsident:
Steffen Christmann, Peter-Koch-Str. 43,
67435 Gimmeldingen,
Tel. 06321–66039, Fax 06321–68762,
E-Mail: info@weingut-christmann.de
Präsidium:
Reinhard Löwenstein, Bahnhofstr. 10,
56333 Winningen,
Tel. 02606–1919, Fax 02606–1909,
E-Mail: info@hlweb.de
Meike Näkel, Friedenstr.15, 53507 Dernau,
Tel. 02643/1628,
E-Mail: weingut@meyer-naekel.de
Moritz Haidle, Hindenburgstr. 21,
71394 Kernen – Stetten,
Tel. 07151/949110,
E-Mail: info@weingut-karl-haidle.de
Wilhelm Weil, Mühlberg 5, 65399 Kiedrich
Tel. 06123–2308, Fax 06123–1546,
E-Mail: info@weingut-robert-weil.com
Joachim Heger, Bachenstr. 19, 79241 Ihringen
Tel. 07668–205, Fax 076668–9300,
E-Mail: info@heger-weine.de

Philipp Wittmann, Mainzer Str. 19,
67593 Westhofen,
Tel. 06244–905036, Fax 06244–5578,
E-Mail: info@wittmannweingut.com
www.vdp.de

VDP Baden:
VDP. Die Prädikatsweingüter Baden
Vorsitzender Joachim Heger:
c/o Weingut Dr. Heger,
Bachenstr. 19, 79241 Ihringen,
Tel. 07668–995110, Fax 07668–9300,
E-Mail: info@heger-weine.de
Geschäftsstelle: Timo Renner,
Neunkircherstr. 16, 79241 Ihringen,
Tel. 07668–2004992, Fax 07668–2004993
E-Mail: info@vdp-baden.de
www.vdp-baden.de
VDP Franken
Vorsitzender Robert Haller,
Weingut Bürgerspital zum Hl. Geist,
Theaterstraße 19, 97070 Würzburg
Geschäftsstelle: Jutta Hemberger,
Gräfenneuses 21, 96160 Geiselwind,
Tel. 09556–981029, Fax 09556–981031,
E-Mail: info@vdp-franken.de
VDP Mittelrhein
Vorsitzender Jochen Ratzenberger,
Blücherstr. 167, 55422 Bararach,
Tel. 06743–1337, Fax 06743–2842,
E-Mail: weingut-ratzenberger@t-online.de
GROSSER RING VDP.Mosel-Saar-Ruwer e.V.
1. Vorsitzender Dr. Carl von Schubert,
Weingut Maximin-Grünhaus
2. Vorsitzende Dorothee Zilliken,
Weingut Forstmeister Geltz-Zilliken
Geschäftsstelle: Fabian Theiß,
Gartenfeldstr. 12a, Tel. 0651–75041,
E-Mail: grosserring@web.de
www.grosserring.de

VDP Nahe
Vorsitzender: Frank Schönleber,
Soonwaldstr. 10a, 55569 Monzingen,
Tel. 06751–27 33
Geschäftsstelle: Linda Anspach,
Soonwaldstr. 10a, 55569 Monzingen,
Tel. 06751–8555159,
E-Mail: info@vdp-nahe.de
VDP Ahr
1. Vorsitzender Marc Adeneuer,
Weingut J.J. Adeneuer
Geschäftstelle: Hans-Jörg Lüchau,
Weingut Deutzerhof,
Deutzerwiese 2, 53508 Mayschoss,
Tel. 02643–7264, E-Mail: info@deutzerhof.de
VDP Pfalz
Vorsitzender Hansjörg Rebholz,
Weinstr. 54, 76833 Siebeldingen,
Tel. 06345–3439, Fax 06345–7954,
E-Mail: wein@oekonomierat-rebholz.de
Geschäftsstelle: Carina Sperber, Weinstraße 33,
76833 Siebeldingen,
Tel. 06345–9594403, Fax 06345–9597181,
E-Mail: info@vdp-pfalz.de
VDP Rheingau e. V.
mit der Hessischen Bergstraße
Vorsitzender Wilhelm Weil, Mühlberg 5,
65399 Kiedrich,
Tel. 06123–2308, Fax 06123–1546,
E-Mail: info@weingut-robert-weil.com
Geschäftsstelle: Mathias Ganswohl, Mühlberg 5,
65399 Kiedrich,
Tel. 06123–676812, Fax 06123–676813,
E-Mail: info@vdp-rheingau.de
VDP Rheinhessen
Vorsitzender Johannes Hasselbach,
Carl-Gunderloch-Platz 1, 55299 Nackenheim,
Tel. 06135 2341,
E-Mail: info@vdp-rheinhessen.de
Geschäftsstelle: Anne Peter,
Carl-Gunderloch-Platz 1, 55299 Nackenheim,
Tel. 0173–7277667,
E-Mail: info@vdp-rheinhessen.de
vdp-rheinhessen.de

VDP Württemberg
Vorsitzender: Markus Drautz, Weingut Drautz-Able, Faißtstrasse 23, 74076 Heilbronn
Geschäftsstelle: Diana & Dietmar Maisenhölder, Nebelhornstr. 30, 70327 Stuttgart,
Tel. 0711–6937460
E-Mail: info@vdp-wuerttemberg.de

VDP Sachsen-Saale/Unstrut e. V.
c/o Weingut Schloss Proschwitz Prinz zur Lippe, Dorfanger 19, 01665 Zadel,
Tel. 03521–7676–13 Fax 03521–767676,
E-Mail: ramona.marschall@schloss-proschwitz.de

Bundesverband der deutschen Weinkellereien e. V.
Herzogenbuscher Str. 12, 54292 Trier,
Tel. 0651–9777–950, Fax 0651–9777–955,
E-Mail: bvw@bundesverband-weinkellereien.de

Präsidium:
Vorsitzender des Präsidiums:
Johannes Hübinger, Zell/Mosel
Weitere Mitglieder des Präsidiums: Nikolaus Schritz, Bingen; Roland Möndel, Landau/Pfalz; Martin Zotz, Heitersheim; Gerald Rappert, Volkach; Steffen J. Montigny, Bretzenheim; Alexander Rittlinger, Bingen
Geschäftsführung: Peter Rotthaus,
Herzogenbuscher Str. 12, 54292 Trier,
Tel. 0651–9777–950, Fax 0651–9777–955
www.bundesverband-weinkellereien.de

Angeschlossene Verbände:
Fachgruppe Badischer Weinkellereien im Verband der Agrargewerblichen Wirtschaft Baden-Württemberg (VdAW)
Wollgrasweg 31, 70599 Stuttgart (Plieningen-Hohenheim),
Tel. 0711–167790
V: Martin Zotz, Weingut Julius Zotz, Heitersheim,
G: Dr. Brigitta Hüttche,
Tel. 0711–167790, Fax 0711–4586093

Verband der Weinkellereien Mittelrhein
Herzogenbuscher Str. 12, 54292 Trier,
Tel. 0651–9777–201, Fax 0651–9777–965
V: Claus Conzen
G: Peter Rotthaus

Landesverein der Bayerischen Weinkellereien und des Weinhandels e. V.
Herzogenbuscher Str. 12, 54292 Trier,
Tel. 0651–9777–950, Fax 0651–9777–955
V: Franz Stettner jun., F. Stettner & Sohn, 83059 Kolbermoor, Stettner Str. 9–13
G: Peter Rotthaus

Verband der Hersteller von Perlwein und ähnlichen Erzeugnissen
Rudolf-Diesel-Str. 7, 54292 Trier,
Tel. 0651–2090–60, Fax 0651–2090–644
G: Adolf Lorscheider

Verband Deutscher Sektkellereien e. V.
Sonnenberger Str. 46, 65193 Wiesbaden,
Tel. 0611–521033,
E-Mail: info@deutscher-sektverband.de
Präsident: Christof Queisser, Rotkäppchen-Mumm Sektkellereien GmbH, Matheus-Müller-Platz 1, 65343 Eltville.
Stellvertreter: Markus Jost, Rüdesheimer Sektkellerei OHLIG GmbH & Co. KG, Geisenheimer Straße 54, 65385 Rüdesheim am Rhein.
Geschäftsführung: Dr. Alexander Tacer
www.deutscher-sektverband.de

Bundesverband der Deutschen Weinkommissionäre e. V.
Rechtsanwältin Silvia Diemer-De Schepper, Augusta-Straße 7, 56841 Traben-Trarbach,
Tel. 06541–815779, Fax 06541–815780,
E-Mail: silviadiemer@t-online.de

Verband Deutscher Weinexporteure e. V.
Heussallee 26, 53113 Bonn,
Tel. 0228–949326–0, Fax 0228–949326–23,
E-Mail: info@vdw-weinexport.de
Vorsitzender: Gerhard Brauer,
Ruppertsberger Weinkeller Hoheburg eG,
Hauptstr. 94, 67152 Ruppertsberg
stv. Vorsitzender: Thomas Loosen, Gebr. Loosen GmbH, St. Johannishof, 54470 Bernkastel,
Geschäftsführer: RA Christian Schwörer
www.vdw-weinexport.de

Verband des Deutschen Fass- und Weinküfer-Handwerks e. V
Ferdinand-Braun-Str. 26, 74074 Heilbronn,
Tel. 07131–9358–0, Fax 07131–935888,
E-Mail: info@kuefer.org, www.kuefer.org

Bioland e. V.
Bundesverband, Kaiserstr. 18, 55116 Mainz,
Tel. 06131–23979–0, Fax 06131–23979–27,
E-Mail: info@bioland.de
Präsident: Jan Plagge, Tel. 06131–239 79–13,
E-Mail: jan.plagge@bioland.de
Geschäftsführer: Gregor Pöpsel,
Tel. 06131–239 79–15,
E-Mail: gregor.poepsel@bioland.de
www.bioland.de

Demeter e. V.
Brandschneise 1, 64295 Darmstadt,
Tel. 06155–8469–0, Fax 06155–8469–11,
E-Mail: info@demeter.de
Geschäftsführender Vorstand:
Dr. Alexander Gerber, Johannes Kamps-Bender
www.demeter.de

ECOVIN Bundesverband Ökologischer Weinbau e. V. und ECOVIN GmbH
Wormser Str. 162, 55276 Oppenheim,
Tel. 06133–1640, Fax 06133–1609,
E-Mail: info@ecovin.de
Vorstandsvorsitzender: Andreas Hattemer
Geschäftsführer GmbH: Petra Neuber
www.ecovin.de

Naturland – Verband für ökologischen Landbau – e. V.
Kleinhaderner Weg 1, 82166 Gräfelfing,
Tel. 089–898082–0, Fax 898082–90,
E-Mail: naturland@naturland.de
Geschäftsführer: Steffen Reese
www.naturland.de

Bund Deutscher Oenologen e. V. (BDO)
Von-Lade-Str. 1, 65366 Geisenheim,
Tel. 06722–502–742, Fax 06722–502–740,
E-Mail: info@oenologie.de
Präsident: Prof. Dr. Erik Schweickert,
E-Mail: Erik.Schweikert@oenologie.de
Vize-Präsidenten: Dipl.-Ing. Rolf Stocké;
Dipl.-Ing. Robert Lönarz,
Dr. Christian von Wallbrunn
www.oenologie.de

Deutsche Weinanalytiker e. V.
Geschäftsstelle: Dipl.-Ing.(FH) Andreas Guth,
Ellerstadter Str. 125, 67071 Ludwigshafen
Tel. 0171–8385104,
E-mail: info@weinanalytiker.de
1.Vorsitzender: Dipl.Ing.(FH) Jörg Ludwig Neumann, Ballheimer Weg 12,
67278 Bockenheim,
Tel. 06359 949 027, Fax 06359 949 028,
E-Mail: infos@weinlabor-neumann.de
www.weinanalytiker.de

Schutzverband Deutscher Wein e. V.
Kaiserstraße 74 o, 55116 Mainz,
Tel. 0261–34310, Fax 0261–37833,
E-Mail: sdw@schutzverband-deutscher-wein.de
Geschäftsführer: Rechtsanwalt Dr. Hans Eichele
www.schutzverband-deutscher-wein.de

Deutsches Barrique-Forum
c/o Martin Schwegler, Staatsweingut Weinsberg,
Traubenplatz 5, 74189 Weinsberg,
Tel. 07134–504–167, Fax 07134–504–168,
E-Mail: info@deutsches-barriqueforum.de
www.deutsches-barriqueforum.de

Pro Riesling e. V.
Gartenfeldstr. 12a, 54295 Trier,
Tel. 0651–97628107, Fax 0651–99455423,
E-Mail: info@pro-riesling.de
Vorstandsvorsitzender:
Georg R. Freiherr Langwerth von Simmern,
Kirchgasse, Langwerther Hof, 65333 Eltville,
E-Mail:
weingut-langwerth-von-simmern@t-online.de,
Tel. 06123–921 10, Fax 06123–921 133
Geschäftsführerin: Silvia Diemer, Augustastr. 7,
56841 Traben-Trarbach,
E-Mail: silviadiemer@t-online.de,
Tel. 06541–81 57 79, Fax 06541–81 57 80
www.pro-riesling.de

VINISSIMA – Frauen & Wein e. V.
Geschäftsstelle am Campus der Hochschule
Geisenheim University, Von-Lade-Str. 1,
65366 Geisenheim
Ansprechpartnerin: Silke Wolz,
Tel. 06722–502 746, Fax 03212–919 34 30
geschaeftsstelle@vinissima-ev.de
www.vinissima-ev.de

Bund der Deutschen Landjugend e. V.
Ansprechpartner:
Grundsatzreferat Agrarpolitik, Weinbau
und Regionalentwicklung, Alexandra Doernberg,
Claire-Waldoff-Str. 7, 10117 Berlin,
Tel. 030–235 993 530, Fax 030–235 993 599,
E-Mail: info@landjugend.de
www.landjugend.de

Gesellschaft für Geschichte des Weines e. V.
Geschäftsstelle (interim): Dr. Christine Krämer
(Vizepräsidentin), Mönchhaldenstr. 71,
70191 Stuttgart, Telefon 0170–2198210,
E-Mail: christine_kraemer@gmx.de,
info@geschichte-des-weines.de
Präsident: : Prof. Dr. Andreas Otto Weber,
Röntgenstr. 12, 81679 München,
Telefon 09199–696858,
E-Mail: andreas.weber@hdo.bayern.de
www.geschichte-des-weines.de

ATW – Ausschuss für Technik im Weinbau
Träger: Deutsche Landwirtschafts-Gesellschaft
(DLG), Frankfurt/M, Deutscher Weinbauverband (DWV), Bonn, Kuratorium für Technik u.
Bauwesen in der Landwirtschaft (KTBL), Darmstadt
1. Vorsitzender: Dr. Jürgen Dietrich, Staatsweingut Meersburg; Seminarstraße 6,
88709 Meersburg,
Tel. 07532 446744, Fax 07532–4467–47,
E-Mail: info@staatsweingut-meersburg.de
Geschäftsführer: Prof. Dr. Mannfred Stoll,
Institut für allgemeinen und ökologischen
Weinbau, Hochschule Geisenheim,
von-Lade-Str. 1, 65366 Geisenheim,
Tel. 0 6722 502 141,
E-Mail: Manfred.Stoll@hs-gm.de

Kuratorium für Technik und Bauwesen in der Landwirtschaft e. V. (KTBL)
Bartningstr. 49, 64289 Darmstadt,
Tel. 06151–7001–0, Fax 06151–7001–123,
E-Mail: ktbl@ktbl.de
Präsident: Prof. Dr. Eberhard Hartung, Institut
für landwirtschaftliche Verfahrenstechnik,
Christian-Albrechts-Universität zu Kiel
Hauptgeschäftsführer: Dr. Martin Kunisch

Beirat des Ausschuss für Technik im Weinbau (ATW)
ATW-Vorstand
Vorsitzender: Dr. Jürgen Dietrich, Staatsweingut
Meersburg, Meersburg
Geschäftsführender und stellvertretender
Vorsitzender: Prof. Dr. Manfred Stoll,
Hochschule Geisenheim
Weiteres Vorstandsmitglied:
Prof. Dr. Rainer Jung, Hochschule Geisenheim
ATW-Beirat
Obmann: Dr. Matthias Mend, Bayerische Landesanstalt für Weinbau und Gartenbau Veitshöchheim, 97209 Veitshöchheim
Geschäftsführer: Christian Reinhold, KTBL,
Tel. 06151–7001–151, Fax 06151–7001–123,
E-Mail: c.reinhold@ktbl.de; www.ktbl.de

Bundesverband Deutscher Pflanzenzüchter e. V., Abteilung Reben
Kaufmannstr. 71–73, 53115 Bonn,
Tel. 0228–9858110, Fax 0228–9858119,
E-Mail: bdp@bdp-online.de
Ansprechpartner Abt. Reben:
Bettina Sanchez Bergmann,
Tel. 0228–98581–30,
E-Mail: Bettina.SanchezBergmann@bdp-online.de
www.bdp-online.de

Verband Deutscher Rebenpflanzguterzeuger e. V.
1. Vorsitzender: Edwin Schrank, Weisenheimer Str. 38, 67273 Dackenheim,
Tel. 06353–91006, Fax 06353–3871,
E-Mail: e.e.schrank@gmx.de
Geschäftsstelle: Dr. Rudolf Eibach,
Waldstr. 36, 71254 Ditzingen,
Tel: 07156 17180, Mobil: 0170 4803061,
E-Mail: info@rebenpflanzguterzeuger.de
www.rebenpflanzguterzeuger.de

Allianz Agrar AG
Königinstraße 19, 80539 München,
Tel. 089–6782970, Fax 089–6792795,
E-Mail: info@allianzagrar.de
Vorstand: Alexander Lührig (Vorsitzender),
Petra Bauke
www.mmagrar.de

Vereinigte Hagelversicherung VvaG
Wilhelmstr. 25, 35392 Gießen,
Tel. 0641–79680, Fax 0641–7968–222,
E-Mail: info@vereinigte-hagel.de
Vorstand: Dr. Rainer Langner (Vors.),
Dr. Jan Keller, Thomas Gehrke
Aufsichtsrat: Klaus Mugele, Forchtenberg (Vors.)
www.vereinigte-hagel.net

Österreichische Hagelversicherung
Lerchengasse 3–5, A-1080 Wien,
Tel. +43 (0)1 403 1681–0,
Fax +43 (0)1 403 16 81–46,
E-Mail: office@hagel.at
www.hagel.at

Weinfeder e. V. – Verband der deutschsprachigen Weinpublizisten
c/o Wolfgang Junglas, Bienenbergweg 4,
65375 Oestrich-Winkel,
Tel. 06723 60 19 02, Fax 06723–885546,
E-Mail: info@weinfeder.de
www.weinfeder.de

Zertifizierungsstellen Nachhaltigkeit
Deutsches Institut für Nachhaltige Entwicklung e.V.
an der Hochschule Heilbronn
Max-Planck-Str. 39, 74081 Heilbronn
Telefon: 07062-–93 20 37,
E-Mail: info@dine-heilbronn.de
Siegel "FairChoice"
www.fairchoice.info, www.dine-heilbronn.de

Fair and Green e.V.
In der Raste 12, 53129 Bonn
Telefon: 0228–886 844 86,
E-Mail: team@fair-and-green.de
www.fairandgreen.de

GLOBALG.A.P.
c/o FoodPLUS GmbH,
Spichernstr. 55, 50672 Köln
Tel.: 0221–57776–0, Fax: 0221–57776–1999
www.globalgap.org/de

Sustainable Wine Roundtable
https://swroundtable.org

Great Wine Capitals Global Network
General Sekretariat in Bordeaux:
gwc@greatwinecapitals.com
Kontakt für Mainz: Elke Höllein,
E-Mail: Elke.Hoellein@stadt.mainz.de
https://www.greatwinecapitals.com

2. Qualitätsprüfstellen für die amtliche Prüfung der Qualitätsweine, Qualitätslikörweine b.A., Qualitätsperlweine b.A. und Sekte b.A.

Baden
Staatliches Weinbauinstitut,
Merzhauser Str. 119, 79100 Freiburg,
Tel. 0761–40165–2301, Fax 0761–40165–2310,
E-Mail: qwsp@wbi.bwl.de

Franken, sowie Württemberg – Bereich Bayer. Bodensee
Regierung von Unterfranken, Weinprüfstelle,
Peterplatz 9, 97070 Würzburg,
Tel. 0931–380–1611, Fax 0931–380–2920,
E-Mail: ruediger.schumacher@reg-ufr.bayern.de
bei weinbaufachlichen Fragen:
E-Mail: tobias.burkert@lwg.bayern.de,
Tel. 0931–9801–3160

Hessische Bergstraße und Rheingau
Regierungspräsidium Darmstadt, Dezernat
Weinbau Eltville, Wallufer Str. 19, 65343 Eltville,
Tel. 06123–9058–12, Fax 06123–9058–51,
E-Mail: Gerhard.bollig@rpda.hessen.de,
pruefstelle-wein@rpda.hessen.de

Anbaugebiete Ahr, Mittelrhein und Mosel (Stadt Koblenz und die Landkreise Cochem-Zell und Mayen-Koblenz)
Landwirtschaftskammer Rheinland-Pfalz,
Weinbauamt Wittlich, Außenstelle Koblenz,
Peter-Klöckner-Straße 3, 56068 Koblenz,
Tel. 0261–91593–222
E-Mail: joachim.burg@lwk-rlp.de

Anbaugebiet Mosel (Landkreis Bernkastel-Wittlich)
Landwirtschaftskammer Rheinland-Pfalz,
Weinbauamt Wittlich, Friedrichstr. 20,
54516 Wittlich, Tel. 06571–9733–943
E-Mail: dieter.schmitz@lwk-rlp.de

Anbaugebiet Mosel
Landwirtschaftskammer Rheinland-Pfalz,
Weinbauamt Wittlich, Außenstelle Trier,
Gartenfeldstr. 12a, 54295 Trier,
Tel. 0651–94907–959,
E-Mail: : raphaela.rausch@lwk-rlp.de

Nahe
Landwirtschaftskammer Rheinland-Pfalz,
Burgenlandstr. 7, 55543 Bad Kreuznach,
Tel. 0671–793–117,
E-Mail: hans-guenter.breisig@lwk-rlp.de

Anbaugebiet Pfalz
Landwirtschaftskammer Rheinland-Pfalz, Weinbauamt Neustadt/Weinstr., Chemnitzer Str. 3,
67433 Neustadt/Weinstr.,
Tel. 06321–9177–638,
E-Mail: markus.fischer@lwk-rlp.de

Anbaugebiet Rheinhessen
Landwirtschaftskammer Rheinland-Pfalz,
Weinbauamt Alzey, Otto-Lilienthal-Str. 4,
55232 Alzey, Tel. 06731–9510–520,
E-Mail: rainer.dechent@lwk-rlp.de

Saale-Unstrut
Amt für Landwirtschaft und Flurneuordnung
und Forsten Süd,
Postfach 1655, 06667 Weißenfels,
Tel. 03443–280–121, Fax 03443–280–80,
E-Mail:
claudia.seemann@alff.mule.sachsen-anhalt.de

Sachsen
Landesamt für Umwelt, Landwirtschaft und
Geologie, Abteilung Gartenbau, Qualitätsweinprüfstelle, Söbrigener Str. 3a, 01326 Dresden,
Tel. 0351–2612 8707 (Frau Dr. Krieghoff),
Fax 0351–2612 8299,
E-Mail: gabriele.krieghoff@smul.sachsen.de

NRW (Siebengebirge)
Landwirtschaftskammer Nordrhein-Westfalen,
Fachbereich 63 Gartenbau,
Gartenstraße 11, 50765 Köln,
Tel. 0221–5340–561 (Herr Uhe) oder
0221–5340–550 (Herr Kohl),
Fax 0221–5340196–561 (Herr Uhe),
Fax 0221–5340196–550 (Herr Kohl),
E-Mail: markus.uhe@lwk.nrw.de,
manfred.kohl@lwk.nrw.de

Württemberg
Staatl. Lehr- und Versuchsanstalt für Wein- und
Obstbau, Traubenplatz 5, 74189 Weinsberg,
Tel. 07134–504–175, -177, Fax 07134–504–183,
E-Mail: qwsp@lvwo.bwl.de

3. Weinbau-Einrichtungen des Bundes und der Länder

Bundes-Einrichtungen

Julius Kühn-Institut (JKI)
Bundesforschungsinstitut für Kulturpflanzen
Erwin-Baur-Str. 27, 06484 Quedlinburg,
E-Mail: poststelle@julius-kuehn.de
www.julius-kuehn.de

Julius Kühn-Institut (JKI)
Bundesforschungsinstitut für Kulturpflanzen
Institut für Pflanzenschutz in Obst- und Weinbau
Schwabenheimer Str. 101, 69221 Dossenheim,
Telefon: 03946–47–4700 (Sekretariat)
Fax: 03946–47–4805,
E-Mail: ow@julius-kuehn.de
Leitung: Direktor und Professor
Prof. Dr. Wilhelm Jelkmann
Julius Kühn-Institut (JKI)
Bundesforschungsinstitut für Kulturpflanzen
Institut für Rebenzüchtung
Geilweilerhof, 76833 Siebeldingen,
Tel. 06345–410, Fax 06345–919050,
E-Mail: zr@julius-kuehn.de
Leitung: Direktor und Prof. Dr. Reinhard Töpfer

Bundesausschuss für Weinforschung (BfW)
Vorsitzender: Regierungsdirektor Dr. Michael Koehler, Bundesministerium für Ernährung und Landwirtschaft, Postfach 14 02 70, 53107 Bonn,
Tel. 0228–99 529 3622,
E-Mail: michael.koehler@bmel.bund.de.
Geschäftsführer: Landwirtschaftsdirektor Dr. Dieter Blankenhorn, c/o Staatliche Lehr- und Versuchsanstalt für Wein- und Obstbau Weinsberg, Traubenplatz 5, 74189 Weinsberg,
Telefon: 07134–504 120,
E-Mail: dieter.blankenhorn@lvwo.bwl.de
Bundessortenamt – Prüfstelle Haßloch
Böhler Str. 100, 67454 Haßloch,
Tel. 06324–9240–11, Fax 06324–924030,
E-Mail: Benedikt.Paessens@bundessortenamt.de
www.bundessortenamt.de
Deutscher Weinfonds A.d.ö.R.,
Deutsches Weininstitut,
Deutsche Weinakademie
Platz des Weines 2, 55294 Bodenheim,
Tel. 06135–93230, Fax 06135–9323 110,
E-Mail: info@deutscheweine.de
www.deutscheweinakademie.de
www.deutscheweine.de

Baden-Württemberg

Staatliches Weinbauinstitut Freiburg
Merzhauser Str. 119, 79100 Freiburg,
Tel. 0761–40165–9100, Fax 0761–40165–9103,
E-Mail: poststelle@wbi.bwl.de
www.wbi-freiburg.de
Staatl. Lehr- und Versuchsanstalt für Wein- und Obstbau
Traubenplatz 5, 74189 Weinsberg;
Postfach 1309, 74185 Weinsberg,
Tel. 07134–504–0, Fax 07134–504–133,
E-Mail: poststelle@lvwo.bwl.de
www.lvwo-weinsberg.de

Weinbau-Verwaltung mit Beratungsstellen im Regierungsbezirk Freiburg
79095 **Freiburg i. Br.**, Regierungspräsidium Freiburg, Referat 33/Weinbau,
Tel. 0761–208–0, Fax 0761–208–391280,
E-Mail: abteilung3@rpf.bwl.de,
https://rp.baden-wuerttemberg.de/Themen/Landwirtschaft/Seiten/Weinbau.aspx bzw. www.rp-freiburg.de
79206 **Breisach**, Landratsamt Breisgau-Hochschwarzwald, Fachbereich 580 – Landwirtschaft, Europaplatz 3,

Tel. 0761–2187–5827 (Stücklin), -5858 (Burtsche), -5828 (Zuberer), Fax 0761–2187–775899,
E-Mail: hansjoerg.stuecklin@breisgau-hochschwarzwald.de, tobias.burtsche@breisgau-hochschwarzwald.de, egon.zuberer@breisgau-hochschwarzwald.de

79312 **Emmendingen**, Landratsamt Emmendingen, Landwirtschaftsamt, Schwarzwaldstraße 4, Tel. 07641–451–91–32, Fax 07641–451–9144, E-Mail: s.renz@landkreis-emmendingen.de

77654 **Offenburg**, Landratsamt Ortenaukreis, Amt für Landwirtschaft, Prinz-Eugen-Str. 2, Tel. 0781–805–7206, Fax 0781–805–7200, mobil 01752623256,
E-Mail: Johannes.Werner@ortenaukreis.de

Weinbau-Verwaltung mit Beratungsstellen im Regierungsbezirk Karlsruhe …

76247 **Karlsruhe**, Regierungspräsidium Karlsruhe, Sachgebiet Weinbau, Schlossplatz 4–6, Tel. 0721–926–2756, Fax 0721–926–2753,
E-Mail: Elisabeth.Voigt@rpk.bwl.de

76646 **Bruchsal**, Landratsamt Karlsruhe, Landwirtschaftsamt, Am Viehmarkt 1 (Besucheradresse); Beiertheimer Allee 2, 76137 Karlsruhe (Postadresse), Tel. 0721–936–8 84 00, Mobil: 0175 723 2543, Fax 0721–936 8 90 99,
E-Mail: Tim.Ochssner@landratsamt-karlsruhe.de

76437 **Rastatt**, Landwirtschaftsamt – Landwirtschaftliche Produktion und Kontrolle, Katharina Kohl, Am Schlossplatz 5, Tel. 07222–381–4522, Fax 07222–381–4599,
E-Mail: k.kohl@landkreis-rastatt.de

Weinbau-Verwaltung mit Beratungsstellen im Regierungsbezirk Stuttgart …

70565 **Stuttgart**, Reg. Präsidium Stuttgart, Ruppmannstr. 21, Tel. 0711–904–13001, -13002, Fax 0711–904–13090,
E-Mail: abteilung3@rps.bwl.de,
https://rp.baden-wuerttemberg.de/themen/wirtschaft/pflanzliche-erzeugung/weinbau

97980 **Bad Mergentheim**, Landratsamt Main-Tauber-Kreis, Landwirtschaftsamt, Sachgebiet Pflanzliche Erzeugung, Wachbacherstr. 52, Tel. 07931–4827 6332, Fax 07931–4827 8 6332,
E-Mail: roland.zipf@main-tauber-kreis.de,
www.main-tauber-kreis.landwirtschaft-bw.de

74072 **Heilbronn**, Landratsamt Heilbronn, Landwirtschaftsamt, Lerchenstr. 40,
Nicole Dickemann, Tel. 07131–994–7111,
Lothar Neumann, Tel. 07131–994–7353,
Fax 07131–994–7369,
E-Mail: Lothar.Neumann@Landratsamt-Heilbronn.de,
E-Mail: Nicole.Dickemann@Landratsamt-Heilbronn.de

71638 **Ludwigsburg**, Landratsamt Ludwigsburg, Landwirtschaft, Hindenburgstr. 30/1, Tel. 07141–144–44917, Fax 07141–144–59927,
E-Mail: philipp.mayer@landkreis-ludwigsburg.de

Beratungsdienst ökologischer Weinbau

c/o Staatliches Weinbauinstitut,
Merzhauser Str. 119, 79100 Freiburg,
Beratung für ökologischen Weinbau
in Baden-Württemberg,
Tel. 0761–40165–7101 & 0761–40165–7103,
Fax 0761–40165–70, E-Mail: info@boew.de.
Berater:
Johannes Hügle, Mobil: 0160–90772705
Michael Baumann, Mobil: 0173–9652821
Tomislav Markovic, Mobil: 0151/61381120

Universität Hohenheim,
Institut für Kulturpflanzenwissenschaften
Fg. Qualität pflanzlicher Erzeugnisse (340e),
Abteilung Weinbau

Emil-Wolff-Str. 25, 70599 Stuttgart (Hohenheim),
Dr. N. Merkt, Tel. 0711–459–22358,
Fax 0711–459–23946,
E-Mail: weinbau@uni-hohenheim.de,
Prof. Dr. C. Zörb, Tel. 0711–45922520,
Fax 0711–45923946,
E-Mail: Christian.zoerb@uni-hohenheim.de
www.uni-hohenheim.de

Hochschule Heilbronn, Studiengang Weinmarketing und Management
Postadresse: Max-Planck-Str. 39, 74081 Heilbronn
Besucheradresse: Bildungscampus Nord Nr.12, 74076 Heilbronn
Tel. 07131–504 431, Fax 07131–504 144 311,
Fragen zum Studium an Friederike Watzl: friederike.watzl@hs-heilbronn.de oder
Prof. Dr. Ruth Fleuchaus,
E-Mail: ruth.fleuchaus@hs-heilbronn.de
www.hs-heilbronn.de/wmm
Instagram: weinmarketing_management

Staatsweingut Freiburg
Gutsbetrieb Freiburg: Merzhauser Str. 119, 79100 Freiburg,
Tel. 0761–40165–4310, Fax 0761–40165–4311,
E-Mail: staatsweingut@wbi.bwl.de
Gutsbetrieb Blankenhornsberg: 79241 Ihringen,
Tel. 0761–40165–4320, Fax 0761–40165–4321,
E-Mail: staatsweingut@wbi.bwl.de
Leitung: Bernhard Huber
www.staatsweingut-freiburg.de

Staatsweingut Weinsberg
Traubenplatz 5, 74189 Weinsberg,
Zufahrt über Haller Straße 6,
Tel. 07134–504–167, Fax 07134–504–168,
E-Mail: staatsweingut@lvwo.bwl.de
www.staatsweingut-weinsberg.de

Staatsweingut Meersburg
Seminarstr. 6, 88709 Meersburg/Bodensee,
Tel. 07532–4467–44, Fax 07532–4467–47,
E-Mail: info@staatsweingut-meersburg.de
www.staatsweingut-meersburg.de

Bayern

Bayerische Landesanstalt für Weinbau und Gartenbau (LWG)
An der Steige 15, 97209 Veitshöchheim,
Tel. 0931/9801–0, Fax 0931/9801–3100,
E-Mail: poststelle@lwg.bayern.de
www.lwg.bayern.de
Präsident der LWG: Andreas Maier,
Tel. 0931/9801–140, Fax 0931/9801–3100,
E-Mail: andreas.maier@lwg.bayern.de
Zuständigkeiten innerhalb der LWG:

Institut für Weinbau und Önologie:
Ltd. Landw. Direktor Georg Bätz
An der Steige 15, 97209 Veitshöchhheim,
Tel. 0931/9801–3565, Fax 0931/9801–3100,
E-Mail: georg.baetz@lwg.bayern.de

Amtlicher Rebschutzdienst
Ltd. Landw. Direktor Hans-Jürgen Wöppel
An der Steige 15, 97209 Veitshöchheim,
Tel. 0931/9801–3501, Fax 0931/9801–3100,
E-Mail: hans-juergen.woeppel@lwg.bayern.de

Fachzentrum Analytik
Ltd. Reg. Direktor Martin Geßner
An der Steige 15, 97209 Veitshöchheim, Tel. 0931/9801–3702, Fax 0931/9801–37002,
E-Mail: martin.gessner@lwg.bayern.de

Fachzentrum Recht und Service – Weinrecht
Ltd. Reg. Direktor Harald Märtel
An der Steige 15, 97209 Veitshöchheim,
Tel. 0931/9801–3151, Fax 0931/9801–3170,
E-Mail: harald.maertel@lwg.bayern.de

Staatliche Meister- und Technikerschule für Weinbau und Gartenbau
Staatliche Fachschule für Agrarwirtschaft
Ltd. Landw. Direktor Arved v. Mansberg
An der Steige 15, 97209 Veitshöchheim,
Tel. 0931/9801–3201, Fax 0931/9801–3100,
E-Mail: arved.mansberg@lwg.bayern.de

Bezirk Unterfranken, Fachberatung für Kellerwirtschaft und Kellertechnik
97074 Würzburg, Silcherstr. 5
Tel. 0931–7959–1810, Fax 0931–7959–3812,
E-Mail: h.mengler@bezirk-unterfranken.de
www. bezirk-unterfranken.de

Weinbauring Franken e.V.
97318 Kitzingen, Repperndorferstr. 16
Tel. 09321–1344–0, Fax 09321–1344–17,
E-Mail: info@weinbauring.de
www.weinbauring.de

Hessen

Hochschule Geisenheim University
Von-Lade-Str. 1, 65366 Geisenheim,
Tel. 06722–502–0, Fax 06722–502–212,
E-Mail: info@hs-gm.de
P: Prof. Dr. H. R. Schultz
Internet: www.hs-geisenheim.de

Regierungspräsidium Darmstadt,
Dezernat V 51.2 Weinbau Eltville
Wallufer Str. 19, 65343 Eltville am Rhein,
Tel. 06123–9058–20, Fax 06123–9058–51,
E-Mail: weinbaudezernat@rpda.hessen.de
Dezernatsleiterin: Veronica Ullrich
www.rp-darmstadt.hessen.de

Rheinland-Pfalz

1. Dienstleistungszentren und Forschungseinrichtungen

Dienstleistungszentrum Ländlicher Raum (DLR) Rheinpfalz
Breitenweg 71, 67435 Neustadt a. d. W.,
Tel. 06321–671–0, Fax 06321–671–222,
E-Mail: DLR-Rheinpfalz@dlr.rlp.de
Dienststellenleiter: Dr. Günter Hoos,
E-Mail: guenter.hoos@dlr.rlp.de
Nebenstelle: Konrad-Adenauer-Str. 35,
67433 Neustadt a. d. W.,
Tel. 06321–671–0, Fax 06321–671–1250,
E-Mail: Landentwicklung-rheinpfalz@dlr.rlp.de;
DLR-Rheinpfalz@dlr.rlp.de
www.dlr-rheinpfalz.rlp.de

Dienstleistungszentrum Ländlicher Raum (DLR) Rheinhessen-Nahe-Hunsrück
Zentrale: Rüdesheimer Str. 60–68,
55545 Bad Kreuznach,
Tel. 0671–820–0, Fax 0671–820–600,
E-Mail: DLR-RNH@dlr.rlp.de
Dienstsitz Oppenheim: Wormser Str. 111,
55276 Oppenheim,
Tel. 06133–930–0, Fax 06133–930–103,
E-Mail: DLR-RNH@dlr.rlp.de
Dienststellenleiter: Michael Lipps;
E-Mail: michael.lipps@dlr.rlp.de
Abteilungsleiter: Weinbau, Oenologie und Weinmarkt: Dr. Bernd Prior;
E-Mail: bernd.prior@dlr.rlp.de

Dienstleistungszentrum Ländlicher Raum (DLR) Mosel
Görresstr. 10, 54470 Bernkastel-Kues,
Tel. 06531–956–0, Fax 06531–956–103,
E-Mail: DLR-Mosel@dlr.rlp.de
Dienststellenleiter: Norbert Müller,
E-Mail:norbert.mueller@dlr.rlp.de

Rheinland-Pfalz Agroscience GmbH
Breitenweg 71, 67435 Neustadt a. d. W.,
Tel. 06321–671–1310, Fax 06321–671–1313,
E-Mail: info@agroscience.de
Institut für Agrarökologie (IFA)
Geschäftsführer IFA: Prof. Dr. Roland Kubiak,
E-Mail: roland.kubiak@agroscience.rlp.de
Tel. 06321–671 429, Fax 06321–671 424,
ifa@agroscience.de
AlPlanta – Institut für Pflanzenforschung
Geschäftsführerin AlPlanta: Prof. Dr. Gabi Krczal,
E-Mail: gabi.krczal@agroscience.rlp.de,
Tel. 06321–671 1301, Ansprechpartner Reben-Biotechnologie: Günther Buchholz
Tel. 06321–671–1351 office; -1344 lab
www.agroscience.de

Weincampus Neustadt –
Bachelor- und Masterstudiengänge
Dualer Bachelor Weinbau & Oenologie, mit integrierter Winzerausbildung,
Dualer Bachelor Weinbau & Oenologie nach der Winzerausbildung,
Deutsch-französischer Master Weinbau und Oenologie, MBA Wine, Sustainability and Sales
Breitenweg 71, 67435 Neustadt,
Geschäftsführung Dr. Wilhelma Metzler,
Tel. 06321–671–512, Fax 06321–671–514,
E-Mail: wilhelma.metzler@hwg-lu.de
Studierendensekretariat Veronika Trum,
Tel: 06321–671–509, Fax: 06321–671–514,
E-Mail: studierendensekretariat@dlr.rlp.de
www.weincampus-neustadt.de

Landwirtschaftliche Untersuchungs- und Forschungsanstalt Speyer
Obere Langgasse 40, 67346 Speyer,
Tel. 06232–136–0, Fax 06232–136–110,
E-Mail: poststelle@lufa-speyer.de
Wissenschaftlicher Direktor:
Prof. Dr. Franz Wiesler,
Tel. 06232–136–115,
E-Mail: wiesler@lufa-speyer.de,
Kaufmännischer Direktor: Jan Jungkind,
Tel. 06232–136–116,
E-Mail: jungkind@lufa-speyer.de
lufa-speyer.de
Julius Kühn Institut
Bundesforschungsinstitut für Kulturpflanzen
Institut für Rebenzüchtung
Geilweilerhof, 76833 Siebeldingen,
Tel. 06345–410, Fax 06345–919050,
E-Mail: zr@julius-kuehn.de
Bundessortenamt – Prüfstelle Haßloch
67454 Haßloch, Böhler Str. 100,
Tel. 06324–9240–11, Fax 06324–924030,
E-Mail: rudolf.becher@bundessortenamt.de
www.bundessortenamt.de

2. Weinbaudomänen/Staatsweingüter Rheinland-Pfalz
Staatsweingut mit Johannitergut
Breitenweg 71, 67435 Neustadt a. d. W.,
Tel. 06321–671–319 (Weinverkauf),
Fax 06321–671–521,
E-Mail: Staatsweingut-neustadt@dlr.rlp.de
Staatliche Weinbaudomäne Oppenheim
Wormser Str. 162, 55276 Oppenheim,
Tel. 06133–930–305, Fax 06133–930–323,
E-Mail: info@domaene-oppenheim.de
Staatsweingut Bad Kreuznach
Rüdesheimer Str. 68, 55545 Bad Kreuznach,
Tel. 0671–820–330, Fax 0671–820–301,
E-Mail: info@staatsweingut.de
www.staatsweingut.de

3. Weinbauliche Dienststellen der Landwirtschaftskammer Rheinland-Pfalz
Landwirtschaftskammer Rheinland-Pfalz
- Weinbauabteilung -
Burgenlandstr. 7, 55543 Bad Kreuznach,
Tel. 0671–793–0,
E-Mail: weinbau@lwk-rlp.de
Leitung: Dr. Markus Heil,
Tel. 0671–793–175,
E-Mail: markus.heil@lwk-rlp.de
www.lwk-rlp.de
Landwirtschaftskammer Rheinland-Pfalz
- Weinbauamt Alzey
Otto-Lilienthal-Str. 4, 55232 Alzey,
Tel. 06731–9510–50,
E-Mail: alzey@lwk-rlp.de
Leitung: Dr. Volker Schaefer,
Tel. 06731–9510–538,
E-Mail: volker.schaefer@lwk-rlp.de
Landwirtschaftskammer Rheinland-Pfalz
- Weinbauamt Neustadt a. d. W.
Chemnitzer Str. 3, 67433 Neustadt a. d. W.,
Tel. 06321–9177–0,
E-Mail: neustadt@lwk-rlp.de
Leitung: Dr. Thomas Weihl,
Tel. 06321–9177–625,
E-Mail: thomas.weihl@lwk-rlp.de

Landwirtschaftskammer Rheinland-Pfalz - Weinbauamt Wittlich
Friedrichstr. 20, 54516 Wittlich,
Tel. 06571–9733–0,
E-Mail: wittlich@lwk-rlp.de
Leitung: Jutta Schneider, Tel. 06571–9733–946,
E-Mail: jutta.schneider@lwk-rlp.de

4. Wiederaufbaukasse der rheinland-pfälzischen Weinbaugebiete (A.d.ö.R.)
c/o Landwirtschaftskammer Rheinland-Pfalz,
Burgenlandstr. 7, 55543 Bad Kreuznach,
Tel. 0671–793–0, E-Mail: info@lwk-rlp.de
Geschäftsführer: Markus Heil, Tel. 0671–793–175,
E-Mail: markus.heil @lwk-rlp.de,
Dr. Thomas Weihl, Tel. 06321–9177–625,
E-Mail: thomas.weihl@lwk-rlp.de

Sachsen

Sächsisches Landesamt für Umwelt, Landwirtschaft und Geologie (LfULG) Referat Obst, Gemüse und Weinbau
Lohmener Straße 12 (Besucheradresse)
Pillnitzer Platz 3 (Postanschrift)
01326 Dresden Pillnitz,
Ansprechpartner Weinbau: Frieder Tränkner (Frieder.Traenkner@smekul.sachsen.de
Tel.: 0351/26128702), Andreas Hüsni (Andreas.Huesni@smekul.sachsen.de
Tel.: 0351/26128718), Fax.: 0351 26121099
www.lfulg.sachsen.de

Sächsisches Landesamt für Umwelt, Landwirtschaft und Geologie (LfULG) - Abteilung 7 – Landwirtschaft
Postfach 54 01 37, 01311 Dresden,
Tel. 0351–26 12 73 21, Fax 0351–26 12 82 99,
E-Mail: abt7.lfulg@smekul.sachsen.de
www.lfulg.sachsen.de

Sächsisches Landesamt für Umwelt, Landwirtschaft und Geologie (LfULG) - Abteilung 8 – Gartenbau
Postfach 54 01 37, 01311 Dresden,
Tel. 0351–2612–8001, Fax 0351–2612–8099,
E-Mail: christine.haebold@smekul.sachsen.de
www.lfulg.sachsen.de

Sachsen-Anhalt

Amt für Landwirtschaft, Flurneuordnung und Forsten Süd
Müllnerstr. 59, 06667 Weißenfels,
Tel. 03443–280–121; 03443–280–122,
03443–280–123, Fax 03443–280–80,
E-Mail: ALFFWSF.Poststelle@alff.mule.sachsen-anhalt.de

Landesweingut Kloster Pforta GmbH
06628 Naumburg OT Bad Kösen, Saalhäuser,
Tel. 034463–300–0, Fax 034463–300–25,
E-Mail: service@kloster-pforta.de
Geschäftsführer: Philipp Kollmar
www.kloster-pforta.de

Winzervereinigung Freyburg-Unstrut eG.
Querfurter Str. 10, 06632 Freyburg/Unstrut,
Tel. 034464–3060, Fax 034464–30610,
E-Mail: info@winzervereinigung-freyburg.de
Aufsichtsratsvorsitzender: Andreas Silbersack
Vorstandsvorsitzender: Marten Keil
Vorstandsmitglied: Thilo Wille
Vorstandsmitglied: Olaf Heinrich
Geschäftsführung: Hans Albrecht Zieger
www.winzervereinigung-freyburg.de

Naumburger Weinbaugesellschaft 1835 e. V.
R. Frölich, Am Leihdenberg 11, 06618 Roßbach,
Tel. 03445–20 82 46, Fax 03445–261664,
E-Mail: weinbaugesellschaft@gmx.de
www.naumburger-weinbaugesellschaft.de

Institut für Weinbauforschung e. V. in Freyburg/ Unstrut
Prof. Dr. W. E. Weber, Julius-Kühn-Str. 25, 06099 Halle,
Tel. 0345–5522289, Fax 0345–5527222,
E-Mail: eberhard.weber@landw.uni-halle.de

Frankreich – Elsass

Association des Viticulteurs d'Alsace – A.V.A.
F-68012 Colmar Cedex, Maison des Vins d'Alsace, 12 avenue de la Foire aux Vins, B.P. 91225,
Tel. +33 (0)3 89 20 16 50,
Fax +33 (0)3 89 20 16 60,
E-Mail: info@ava-aoc.fr

Chambre d'Agriculture Alsace
Service Productions Végétales – Viticulture, 11, rue Jean Mermoz, BP 38,
F-68127 Sainte Croix en Plaine,
Tel. +33 (0)3 89 20 97 00,
Fax +33 (0)3 89 20 97 01,
E-Mail: direction@alsace.chambagri.fr
Chef de service, Fabien Digel,
Courriel: fabien.digel@alsace.chambagri.fr,
Tél : 03 89 20 97 94
https://alsace.chambre-agriculture.fr/productions-vegetales/viticulture

ADAR du Vignoble
4 rue Adolphe Mohler 67210 OBERNAI
adar.vignoble@alsace.chambagri.fr

Conseil Interprofessionnel des Vins d'Alsace – CIVA
Maison des Vins d'Alsace, 12 avenue de la foire aux vins, BP 11217 F-68012 – COLMAR Cedex,
Tel. + 33 (0)3 89 20 16 20
Fax + 33 (0)3 89 20 16 30,
E-Mail: civa@civa.fr
www.vinsalsace.com
[oder auf Deutsch, www.ElsäßerWeine.com]

Fédération des Coopératives Vinicoles d'Alsace
F-68980 Beblenheim, Route du vin,
Tel. +33 (0)389.47.91.33,
Fax +33 (0)389.47.99.44,

Groupement des Producteurs Négociants du Vignoble Alsacien
F-68001 Colmar Cedex,
1 place de la Gare – CS 40 007,
Tel. +33 (0)389.20.20.60,
E-Mail: contact@grandes-maisons.alsace
Facebook: @gmalsace,
Website: www.grandes-maisons.alsace

UMR 1131 Santé de la Vigne et Qualité du Vin
Institut National de la Recherche Agronomique,
Centre Inra Grand Est – Colmar,
28 rue de Herrlisheim, 68000 COLMAR, France,
Tel. +33 (0)389.22.49.00,
Fax +33 (0)389.22.49.33,
E-Mail: frederique.pelsy@inra.fr
https://www6.colmar.inra.fr/svqv

Institut Français de la Vigne et du Vin
Biopôle, 28 rue de Herrlisheim,
F-68000 Colmar,
Tel. +33 (0)3 89.22.49.61,
E-Mail: claudia.renel@vignevin.com
www.vignevin.com

Institut National de l'Origine et de la Qualité (I.N.A.O.)
F-68012 COLMAR Cedex, Maison des Vins d'Alsace, 12 avenue de la foire aux vins
Tel. +33 (0)389.20.16.80,
Fax +33 (0)389.20.16.89,

Syndicat des vignerons indépendants d'Alsace, S.Y.N.V.I.R.A.
F-68015 Colmar Cedex, B.P. 41541,
Tel. +33 (0)389.41.97.41,
Fax +33 (0)389.23.01.97
www.alsace-du-vin.com

Italien – Südtirol

Amt für Obst- und Weinbau
Brenner Str. 6, I-39100 Bozen,
Tel. +39 (0)471–415080,
Fax +39 (0)471–415089,
E-Mail: Obst-Weinbau@provinz.bz.it
Versuchszentrum Laimburg
I-39040 Auer (BZ), Laimburg 6 – Pfatten,
Tel. +39 (0)471–969500,
Fax +39 (0)471–969599,
E-Mail: Versuchszentrum@laimburg.it
www.laimburg.it
Südtiroler Beratungsring für Obst- und Weinbau (Weinbauberatung)
Kreuzweg Nr. 12, I-39057 St.Michael/Eppan,
Tel. +39 (0)471–1630220,
Fax +39 (0)473 980079,
E-Mail: kaltern@beratungsring.org
www.beratungsring.org
Südtirol Wein
Crispistraße 15, I-39100 Bozen,
Tel. +39 (0)471–978528,
Fax +39 (0)471–326842,
E-Mail: info@suedtirolwein.com
www.suedtirolwein.com
- Die Weingüter Südtirols
E-Mail: info@dws.bz, www.dws.bz
- Verband der Kellereigenossenschaften Südtirols
E-Mail: info@kellereiverband.it,
www.kellereiverband.it,
- Südtiroler Sekterzeuger nach dem klassischen Verfahren
Email: info@suedtirolersekt.it,
www.suedtirolersekt.it
Freie Weinbauern Südtirol Vereinigung
Schlachthof-Str. 9/A, I-39100 Bozen (BZ),
Tel. +39 (0)471 238002,
Fax +39 (0)471 238242,
E-Mail: info@fws.it, www.fws.it
Handels-, Industrie-, Handwerks- und Landwirtschaftskammer
Südtirolerstraße 60, I-39100 Bozen,
Tel. +39 (0)471–945519, Fax +39 (0)471–945540,
E-Mail: agri@handelskammer.bz.it

Luxemburg

Ministerium für Landwirtschaft, Weinbau und Verbraucherschutz
Ministère de l'Agriculture, de la Viticulture et de la Protection des consommateurs
L-1352 Luxemburg, 1 rue de la Congrégation,
Tél. +352 8002 8002, Fax +352 46 40 27,
E-Mail: info@ma.public.lu, www.ma.public.lu
Institut für Weinbau und Kellerwirtschaft
Institut viti-vinicole
Anfahrt: 8, rue Nic Kieffer, L-5551 Remich,
Postanschrift: L-5501 Remich, Postfach 50,
Tel. +352 23612–1, Fax +352 23612–612,
E-Mail: info@ivv.public.lu
Direktor: Dr. Robert Ley, www.ivv.public.lu
Weinbau-Solidaritätsfonds
Fonds de Solidarité Viticole
p.a. Institut Viti-Vinicole – Route de Luxembourg, B.P. 50 L-5501 Remich
Tél. +352 23 69 92 88, Fax.: +352 23 69 95 90
www.vins-cremants.lu
Luxemburger Winzerverband
Féderation des associations viticoles
L-6793 Grevenmacher, 23 rue de Trèves
Tel. +352 750139, Fax +352 758882,
E-Mail: wenzer@pt.lu
Präsident: Marc Weyer
Office national des Appellations d'origine protégées (O.N.A.O.P)
Anfahrt:L-5551 Remich, 8, rue Nic. Kieffer
Postanschrift: Postfach 69 L-5501 Remich
Tel. +352 23698152, Fax +352 23699653,
E-Mail: info@ivv.public.lu
Institut viti- vinicole
www.ivv.public.lu
Verband der Luxemburger Wein- und Spirituosenhändler
L-6773, 8, rue du pont, Grevenmacher, Luxemburg
Tel. +352 750545–1, Fax +352 750606,
E-Mail: info@bernard-massard.lu
Präsident: Antoine Clasen

Verband der Selbstvermarktenden Winzer Organisation professionnelle des vignerons independantes Luxembourg (O.P.V.I.)
115, route du vin, L-5416 Ehnen,
Tel. +352 26 74 77 60, Fax +352 2674 77 92,
E-Mail: opvi66@pt.lu
Präsident: Ern Schumacher
www.privatwenzer.lu

Domaines Vinsmoselle, Château de Stadtbredimus
L-5450 Stadtbredimus, 12 route du Vin,
Tel. +352 236966–1, Fax +352 23699189,
E-Mail: info@vinsmoselle.lu
Präsident: Josy Gloden
www.vinsmoselle.lu

Österreich

Bundesministerium für Landwirtschaft, Regionen und Tourismus
Stubenring 1, A-1010 Wien,
Tel. +43 (0)1–71100–0,
Abteilung Obst, Gemüse, Wein, Sonderkulturen:
Stubenring 12, 1010 Wien,
Tel. +43 (0)1–71100–602840,
E-Mail: abt.27@bmnt.gv.at
www.bmnt.gv.at

Bundeskellereiinspektion
Marxergasse 2, A-1030 Wien,
Tel. +43 (0)1–71100–637025,
Fax +43 (0)1–71100–637054,
E-Mail: zentrale@bundeskellereiinspektion.at
www.bundeskellereiinspektion.at

Universität für Bodenkultur
Gregor Mendel Straße 33, A-1190 Wien
Tel. +43 (0)1–47654–3400,
Fax +43 (0)1–47654–1186
www.boku.ac.at

Department für Nutzpflanzenwissenschaften - Abteilung Wein- und Obstbau
Konrad-Lorenz-Strasse 24, A-3430 Tulln
Tel. +43 (0)1–47654–95800,
Fax +43 (0)1–47654–37379,
E-Mail: obstwein@boku.ac.at

Department für Nutzpflanzenwissenschaften - Abteilung Pflanzenschutz
Gregor Mendel Straße 33, 1180 Wien,
Tel. +43 (0)1–47654–95300,
Fax +43 (0)1–47654–29–95300,
E-Mail: pflanzenschutz@boku.ac.at

UFT – Universitäts- und Forschungszentrum Tulln – Abteilung Pflanzenschutz
Konrad Lorenz-Straße 24
A-3430 Tulln an der Donau,
Tel. +43 (0)1–47654–95300,
Fax +43 (0)1–47654–29–95300,
E-Mail: pflanzenschutz@boku.ac.at

AGES – Österreichische Agentur für Gesundheit und Ernährungssicherheit GmbH
Spargelfeldstr. 191, A-1220 Wien,
Tel. +43 (0)50 555–0,
E-Mail: anfragen@ages.at, www.ages.at

Höhere Bundeslehranstalt und Bundesamt für Wein- und Obstbau
Wiener Str. 74, A-3400 Klosterneuburg,
Tel. +43 (0)2243–37910, Fax +43 (0)2243–26705,
E-Mail: direktion@weinobst.at

Österreichischer Weinbauverband
Schauflergasse 6, A-1015 Wien,
Tel. +43 (0)1–53441 8553,
Fax +43 (0)1–53441–8549,
E-Mail: j.glatt@lk-oe.at, www.weinbauverband.at

Weinbauverband Burgenland
Esterhazystraße 15, 7000 Eisenstadt, Österreich,
Tel. +43 (0)2682–702–652
Fax +43 (0)2682–702–690,
E-Mail: wbv-bgld@lk-bgld.at

Weinbauverband Niederösterreich
Sigleithenstrasse 50, 3500 Krems,
Tel. +43 05 0259 48200,
Fax +43 05 0259 9548200,
E-Mail: office@wbv.lk-noe.at
Präsident LKR Ing. Reinhard Zöchmann,
GF DI Konrad Hackl

Weinbauverband Steiermark
Silberberg 3, A-8430 Leibnitz,
Tel. +43 (0)316–8050–1335,
Fax +43 (0)316–8050–1311,
E-Mail: wein@lk-stmk.at

Landesweinbauverband Wien
Gumpendorferstr. 15, A-1060 Wien,
Tel. +43 (0)1–5879528, Fax +43 (0)1–5879521,
E-Mail: office@lk-wien.at
www.lk-wien.at, www.wienerwein.at

Weinbauverband Kärnten
Museumgasse 5, A-9020 Klagenfurt,
Tel. +43 (0)463–5850–1427,
Fax +43 (0)463–5850–1429,
E-Mail: wbvk@lk-kaernten.at

Landesweinbauverband Oberösterreich
Auf der Gugl 3, A-4021 Linz,
Tel. +43 (0)50–6902–1408,
Fax +43 (0)50–6902–91408,
E-Mail: heimo.strebl@lk-ooe.at

Verein der Weinbautreibenden Vorarlbergs
Obmann: Gert Markowski,
Hofnerstr. 19a, A-6811 Göfis
Tel. +43 (0)664–3850230,
E-Mail: gert.markowski@gmail.com

Weinbauschule und Weinmanagement Krems
z.Hd. Herrn Ing. Alfred Deim
Wiener Str. 101, A-3500 Krems,
Tel. +43 (0)2732–87516,
Fax +43 (0)2732–8751622,
E-Mail: fs.krems@wbs-krems.at

Weinbauschule Eisenstadt
Neusiedler Str. 6, A-7000 Eisenstadt,
Tel. +43 (0)2682–63644,
Fax +43 (0)2682–6364444,
E-Mail: eisenstadt@weinbauschule.at,
www.weinbauschule.at

**Bildungszentrum
für Wein- und Obstbau Silberberg**
Silberberg 1, A-8430 Leibnitz,
Tel. +43 (0)3452–82339,
Fax +43 (0)3452–8233917,
E-Mail: lfssilberberg@stmk.gv.at,
www.fs-silberberg.at

Bundesamt für Weinbau – Akkreditierte Prüfstelle für Most, Wein, Sekt u. Obstwein
Gölbeszeile 1, A-7000 Eisenstadt,
Tel. +43 (0)2682–65905,
Fax +43 (0)2682–65905–42,
E-Mail: office@bawb.at
www.bawb.at

ÖWI Handels-Gmbh
Josef-Hafner-Str. 4, A-2100 Korneuburg,
Tel. +43 (0)2262–62546,
Fax +43 (0)2262–62546–9,
E-Mail: info@oewi.at,
http://shop.oewi.at, www.facebook.com/Weininstitut

Verband Österreichischer Rebveredler (VÖR)
Präsident: Franz Backknecht,
Oberer Mitterweg 10, 3495 Rohrendorf
Geschäftsführer: DI Johann Graßl,
Raiffeisengürtel 27, A-2460 Bruck/Leitha,
Tel. +43 (0)664 6025922208 und +43 (0)5 0259 22208, Fax +43 (0)5 0259 95 22208,
E-Mail: johann.grassl@lk-noe.at

Weinakademie Österreich (WAÖ)
Seehof, A-7071 Rust,
Tel. +43 (0)2685–6853, Fax +43 (0)2685–6431,
E-Mail: info@weinakademie.at
www.weinakademie.at

Ausschuss des Wein- und Spirituosenhandels
Wiedner Hauptstr. 63, A-1045 Wien,
Tel. +43 (0)5 90 900–3000,
E-Mail: agrarhandel@wko.at
Vorsitz: Herr KommR Gerhard Wohlmuth
Geschäftsführer: Mag Christoph Tamandl

Österreich Wein Marketing GmbH (ÖWM)
Prinz Eugen Str. 34/7, A-1040 Wien,
Tel. +43 (0)1–50392670,
Fax +43 (0)1–5039267–70,
E-Mail: info@oesterreichwein.at

Agroscope
Schwarzenburgstrasse 161, CH-3003 Bern,
Tel. +41 (0)58 463 84 18,
E-Mail: info@agroscope.admin.ch
Leiterin: Dr. Eva Reinhard
www.agroscope.ch

Zürcher Hochschule für Angewandte Wissenschaften, Life Sciences und Facility Management
Grüentalstrasse 14, CH-8820 Wädenswil,
Tel. +41 (0)58 934 50 00,
E-Mail: info.lsfm@zhaw.ch
Direktor: Prof. Dr. Urs Hilber
www.zhaw.ch/lsfm

Forschungsinstitut für biologischen Landbau (FiBL)
Ackerstrasse 113/Postfach 219, CH-5070 Frick,
Tel. +41 (0)62 865 72 72,
E-Mail: info.suisse@fibl.org
Direktor: Prof. Dr. agr. Knut Schmidtke
www.fibl.org

Weinbauzentrum Wädenswil
Schlossgass 8, 8820 Wädenswil,
Tel. +41 (0)44 552 72 10,
E-Mail: info@weinbauzentrum.ch
www.weinbauzentrum.ch

Branchenverband Deutschschweizer Wein
Robin Haug, Meierhofstrasse 1, 8820 Wädenswil,
Tel. +41 (0)44 599 61 30,
E-Mail: info@weinbranche.ch
www.weinbranche.ch

Fédération Suisse des Vignerons – Schweizerischer Weinbauernverband
Chantal Aeby Pürro, Belpstrasse 26,
CH-3007 Bern,
Tel. +41 (0)31 398 52 60,
Fax +41 (0)31 398 52 61,
E-Mail: helene.noirjean@fsv.ch
www.fsv.ch

INFOVIN, Schweizer Informationszentrum Wein
Amtshausgasse 1, CH-3011 Bern,
Tel. +41 (0)79 356 19 47,
E-Mail: daellenbach@infovin.org
Direktor: Ernest Dällenbach
www.infovin.org

Schweizerischer Kellermeister-Verband
c/o Ueli Haupt Leebere 21 CH-8460 Marthalen
Tel. +41 (0)52 319 22 33

Schweizer Weinhandelskontrolle (Kontrollorgan in Kellereien und Handelsbetrieben: Verschnitt, Echtheit, Qualität, Importe)
Postfach 272, CH-8803 Rüschlikon,
Tel. +41 (0)43 305 09 09,
Fax +41 (0)43 305 09 00,
E-Mail: info@cscv-swk.ch
Geschäftsführerin: Katia Ziegler
www.cscv-swk.ch

Kantonale Fachstellen Weinbau (Deutschschweiz und Fürstentum Liechtenstein)

AG: Yannick Wagner, Landwirtschaftliches Zentrum Liebegg, Fachstellen Landwirtschaft, Weinbau, 5722 Gränichen,
Tel. +41 (0)62 855 86 30,
Fax +41 (0)62 855 86 90,
E-Mail: E-Mail: yannick.wagner@ag.ch,
www.liebegg.ch

BE: Jürg Maurer, Amt für Landwirtschaft und Natur des Kantons Bern, INFORAMA Bildungs-, Beratungs- und Tagungszentrum, INFORAMA Oeschberg, 3425 Koppigen,
Tel. +41 (0)31 636 12 90, Mobile 079 372 52 25,
E-Mail: juerg.maurer@vol.be.ch
www.vol.be.ch, www.inforama.ch

Ressort Spezialkulturen BL:
Urs Weingartner, Kanton Basel-Landschaft, Volkswirtschafts- und Gesundheitsdirektion, Ebenrain-Zentrum für Landwirtschaft, Natur und Ernährung, Ebenrainweg 27, 4450 Sissach,
Tel. +41 (0)61 552 21 29,
Fax +41 (0)61 552 21 55,
E-Mail: urs.weingartner@bl.ch
www.ebenrain.ch

GR: Plantahof, Walter Fromm,
Fachstelle Weinbau, 7302 Landquart,
Tel. direkt: +41 (0)81 257 60 60, Tel. Plantahof: +41 (0)81 257 60 00,
Fax +41 (0)81 257 60 27,
E-Mail: walter.fromm@plantahof.gr.ch,
www.plantahof.ch

LU/NW/OW/UR/ZG: Beat Felder, Berufsbildungszentrum Natur und Ernährung, Spezialkulturen, Sennweidstrasse 35, CH-6276 Hohenrain, Tel. +41 (0)41 229 30 99, E-Mail: beat.felder3@edulu.ch, www.lawa.lu.ch oder www.bbzn.lu.ch

SG: Markus Hardegger, Fachstelle Weinbau, Landwirtschaftliches Zentrum SG, Rheinhofstraße 11, 9465 Salez, Tel. +41 (0)58 228 24 28, Fax +41 (0)58 228 24 01, E-Mail: markus.hardegger@sg.ch www.lzsg.ch

SH, TG und ZH: Landwirtschaftsamt des Kantons Schaffhausen, Fachstelle Weinbau SH/TG, Markus Leumann (Leitung), Charlottenfels, Postfach, CH-8212 Neuhausen am Rheinfall, Tel. +41 (0)52 674 05 20 (Zentrale), Fax +41 (0)52 672 86 32, E-Mail: la-sh@ktsh.ch
Strickhof, Fachstelle Rebbau SH-TG-ZH, Michael Gölles, Riedhofstrasse 62, CH-8408 Winterthur-Wülflingen, Tel. +41 (0)58 105 93 02, E-Mail: michael.goelles@strickhof.ch www.la.sh.ch oder www.strickhof.ch

SZ: Amt für Landwirtschaft, Beratung und Weiterbildung, Kathrin von Arx, Postfach 76, CH-8808 Pfäffikon SZ, Tel. +41 (0)55 415 79 26, E-Mail: kathrin.vonarx@sz.ch www.sz.ch/lbw

Fürstentum Liechtenstein: AMT FÜR UMWELT, Abteilung Landwirtschaft, Andres Weber, Gerberweg 5/ Postfach 684, FL-9490 Vaduz, Tel. +423 (0)236 66 02, Fax +423 (0)236 64 11, E-Mail: andres.weber@llv.li www.au.llv.li

5. Deutschsprachige Weinbruderschaften

Mitglieder der Gemeinschaft Deutschsprachiger Weinbruderschaften, dem Dachverband der weinkulturellen Vereinigungen im deutschsprachigen Raum; alphabetisch geordnet nach den Namen der Vereinigungen.

Zur Gemeinschaft Deutschsprachiger Weinbruderschaften (GDW):

Die Weinbruderschaften pflegen die ideelle Seite des Kulturgutes Wein. Dazu gehört Weingeschichte, Wissen über die Vielfalt des Produktes, seine Herstellung, eine wachsame Weinkritik, der Appell für maßvollen Genuss, die Verbindung zur Literatur und zu den Künsten. Der Wein wird als Kulturgut, Lebensmittel, Botschafter seiner Landschaft und als sinnliches Erlebnis verstanden. Die GDW ist ein Forum für regen und aktuellen Gedankenaustausch zum Thema Wein. Über die Weinbruderschaften wird ein großer Personenkreis in, insbesondere aus den Verbrauchergebieten, in die Weinerlebniswelt einbezogen. Experten innerhalb der GDW stehen den einzelnen Bruderschaften als Referenten zur Verfügung. Eine gemeinsame Kommunikationsplattform sorgt für aktuellen Informationsaustausch (www.weinbruderschaften.org).

Die GDW steht zum moderaten Weingenuss und sieht den Wein als Element der Lebensfreude und des Genießens. Der Wein ist eine Einladung, seine Herkunft kennenzulernen und die Weinorte zu besuchen. Daher hat die GDW den Antrag zur Aufnahme der Weinkultur in das Bundesweite Verzeichnis des immateriellen Kulturgutes unterstützt.

Alle Weinorden unseres Dachverbandes sollen der Vereinigung "wine in moderation" beitreten. Damit wollen wir dokumentieren, dass nicht der Alkoholkonsum im Vordergrund unseres Handelns steht, sondern der Weingenuss und die vielfältigen Facetten der Weinkultur.

Gegründet wurde die GDW 1973, die Eintragung ins Vereinsregister erfolgte 2007 im Deutschen Weinbaumuseum in Oppenheim.

Präsident Oliver Stiess oliver.stiess@t-online.de,
Vizepräsident Betina Siée b.siee@fraund.de,
Geschäftsführer Michael Landgraf michael.landgraf@freenet.de,
Schatzmeister Margit Forster info@weinorden-an-der-nahe.de,
dem Gremium gehören erstmals 2 Frauen an.
Ehrenpräsident Wolfgang Narjes wolfgang.narjes@si-weinkonvent.de
Text: Wolfgang Narjes

Bacchusjünger Wangen
Präsident Patrick Drumm,
88239 Wangen im Allgäu, Karsee, Bergesch 6,
Telefon. 07506–95 15 85,
E-Mail: patrick.drumm@bacchusjuenger.de

Badischer Weinkonvent e.V.
Ordensmeister: Klaus Meffert,
75175 Pforzheim, Josef-Bader-Strasse 17,
Tel. 07231–106 523,
E-Mail: kontakt@badischerweinkonvent.de

Deutsch-Französische Weinbruderschaft zu Saarbrücken e.V.
Brudermeister Dieter Bruckhaus,
66125 Saarbrücken, Am Markt 1,
Tel. 06897–90020,
E-Mail: info@brc-competence.de

Die Lorcher Weinjunker e.V.
Majordomus Richard Schmidt,
65391 Lorch im Rheingau, Schauerweg 39,
Tel. 06726–839 263
E-Mail: info@lorcher-weinjunker.de

Die Ehrbare Mainzer Weinzunft von 1443 e.V.
Erster Zunftmeister Dr. Bernhard Loos,
55129 Mainz, Am Schinnergraben 38,
Tel. 06131–508344,
E-Mail: bernhard-loos@web.de

Erste Badische Weinbruderschaft zu Meersburg e.V.
Ordensmeister Peter Eitze,
78464 Konstanz, Burgunderweg 6
Tel. 07531–65 160,
E-Mail: info@weinbruderschaft-meersburg.de

Freunde des Walnussbaumes Weinkapitel zu Holzminden
Ordensmeister Jürgen Fenske,
37671 Höxter, Galgenstieg 28,
Tel. 05271–8398,
E-Mail: jfenske.hoexter@web.de

Geisenheimer Weinreimer e.V.
Oberreimer Donate Krappe,
65366 Geisenheim/Rheingau, Im Spitzenlehn 2,
Tel. 06722–8599,
E-Mail: oberreimer@geisenheimerweinreimer.de

Heidelberger Weinbruderschaft Kurpfalz e.V.
Ordensmeister Philipp Clauer,
69126 Heidelberg, Hof Dormenacker,
Tel. 06221–382439,
E-Mail: service@weingutclauer.de

Orden der Freunde des Pfedderheimer Weins e.V.
Vorsitzender Günter Bleise,
67551 Worms, Gabelsberger Str. 47,
Tel. 06247–1642,
E-Mail: gbleise@gmx.de

Ortenauer Weinbruderschaft e.V.
Ordensmeister Winfried Köninger,
77799 Ortenberg, Im Muhrfeld 18,
Tel. 0781–936 84 26,
E-Mail: info@winfried-koeninger.de

Österreichische Weinbruderschaft e.V.
Großmeister Ing. Alois Schuster,
A-7131 Halbturn, Erzherzog-Friedrich-Str. 9,
Tel. 0043–2172–8629,
E-Mail: info@kummer-schuster.com

Rheinischer Weinkonvent e.V.
Präsident Oliver Bernhard,
50735 Köln, Rotterdamer Str. 4,
Tel. 221–1685 1132,
E-Mail: bernhard@rheinischer-weinkonvent.de

Siegerländer Weinkonvent e.V.
Konventspräsident Wolfgang Narjes,
Postfach 101313, 57223 Kreuztal,
Tel. 0171–412 6045,
E-Mail: swk@si-weinkonvent.de

Vestischer Weinkonvent zu Recklinghausen e. V.
Kanzler Werner Kopp,
45665 Recklinghausen, Eifelstr. 11,
Tel. 02361–42117,
E-Mail: info@vestwein.de

Weinbruderschaft Baden-Württemberg e.V.
Ordensmeister Joachim Volz, 75173 Pforzheim,
Grünewaldstraße 13, Tel. 07231–280 5644,
E-Mail: wtschuertz@t-online.de

Weinbruderschaft Braunschweiger Löwe e.V.
aufgelöst in 2022

Weinbruderschaft der Pfalz e.V. – Komturei Berlin
Komtur Peter Diederich,
12167 Berlin, Albrechtstr. 51,
Tel. 030–796 98 85,
E-Mail: gdiederi@gmx.de

Weinbruderschaft der Pfalz e.V. – Großkomturei München
Großkomtur Lutz Prüfer,
81545 München, Greifensteinstr. 6,
Tel. 089–640 640,
E-Mail: Lutz.Pruefer@t-online.de

Weinbruderschaft der Pfalz e.V.
Ordensmeister Oliver Stiess,
67410 Neustadt an der Weinstraße,
Postfach 10 10 07, Tel. 06321–311 85,
E-Mail: kontakt@weinbruderschaft-der-pfalz.com

Weinbruderschaft Franken e.V.
Bruderschaftsmeister Peter Schwappach,
97080 Würzburg, Liebigstraße 18,
Tel. 09321–4 31 68,
E-Mail: peter.schwappach@gmail.com

Weinbruderschaft Heilbronn e.V.
Bruderschaftsmeister Andreas Leonhardt,
74613 Öhringen, Friedenstraße 2,
Tel. 07133–962689,
E-Mail: mail@aleonhardt.de

Weinbruderschaft Krems- Erste Österreichische Weibruderschaft e.V.
Vorsteher Dr. Anton Brandstetter,
A-3500 Krems, Alt Rehberg 23,
Tel. 0043–2732–70037,
E-Mail: brandstetter.anton@aon.at

Weinbruderschaft Mosel-Saar-Ruwer e.V.
Bruderschaftsmeister Helmut Orth,
67157 Wachenheim, Im Kleinen Letten 3,
Tel. 06322–98 01 72,
E-Mail: helmut@orth-mail.de

Weinbruderschaft Nassauer Land e.V.
Bruderschaftsmeister Dr. Siegmund Luger,
65623 Hahnstätten, Buchenweg 4,
Tel. 06430–1090,
E-Mail: info@weinbruderschaft-nassauerland.de

Weinbruderschaft Nürnberg – Komturei der Weinbruderschaft der Pfalz e.V.
Komtur Dieter Herbst,
90408 Nürnberg, Hastverstr. 24,
Tel. 0911–361280,
E-Mail: dieter-ursula.herbst@nefkom.net

Weinbruderschaft Rheinhessen zu Sankt Katharinen e.V.
Bruderschaftsmeister Prof. Dr. Axel Poweleit,
55234 Framersheim, Wormser Straße 162,
Tel. 06733–464,
E-Mail: axel.poweleit@t-online.de

Weinbruderschaft Saale-Unstrut e.V.
Bruderschaftsmeister Dieter Hanisch,
06632 Freyburg/Unstrut, Sektkellereistr. 8a,
Tel. 034464–28018

Weinbruderschaft St. Martin zu Mülheim a. d. Ruhr e.V.
Ordensmeister Stefan Schlensog,
Franzstraße 7,46147 Oberhausen,
Tel. 0208–84 22 64 oder 0176 576 451 79,
E-Mail stefanschlensog@gmx.de

Weinbruderschaft Unserer Lieben Frau zu Oberwesel e.V.
Weinmeister Andreas Schmelzeisen,
55430 Oberwesel, Rathausstr. 16,
Tel. 06744–710564,
E-Mail: aschmelzeisen@t-online.de

Weinbruderschaft zu Berlin e.V.
Ordensmeister Fried Schultze,
10629 Berlin, Mommsenstraße 2,
Tel. 030–882 3757,
E-Mail: fried.schultze@t-online.de

Weinbruderschaft zu Hannover e.V.
Ordensmeister Reinhard Austen,
30966 Hemmingen, Im Buchholzfelde 6,
Tel. 0511–42 98 54,
E-Mail: reinhard-austen@gmx.de

Weinbruderschaft zu Köln e.V.
Bruderschaftsmeister Dr. Dieter Ockelmann,
51061 Köln, Brölweg 3, Tel. 0221–601 151,
E-Mail: info@wbs-koeln.de

Weinfreunde Graubünden e.V.
Präsident Hans-Jakob Hunger,
CH-7307 Jenins, Eichholz 67,
Tel. 0041–81–303 70 00,
E-Mail: hunger@hungertransporte.ch

Weinfreunde vom Hellweg e.V.
Vorsitzender Dr. Andreas Kleineweischede,
59423 Unna,
Tel. 0176–20996878, Tel. 02303–999653,
E-Mail: a.kleineweischede@web.de

Weinfreundeskreis Hochheim/Main e.V.
Vorsitzender Hendrik Ruitenberg,
65239 Hochheim/Main, Breslauer Ring 15c,
Tel. 0160–4624391,
E-Mail: h.ruitenberg@gmx.de

Weingilde Bergstraße e.V.
Vorsitzender Dr. Roland Turowski.,
64625 Bensheim, Heinrichstraße 6a,
Tel. 06251–789320,
E-Mail: info@weingilde-bergstrasse.de

Weingilde Gallus e.V.
Gildemeister Franz Bertsch,
A-6842 Koblach, Ried 30,
Tel. 0043–664–4614742
E-Mail: franz.bertsch@aon.at

Weingilde Montfort e.V.
Gildenmeister Harald Metzler,
A-6800 Feldkirch, Raiffeisenplatz 5,
Tel. 0043–5522–75116,
E-Mail: harald@weingilde-montfort.at

Weinhistorischer Konvent Fulda e.V.
Kapitelältester Ralf Liebau,
36037 Fulda, Sturmiusstrasse 8,
Tel. 0152–250 96 300,
E-Mail: liebau@weinhistorischer-konvent.de

Weinkolleg Holstein-Lübeck-Mecklenburg Holm e.V.
1.Vorsitzender Henning Junge,
23562 Lübeck, Gärtnergasse 72,
Tel. 0451–595716,
E-Mail: junge@weinkolleg-holm.de

Weinkollegium Königliches Kelterhaus zu St. Remigius in Boppard e.V.
Schultheiß Hans Peter Schüz,
56154 Boppard, Unter den Birken 17,
Tel. 06742–2557,
E-Mail: hannibalschuez@web.de

Weinkonvent zum Heiligen Goar e.V.
Präsident Karl Josef Perscheid,
55430 Urbar, Am Rheinblick 14,
Tel. 06741–1357,
E-Mail: kj.perscheid@yahoo.de

Weinkonvent zur Rose e.V.
Vorsitzender Ewald Briesch,
28355 Bremen, Lisa-Keßler-Str. 162,
Tel. 0421–343039,
E-Mail: briesch@gmx.de

Weinorden an der Nahe e.V.
Ordensmeister Dr. Christian Schulze,
55595 Winterburg, Mühlenstr. 3,
Tel. 06756–232,
E-Mail: weinorden-an-der-nahe@t-online.de

Weinsenat Binger Mäuseturm e.V.
Consul Gert Reis,
Geschäftsführer Prof. Dr.-Ing. habil. Herbert Baaser,
55411 Bingen, Bischof Brück Str. 3,
E-Mail: info@bingerweinsenat.de

Weinzunft Bacchus Zechgesellschaft Bacharach-Steeg e.V.
Zunftmeister Prof. Dr. Randolf Kauer
55422 Bacharach, Mainzer Str. 21,
Tel. 06743–2272,
E-Mail: weingut-dr.kauer@t-online.de

Wuppertaler Weinkonvent e.V.
Vorstandsvorsitzende Karin Ehlich,
42389 Wuppertal, Dahler Berg 66,
Tel. 0202–642 732,
E-Mail: weinkonvent@t-online.de

Weinbruderschaften außerhalb der GDW:

Erster Sächsischer Weinkonvent*
Ordensmeister Klaus Sauer,
01326 Dresden, Wilhelm-Wolf-Str. 9,
Tel. 0351–20544716, E-Mail:eswk.ev@web.de
www.saechsischer-weinkonvent.de

Rheingauer Weinkonvent e. V.*
Geschäftsführerin: Iris Röder,
Kloster Eberbach, c/o Stiftung Kloster Eberbach,
65346 Eltville
E-Mail: info@rheingauer-weinkonvent.de,
www.rheingauer-weinkonvent.de

Riesling-Freundeskreis Trier – Weinbruderschaft Augusta Treverorum e. V.*
54340 Longuich, Burgstr. 3,
Tel. 06502–994111, Fax 06502 994112,
E-Mail: schloeder-thielen-wine@t-online.de, Internet: www.weinbruderschaft-trier.de.

6. Weinmuseen in Deutschland

(nach Bundesländern; alphabetisch)

dankenswert unterstützt und aktualisiert durch Joelle und Harry George (F-Le Croisic)

Baden-Württemberg

70410 Badenweiler (Markgräflerland)
Gutedelgarten, Schlossplatz 1,
Tel. 07632–799300
touristik@badenweiler.de
www.badenweiler.de

78351 Bodman-Ludwigshafen (Bodensee)
Königsweingarten, Schlossstrasse 11,
Tel. 07773–930510/5026
rentamt@bodman
www.bodenseepur.de

74389 Cleebronn (Zabergäu)
Weinmuseum Vinarium Tripsdrill
Keltergasse 2, Tel. 07135–9999/98560
info@cleebronn.de
www.cleebronn.de

77770 Durbach (Ortenau)
Wein-und Heimatmuseum
Tal 36, Tel.. 0781–41535/42153
info@durbach.de
www.durbach.de

69412 Eberbach (Neckar) Küfereimuseum
Pfarrhof 4, Tel. 06271–7404/871
stadt@eberbach,de
www.eberbach.de

75031 EppingenKleingartach (Zabergäu)
Weinbaustube Kleingartach
Zabergäusstr. 25, Tel. 07138–93281/920
oder 07262–9151/9200
rathaus@eppingen.de
www.eppingen.de

74236 Erlenbach-Binswangen (Neckar)
Weinbaumuseum Bei der Alten Kelter,
Tel. 07132–343870
info@weinbaumuseum-erlenbach.de
www.weinbaumuseum-erlenbach-binswangen.de

70734 Fellbach (Neckar) Stadtmuseum Fellbach
Hintere Strasse 26, Tel. 0711–5851291
stadtmuseum@fellbach.de
www.fellbach.de

69115 Heidelberg (Neckar) Grosses Fass im Schloss, Schlossplatz 1,
Tel. 06221–538472/658880
service@schloss-heidelberg.de
www.schloss-heidelberg.de

74653 Ingelfingen (Kochertal)
Weinbaumuseum Ingelfinger Fass
Fritz-Mueller-Str. 6
Tel. 07940–1230/13090 (Stadt)
info@ingelfingen.de
www.ingelfingen.de

79400 Kandern – Tannenkirch (Markgraeflerland)
Markgraefler Küfermuseum
Waldeckstr. 39, Tel. 07626–8990
verkehrsamt@kandern.de
www.kandern.de

79394 Kernen – Stetten (Remstal)
Museumsweinberg Ruine Y.Burg
Steigstrasse, Tel. 07151–46744/ 40140
info@kernen.de
www.kernen.de

71546 Kleinaspach – Einöd (Remstal)
Historische Kelter, Backnanger Str 9,
Tel. 07191–2130/21217
poststelle@aspach.de
www.aspach.de

78465 Konstanz – Insel Mainau (Bodensee)
Museumsweinberg Insel Mainau
Schlossgarten, Tel. 07531–3030/ 303156

89129 Langenau – Hörversingen (Oberer Neckar), Küfermuseum
Postgasse 1, Tel. 07348–408969
touristik@langenau.de
www.langenau.de

97922 Lauda – Königshofen (Taubertal)
Rathausstr. 25, Tel. 09343–4517/501140
post@lauda-koenigshofen.de
www.lauda-koenigshofen.de

71672 Marbach (Neckar)
Heimatmuseum Alte Kelter
Kelstr. 21, Tel. 07114–3134

88790 Meersburg (Bodensee)
Vineum Bodensee
Vorburggasse 11, Tel. 07532–440260
info@vineum-bodensee.de
www.vineum-bodensee.de

72555 Metzingen (Oberer Neckar)
Weinbaumuseum Sieben Keltern
Kelterplatz 6, Tel.
07123–20460/3140805
stadt@metzingen.de
www.metzingen.de

79379 Müllheim (Markgräflerland)
Markgräfler Museum Müllheim
Wilhelmplatz 7, Tel. 07631–801520
museum@muellheim.de
www.markgraefler-museum.de

79379 Müllheim – Zunzingen (Markgräflerland)
Weinetikettenmuseum (Wgt Dr. Schneider)
Rosenbergstr. 10, Tel. 07631–2915
info@weinut.dr-schneider.de
www.weingut-dr-schneider.de

74395 Mundelsheim (Neckar)
Stiftsscheune Weinmuseum
Grossbottwarer Str. 35,
Tel. 07143–81779–9492832
gemeinde@mundelsheim.de
www.museum-mundelsheim.de

97996 Niederstätten-Wermutshausen
(Hohenlohe) Kelter- und Weinbaumuseum
Kelterhaus 11, Tel. 07932–8344/7716
ortschaft@wermutshausen.de
www.wermutshausen.de

88149 Nonnenhorn (Bodensee)
Dorfmuseum Alter Torkel
(+2 weitere Torkel)
Seehalde 4, Tel. 08382–8250
touristinfo@nonnenhorn.de
www.nonnenhorn.de

71739 Oberriexingen (Enztal)
Römerkeller Villa Rustica
Weiler Str. 14, Tel. 07042–90920
rathaus@oberriexingen.de
www.roemerkeller-oberriexingen.de

77654 Ortenberg (Ortenau)
Küfermuseum Zell-Weierbach
Winkel 5, Tel. 07181–31716
info@kuefermuseum.de
www.kuefermuseum.de

74629 Pfedelbach (Hohenlohe)
Weinbaumuseum Pfedelbach Hohenlohe
Baierbacher Str. 7, Tel. 07941–60810
gemeinde@pfedelbach.de
www.pfedelbach.de

69231 Rauenberg (Kraichgau), Winzermuseum
Alte Kirchgasse 1
Tel. 06222–60302/935990
winzermuseum@gmail.com
www.winzermuseum-rauenberg.de

78479 Reichenau (Bodensee),
Museum Reichnau
Ergat 1, Tel. 07534–999321
info@museum-reichenau.de
www.museum-reichenau.de

88682 Salem (Bodensee)
Alter Torkel im Schloss
Schlossstr. 9, Tel. 07553–0165336
Schloss@salem.de
www.salem.de

74523 Schwäbisch Hall
Wackershofen (Hohenlohe)
Freilichtsmuseum Wackershofen
Dorfstr. 52
Tel. 0791–971010, Fax 9710140
info@wackershofen.de
www.wackershofen.de

79219 Staufen – Grunern (Markgräflerland)
Freilichtmuseum Alt Keltern (Wgt. Koepfer)
Dorfstr. 22, Tel. 07633–5288
info@weingut-koefper.de
www.weingtu-koepfer.de

70327 Stuttgart – Rotenberg
Kelter Rotenberg (Collegium Wirtemberg)
Württemberger Str. 230
Tel. 0719–32777580
info@collegium-wirtemberg.de
www.collegium-wortemberg.de

70329 Stuttgart – Uhlbach
Weinbaumuseum der Stadt Stuttgart
Uhlbacher Platz 4
Tel. 0711–325718/2228129
weinbaumuseum@stuttgart-tourist.de
www.weinbaumuseum.de

88662 Überlingen (Bodensee), Heimatmuseum
Krummebergstr. 30, Tel. 07551–991079
museum-ueberlingen@gmx.de
www.museum-ueberlingen.de

71665 Vaihingen – Horrheim (Enztal)
Weinmuseum Horrheim
Alte Keltergasse 1
Tel. 07042–8411050/18235
a.freund@vaihingen.de
www.vaihingen.de

79235 Vogstburg – Achkarren (Kaiserstuhl)
Kaiserstühler Weinbaumuseum
Schlossbergstr. 30, Tel. 07662–94011
info@vogstburg.de
www.achkarren.de

79235 Vogtsburg – Burkheim (Kaiserstuhl)
Korkenziehermuseum Kaiserstuhl
Mittelstadt 18
Tel. 07662–947525/0173–7001242
service@kaiserstuhlshop.de
www.korkenzieher.de

69190 Walldorf (Baden), Museum Astorhaus
Beethovenstr. 5. Tel. 06227–9325
info@museum-im-astorhaus.de
www.museum-im-astorhaus.de

97990 Weikersheim (Taubertal)
Tauberländer Dorfmuseum
Marktplatz vor dem Schloss
Tel. 07934–1209
Tauberfraenkische-volkskultur.t-online.de
www.tauberlaender-dorfmuseum.de

71384 Weinstadt-Endersbach (Remstal)
Heimatmuseum Endersbach
Pflaster 14, Tel. 07151–6045873
info@pflaster14.de
www.pflaster14.de

97877 Wertheim (Taubertal). Glasmuseum
Mühlenstr. 24. Tel. 09342–6866
info@glasmuseum-wertheim.de
www.glasmuseum-wertheim.de

73650 Winterbach (Remstal)
Dorf- und Heimatmuseum
Herfeld 5, Tel. 07181–253074
museum@heimatverein-winterbach.de
www.heimatverein-winterbach.de

Bayern

91587 Adelshofen-Neustett (Mittelfranken)
Wein- und Bauernmuseum
Häckerwirtschaft
Neustett 25
Tel. 09865–337 oder 0162–75 18 96 1
weinbau.blumenstock@gmail.com
www.weinbau-gerhard-blumenstock.jimdofree.com

93090 Bach (Donau), Baierweinmuseum
Hauptstr. 1b
Tel. 09403–9502–0 (VG Donaustauf)
baierweinmuseum@t-online.de
www.baierweinmuseum.de

91438 Bad Windsheim (Mittelfranken)
Museumsweinberg im Freilichtmuseum
Eisweiherweg 1, Tel. 09841–6680–0
info@freilandmuseum.de
www.freilandmuseum.de

96052 Bamberg (Oberfranken)
Gärtner- und Höckermuseum
Mittelstr. 34
Tel. 0951–201618/-96430670
info@ghm-bamberg.de
wwwghm-bamberg.de

97320 Buchbrunn (Unterfranken)
Museumsweinberg Alte Reben
Am Hühnerberg 2a, Tel. 09321–7369
info@winzerhof-geissendoerfer.de
www.winzerhof-geissendoerfer.de

63927 Bürgstadt (Churfranken)
Museum Bürgstadt (Markt Bürgstadt)
Am Mühlgraben 1
Tel. 09371–99560 / 97380
info@hgv-buergstadt.de
www.hgv-buergstadt.de

97355 Castell (Steigerwald)
Museumsscheune Castell
Rathausplatz 4a. Tel. 09325–401
www.castell-gemeinde.de/tourismus/sehenswertes/

97725 Elfershausen (Unterfranken/Saale)
Museumsweinberg
Schwarze Gasse 4. Tel. 09704–7117
info@weingut-huemmler.de
www.weingut-huemmler.de

97230 Estenfeld (Unterfranken)
Alter Fränkischer Satz
Rottendorfer Kehlberg (Weingut Vogel)
Maidbronner Str. 35
info@vogelwein.de
www.alter-fraenkischer-satz.de

63762 Großostheim (Churfranken)
BachgauMuseum im Nöthigsgut
Marktplatz 1
Tel. 06026–998499 / 50040 /Stadt)
info@bachgaumuseum.de
www.BachgauMuseum.de

97762 Hammelburg (Unterfranken/Saale)
Museum Herrenmühle, Brot und Wein
Turnhouter Str. 15, Tel. 09732–782448
(Kasse) / -902330 (Museumsleitung)
museum@hammelburg.de
www.museum-hammelburg.de

97515 Handthal (Unterfranken/Steigerwald)
Museumsweinberg Alter Fränkischer Satz
Handthal 30, Tel. 99382–1341
info@weingut-baumann.de
www.weingut-baumann.de

97346 Iphofen (Unterfranken/Steigerwald)
Iphöfer Rebsorten-Lehrpfad
und Geschichtsweinberg
Kirchplatz 1, Tel. 09323–870306
tourist@iphofen.de
www.iphofen.de

97347 Iphofen-Mönchsondheim
(Unterfranken/Steigerwald)
Freilandmuseum Kirchenburg
Mönchsondheim
An der Kirchenburg 5, Tel. 09326–1224
info@kirchenburgmuseum.de
www.kirchenburgmuseum.de

97753 Karlstadt (Unterfranken)
Stadtgeschichtsmuseum
Hauptstr. 11, Tel. 09353–99927
info@historischer-verein-karlstadt.de
www.historischer-verein-karlstadt.de

97753 Karlstadt (Unterfranken)
Weinkarikaturmuseum
Hauptstr. 77 (Bocksbeutelpl. 1)
Tel. 09353–4290
info@caroszeichenwelt.de
www.Wein-Karikaturen-Museum.de

97753 Karlstadt- Gambach (Unterfranken)
Historischer Weinberg
Alter Fränkischer Satz
Winzer- und Bürgerverein Gambach e. V.,
Obere Löhleinstr. 2, Tel. 09353–3625
waltersteinbach@t-online.de
wwwgambacher-kalbenstein.de

63911 Klingenberg (Churfranken)
Museumsweinberg
Tel. 09372 1630 (Weinbergsführung)
info@klingenberg.de
www.stadt-klingenberg.de

63911 Klingenberg (Churfranken) Weinbau- und Heimatmuseum
Wilhelmstr. 13a
Tel. 09373–13351 / 13360
museum@klingenberg.de
www.stadt-klingenberg.de

97719 Ramsthal (Unterfranken)
Urramsthaler – der Wein aus dem ältesten Ramsthaler Weinberg
Hauptstr., Tel. 09704–1851
info@weinbau-keller.de
www.weinbau-keller.de

97236 Randersacker (Unterfranken)
Altfränkischer Wengert
Tel. 0931 7053–17
tourist-info@randersacker.de
www.randersacker.de
www.alter-fraenkischer-satz.de/weinberge/

97285 Röttingen (Unterfranken/Taubertal) Museumsweinberg
Tel. 09338 9728–55
touristinfo@roettingen.de
www.tourismus-roettingen.de

97285 Röttingen (Unterfranken/Taubertal)
Weinmuseum auf Burg Brattenstein
Lagenweg, Tel. 09338–972855
touristinfo@roettingen.de
www.tourismus-roettingen.de

91541 Rothenburg o.d.T. (Mittelfranken)
Weinlehrpfad & historische Rebsorten
Plönlein 1 (Weingut Glocke)
Tel. 09861–985990
info@glocke-rothenburg.de
www.glocke-rothenburg.de

97228 Rottendorf (Unterfranken)
Silvaner-Museumsweinberg Alt Reben
Am Schwaigerskeller 9 (Weingut Körner)
Tel. 09302–3497
m.w.-koerner@t-online.de
www.weinbau-koerner.de

97334 Sommerach (Unterfranken) Rimbacher Alter Satz
Zum Katzenkopf 2, Tel. 09381–9278
info@weingut-zang.de
www.weingut-zang.de
www. alter-fraenkischer-satz.de

97537 Wipfeld (Unterfranken) Historischer Wengert an der Kirchensteige
Wipfelder Zehntgraf
(Weingut H. Schneider)
Nikolaus-Müller-Str. 1, Tel. 09384–1569
anno-domini-anfrage@freenet.de
www.anno-domini-wipfeld.de
www.alter-fraenkischer-satz.de

97082 Würzburg, Museum für Franken
Staatliches Museum für Kunst- und Kulturgeschichte in Würzburg Festung Marienberg, Tel. 0931–205940
info@museum-franken.de
www.museum-franken.de

Hessen

64625 Bensheim (Bergstrasse)
Museum der Stadt Bensheim
Marktplatz 13, Tel. 06251–5847865
museum@bensheim.de
www.stadtkultur-bensheim.de

65346 Eltville-Hattenheim (Rheingau)
Kloster Eberbach
Kloster Eberbach-Str. 1
Tel. 06723–60460/9178100
info@kloster-eberbach.de
www.kloster-eberbach.de

65239 Hochheim (Rheingau)
Hochheimer Weinbaumuseum
Wiesbadener Str. 1, Tel. 06146–900333
info@hochheim.de
www.hochheim-tourismus.de

61267 Neu-Anspach (Rheingau/Taunus)
Freilichtmuseum Hessenpark
Laubweg 5, Tel. 06081–588 231
volker.weber@hessenpark.de
www.hessenpark.de

Nordrhein-Westfalen

50668 Köln (Rheinland) Weinmuseum Köln e.V.
Kölner Weinmuseum
Amsterdamer Str. 1, Tel. 0221–9723069
info@weinmuseum.org
www.weinmuseum.org
info@koelner-weinmuseum.de
www.koelner-weinmuseum.de

Norddeutschland

28195 Bremen, Bremer Ratskeller (Rathaus)
Am Markt/Findorfstr. 101
Tel. 0421–321676
info@ratskeller-bremen.de
www.ratskeller-bremen.de

Rheinland-Pfalz

55232 Alzey (Rhh), Museum der Stadt Alzey
Antoniterstr. 41, Tel. 06731–498896
museum@alzey.de
www.museum-alzey.de

67098 Bad Dürkheim (Pfalz), Stadtmuseum
Römerstr. 20–22, Tel. 06322–935–4300
stadtmuseum@bad-duerkheim.de
www.bad-duerkheim.de

67098 Bad Dürkheim-Ungstein (Pfalz)
Römisches Weingut Weilberg
Tel. 06322–935 4500
info@bad-duerkheim.de
www.bad-duerkheim.de

53474 Bad Neuenahr-Bachem (Ahrtal)
Winzermuseum Bachem
Königstr. 23, Tel. 0177–3499646
(für Gruppenführungen)
www.bg-bachem.de/winzermuseum/

53474 Bad Neuenahr-Walporzheim (Ahrtal)
Ahrweinforum, Walporzheimer Str. 19
Tel. 02641–91710
info@ahrtal.de
www.ahrtal.de

55566 Bad Sobernheim (Nahe)
Rheinland-Pfälzisches Freilichtmuseum
Tel. 06751–855880
info@freilichtmuseum-rlp.de
www.freilichtmuseum-rlp.de

56814 Beilstein (Moseltal)
Weinmuseum im historischen Zehnthaus
Marktplatz 1, Tel. 02673–9623470
sabine.lipmann@t-online.de
www.villa-beilstein.de/zehnthauskeller/

54470 Bernkastel-Kues (Moseltal)
Mosel Weinmuseum
Cusanusstr. 2, Tel. 06531–4141
info@moselweinmuseum.de
www.bernkastel.de/poi/mosel-weinmuseum/

67136 Deidesheim (Pfalz)
Museum für Weinkultur, Marktplatz 9
Tel. 06326–981561/96770
(Touristinfo)
touristinfo@deidesheim.de
www.deidesheim.de

67480 Edenkoben (Pfalz)
Museum für Weinbau
und Stadtgeschichte
Weinstrasse 107, Tel. 06323–81514
anfrage@museum-edenkoben.de
www.museum-edenkoben.de

54492 Erden (Moseltal), Römische Kelteranlage
Tel. 06532–2549
info@erden.de
www.roemerkelter-erden.de/

54470 Graach (Moseltal)
Heimatmuseum Graacher Tor
Graacher Strasse 16, Tel. 06531–500190
info@bernkastel.de
www.bernkastel.de

55452 Guldental-Heddesheim (Nahe)
Heimat- und Weinbaumuseum Guldental
Hauptstr. 14, Tel. 06707–1014/- 8777
(Mo-Fr 10–11 Uhr)
buergermeister@guldental.de
www.guldental.de

67599 Gundheim (Rhh)
Heimatmuseum Gundheim
Hauptstr. 9, Tel. 06244–7725/-4372/-354
heimatverein.gundheim@gmx.de
https://heimatverein-gundheim.de

56330 Kobern-Gondorf (Moseltal)
Historisches Wein- & Heimatmuseum
Von-der-Leyen-Platz 1a
Tel. 02607–4460/-704/-1055
info@Kultur-Heimatverein-Gondorf.de
www.kultur-heimatverein-gondorf.de

56330 Kobern-Gondorf (Moseltal)
Alte Mühle Thomas Höreth
Mühlental 17, Tel. 02607–6474
fragen@altemuehlehoereth.de
www.altemuehlehoereth.de

56077 Koblenz-Ehrenbreitstein (Rhein)
Weinreich, Festung Ehrenbreitstein
Tel. 0261–6675–4000
informationen.festungehrenbreitstein@gdke.rlp.de
www.tor-zum-welterbe.de

56068 Koblenz-Mitte (Rhein)
Koblenzer Sektmuseum im Deinhard-Stammhaus
Deinhardplatz 3, Tel. 0261–9115151
info@sekt-museum.de
www.sekt-museum.de

53639 Koenigswinter (Rheintal)
Siebengebirgsmuseum
Kellerstr. 16, Tel. 02223–3703
info@7gm.de
www.siebengebirgsmuseum.de

54329 Konz (Saar)
Freilichtmuseum Roscheider Hof
Roscheider Hof 1, Tel. 06501–92710
info@roscheiderhof.de
www.roscheiderhof.de

76829 Landau (Pfalz)
Museum für Stadtgeschichte
Maximilianstr. 7, Tel. 06341–134202
archiv-und-museum@landau.de
www.landau.de

76829 Leinsweiler (Pfalz)
Korkenziehermuseum
Sonnenbergstr. 7
Tel. 06345–8518/0175–1075899
annette-minges@t-online.de
www.korkenziehermuseum.de/

54340 Leiwen (Moseltal)
Heimat- und Weinmuseum
Euchariustrasse 8–6
Tel. 06507–3378 oder -3100
info@leiwen.de
www.leiwen.de

55116 Mainz (Rhein)
Sektmuseum Kupferberg
Kupferbergterrassen 17–19
Tel. 06131–9230
g.bals@sektkellerei-kupferberg.de
www.hochzeiten-kupferbergterrassen.de/sektkellerei-führungen/

55116 Mainz (Rhein)
Leibniz-Zentrum für Archäologie (ehemals RGZM)
Wiedereröffnung der Dauerausstellung nach Umzug voraussichtlich 2024
Neutorstraße 2, Tel. 06131–91240
service@rgzm.de
www.rgzm.de

54347 Mehring (Moseltal)
Wein- und Heimatmuseum
Bachstraße 47, Tel. 06502–1413
info@mehring-mosel.de
www.mehring-mosel.de

54347 Neumagen-Dhron (Moseltal)
Museum NOVIOMAGI
Tourist-Information, Römerstr. 137
Tel. 0 65 07/65 55
touristinfo@neumagen-dhron.de
www.neumagen-dhron.de

67433 Neustadt/Weinstrasse (Pfalz)
Stadtmuseum Villa Boehm
Maximilianstraße 25/Villenstr. 16 b
Tel. 06321–855–1540
museum@neustadt.eu
www.stadtmuseum-neustadt.de

67435 Neustadt/Weinstrasse-Mussbach (Pfalz)
Weinbaumuseum Herrenhof Mussbach
An der Eselshaut 18
Tel. 06321–9639990
info@herrenhof-mussbach.de
www.neustadt.eu

55276 Oppenheim (Rhh)
Deutsches Weinbaumuseum
Wormser Str. 49, Tel. 06133–2544
kontakt@dwb-museum.de
www.dwm-content.de

56820 Senheim-Senhals (Moseltal)
Weinmuseum Schlagkamp-Desoye
Zeller Str. 11–13, Tel. 02673–4381
info@schlagkamp-wein.de
www.schlagkamp-wein.de

67346 Speyer (Pfalz)
Historisches Museum der Pfalz/Weinmuseum
Domplatz, Tel. 06232–13250
info@museum.speyer.de
www.museum.speyer.de
www.rlp.museum-digital.de/collection/106

56841 Traben-Trarbach (Moseltal)
Mittelmosel-Museum
Casinostraße 2, Tel. 06541–9480
mittelmosel-museum@traben-trarbach.de
www.mittelmosel-museum.de

56333 Winningen (Moseltal)
Museum Winningen
Schulstrasse 5
Tel. 02606–962564/962265/962288
info@museum-winningen.de
www.museum-winningen.de

67547 Worms (Rhh), Museum der Stadt Worms im Andreasstift
Weckerlinplatz 7
Tel. 06241–853–4101/ -4102
museum@worms.de
www.museumandreasstift.de

Sachsen und Sachsen-Anhalt

06632 Freyburg (Saale-Unstrut)
Weinmuseum Schloss Neuenburg
Kulturstiftung Sachsen-Anhalt Schloss 1
Tel. 034464–35530
info@schloss-neuenburg.de
www.schloss-neuenburg.de

04109 Leipzig (Sachsen) Auerbachs Keller
vier historische Weinstuben
Mädlerpassage/Grimmaische Strasse 2–4
Tel. 0341–216100
info@auerbachs-keller-leipzig.de
www.auerbachs-keller-leipzig.de

01445 Radebeul (Sachsen)
Sächsisches Weinbaumuseum Hoflössnitz
Knohllweg 37 Tel. 0351–839 83 31
info@hofloessnitz.de
www.hofloesnitz.de

Verzeichnis der Inserenten im Deutschen Weinbau Jahrbuch 2023

U = Umschlag